新时代高等职业教育岗课赛证融通融媒体创新教材

软件工程与测试技术

主　编　吴　琼　曾晓亮　谢中梅
副主编　肖明华　卢玉婷　陶星珍

电子工业出版社
Publishing House of Electronics Industry
北京·BEIJING

内 容 简 介

按照软件工程师的职业知识与技能方面的需求，本书分为两篇，第一篇为软件工程基础知识，第二篇为软件测试技术。两篇共有 29 个任务。第一篇软件工程基础知识部分讲述了软件工程概述、软件项目可行性研究、软件项目需求分析、软件项目设计与实现、软件测试与维护及软件项目管理；第二篇软件测试技术部分讲述了白盒和黑盒测试技术，介绍了单元测试及性能测试的方法及其工具的使用，还介绍了测试计划的制定及测试报告的撰写。

本书的结构合理、内容丰富、层次清晰、阐述简明扼要，使读者能够较好地掌握软件工程思想，了解和掌握软件开发与测试的具体方法与技巧，积累实践经验、提升动手能力。本书可作为高职高专院校软件工程专业的课堂教材，也可以作为软件开发设计人员、软件测试人员及其他相关人员的参考材料或培训教材。

未经许可，不得以任何方式复制或抄袭本书之部分或全部内容。

版权所有，侵权必究。

图书在版编目（CIP）数据

软件工程与测试技术 / 吴琼，曾晓亮，谢中梅主编. —北京：电子工业出版社，2022.8
ISBN 978-7-121-44207-0

Ⅰ. ①软… Ⅱ. ①吴… ②曾… ③谢… Ⅲ. ①软件工程－高等学校－教材②软件－测试－高等学校－教材Ⅳ. ①TP311.5

中国版本图书馆 CIP 数据核字(2022)第 154856 号

责任编辑：周　彤
印　　刷：中国电影出版社印刷厂
装　　订：中国电影出版社印刷厂
出版发行：电子工业出版社
　　　　　北京市海淀区万寿路 173 信箱　邮编：100036
开　　本：787×1092　1/16　印张：18.75　字数：456 千字
版　　次：2022 年 8 月第 1 版
印　　次：2023 年 3 月第 2 次印刷
定　　价：70.00 元

凡所购买电子工业出版社图书有缺损问题，请向购买书店调换。若书店售缺，请与本社发行部联系，联系及邮购电话：（010）88254888，88258888。

质量投诉请发邮件至 zlts@phei.com.cn，盗版侵权举报请发邮件至 dbqq@phei.com.cn。

本书咨询联系方式：qiyuqin@phei.com.cn。

前　言

　　本书以培养学生的软件工程能力为重点，以项目为单位，以任务为载体，将知识与应用、学习与工作紧密结合的教育思想落实在教育与教学之中，培养学生热爱学习、善于学习、细致认真、勤于发现、乐于思考、善于沟通、注重解决问题的综合能力和良好习惯。江西应用技术职业学院积极推动校企合作办学、产业与教学融合等重点工作，学院下属的信息工程学院与深圳市讯方技术股份有限公司开展深入合作，组建了具有混合所有制特征的"讯方技术学院"。学院与企业合作，开展学术研究、学生定向培养、教育与就业结合、技术学习与应用创新，取得了很好的成效，受到学院、企业、家长和学生的认可和称赞。双方的合作也为本书的策划、撰写提供了良好的环境和技术支撑。学院设立的校园创客空间，开展的创客活动及其产生的各项成果，既调动、激发了学生的学习兴趣和创新创业精神，也为本书创造了课后实践应用条件。

　　本书以项目为单位进行编排，在理论介绍部分，强调技术理论和基本知识的掌握；在实践环节，注重职业角色特点和职业技能技巧，帮助学生养成良好的职业编码习惯，培养学生的团队合作意识和精益求精的工匠精神。为学生将来从事软件工程、软件测试、软件编码、Web前端开发、大数据处理及软件技术服务等职业岗位的相关工作，做好准备、打好基础。

一、本书特色

　　本书以一个"图书管理系统"的任务实施作为主线，用软件工程的思想进行设计、开发和测试。在书中，把"图书管理系统"分解成多个阶段的众多任务，按任务介绍相关知识，讲解实践方法和注意事项；各阶段任务之间紧密连接、循序渐进、逐渐积累，最后形成完整的系统；完成全部任务时，也就完成了对本书的学习。之所以选择"图书管理系统"，是因为它所涉及的业务领域及其工作环境与流程是学生比较熟悉的，容易理解、有亲历感，易于培养学生的学习兴趣，有利于学生对软件工程的内容、过程、方法和实施的深入理解和掌握，这样既满足了学院教学和育人方面的需要，也满足了学生知识学习和技能提升方面的需求。

　　项目中的各个任务既有连续性，又有一定的独立性。本书打破了传统的"章节式"编排方式，着重于实际问题的解决和技能的训练。按照软件工程师的职业知识与技能方面的需求，本书分为两篇，第一篇为软件工程基础知识，第二篇为软件测试技术。两篇共有29个任务。每个项目根据需要包括了课程思政、学习目标、任务描述、项目实训、岗位简介、相关岗位的常见面试题、项目小结及习题等内容（根据项目的具体需要，个别项目内容有细微调整）。项目由2～5个任务组成，每个任务包括了任务描述、知识储备、任务实施、任务拓展、知识链接及课后阅读等。各项目及任务中的模块有大有小，有些是背景介绍，有些是常识性内容，有些是行业状况介绍，有些是重点要求学懂、会用和熟练掌握的，这些会在课堂教学和学习实践中得到体会。此处，择其重点简单介绍：

　　【课程思政】包括了软件行业发展、职业素养需求的介绍；

【学习目标】列出了本项目应该达到的知识目标、技能目标及素养目标；
【任务描述】介绍了本任务的背景和应该掌握的重点知识与技能；
【知识储备】主要介绍了完成该任务必须掌握的知识内容；
【任务实施】针对具体应用案例，描述了任务的具体完成过程；
【任务拓展】将所学知识进一步巩固与实践；
【知识链接】介绍了与任务相关的知识；
【课后阅读】介绍了业界发展状况或职业技能方面的扩展知识；
【项目实训】完成具体的实训任务，以帮助学生提升实践动手能力；
【能力提升】是知识的深入扩展，帮助成绩较好或能力较强的学生拓展或深化所学知识。

本书的结构合理、内容丰富、层次清晰、阐述简明扼要，使读者能够较好地掌握软件工程思想，了解和掌握软件开发与测试的具体方法与技巧，积累实践经验、提升动手能力。为方便课堂教学和学生学习，本书为部分关键知识点配备微课课件或数字资源，教师和学生可根据需要采用。

二、本书的读者对象

本书是软件工程与软件开发测试方面的专业教材，既可作为普通高等教育学校、成人教育学院软件工程相关专业的课堂教材，也可以作为参加自学考试人员、软件开发设计人员、软件测试人员或相关人员的参考材料或培训教材。

三、编写分工

本书在策划组织、内容写作、全书统稿等工作上的分工情况如下表所示：

人员或机构	职责或工作
吴琼、曾晓亮、谢中梅	主编
肖明华、卢玉婷、陶星珍	副主编
吴琼	全书统稿
人　员	内容写作
吴琼	项目1、项目8、项目9
曾晓亮	项目5、项目7、项目11
谢中梅	项目2、项目10
肖明华	项目3
卢玉婷	项目6
陶星珍	项目4

深圳市讯方技术股份有限公司驻校工程师技术团队为本书提供了技术支持，顺表谢意。

由于作者水平有限，书中错误或不足之处在所难免，欢迎广大读者、教师或同学提出宝贵意见，相关信息可发送至：wuqiong-8@163.com，我们将在再版或修订时认真修改。

编者

2022年7月初

目 录

第一篇 软件工程基础知识 ··· 1

项目1 软件工程概述 ·· 3
  任务1.1 软件危机与软件工程 ······························· 4
  任务1.2 软件生命周期与开发模型 ··························· 12
  任务1.3 统一建模语言 ······································ 20
  项目实训1—Microsoft Visio 2016 的使用 ····················· 30
  软件工程师常见面试题 ······································ 31
  习题1 ··· 32

项目2 软件项目可行性研究 ·· 34
  任务2.1 可行性研究 ·· 35
  任务2.2 成本与效益分析 ···································· 50
  项目实训2—在线购物系统可行性研究 ························· 56
  软件系统分析员常见面试题 ·································· 57
  习题2 ··· 58

项目3 软件项目需求分析 ·· 61
  任务3.1 需求分析 ·· 62
  任务3.2 结构化需求建模 ···································· 73
  任务3.3 面向对象需求建模——用例图 ······················ 82
  任务3.4 面向对象需求建模——顺序图 ······················ 88
  任务3.5 面向对象需求建模——活动图 ······················ 92
  项目实训3—在线购物系统需求分析 ··························· 98
  软件需求分析常见面试题 ···································· 100
  习题3 ·· 103

项目4 软件项目设计与实现 ······································· 105
  任务4.1 总体设计 ··· 106
  任务4.2 详细设计 ··· 113
  任务4.3 数据管理设计 ····································· 123
  任务4.4 软件项目实现 ····································· 130
  项目实训4—在线购物系统设计方案 ·························· 139
  软件设计师常见面试题 ····································· 140
  习题4 ·· 141

项目5 软件测试与维护 ··· 143
  任务5.1 软件测试基础知识 ································· 144
  任务5.2 软件维护 ··· 150
  项目实训5—在线购物系统软件维护 ·························· 155
  软件测试工程师常见面试题 ································· 156

习题 5 ··· 157
项目 6　软件项目管理 ·· 159
　　任务 6.1　软件项目管理 ·· 160
　　任务 6.2　项目管理软件——Project 的使用 ··· 167
　　项目实训 6——在线购物系统软件项目管理 ··· 175
　　信息系统项目管理师常见面试题 ··· 176
　　习题 6 ·· 177

第二篇　软件测试技术 ··· 179

项目 7　白盒测试技术 ·· 181
　　任务 7.1　逻辑覆盖法 ·· 181
　　任务 7.2　基本路径测试 ·· 194
　　项目实训 7——在线购物系统白盒测试 ·· 201
　　软件测试工程师常见面试题 ·· 202
　　习题 7 ·· 202

项目 8　黑盒测试技术 ·· 206
　　任务 8.1　等价类划分法 ·· 207
　　任务 8.2　边界值分析法 ·· 214
　　任务 8.3　决策表法 ·· 221
　　项目实训 8——在线购物系统黑盒测试 ·· 227
　　软件测试工程师常见面试题 ·· 228
　　习题 8 ·· 229

项目 9　单元测试 ·· 231
　　任务 9.1　单元测试框架 ·· 231
　　任务 9.2　JUnit 单元测试 ·· 237
　　项目实训 9——在线购物系统单元测试 ·· 247
　　软件测试工程师常见面试题 ·· 248
　　习题 9 ·· 248

项目 10　性能测试 ·· 250
　　任务 10.1　性能测试概述 ·· 250
　　任务 10.2　性能测试工具 LoadRunner ·· 261
　　项目实训 10——在线购物系统性能测试 ·· 272
　　性能测试工程师常见面试题 ·· 273
　　习题 10 ·· 274

项目 11　软件测试管理 ·· 276
　　任务 11.1　软件测试计划 ·· 276
　　任务 11.2　软件缺陷管理 ·· 285
　　项目实训 11——在线购物系统缺陷管理 ·· 289
　　软件测试工程师常见面试题 ·· 290
　　习题 11 ·· 290

参考文献 ··· 293

第一篇 软件工程基础知识

知识分子到工农中 第一集

项目 1　软件工程概述

随着软件行业的蓬勃发展，人们的生活越来越依赖于软件，软件的质量也越来越受到重视，如何高效率地开发出高质量的软件已成为软件使用者和软件开发者共同关注的焦点问题。在经历了"软件危机"后，人们逐渐认识到，只有使用软件工程的思想来管理整个软件生产的全过程，才可能在有限时间内开发出高质量的软件。

【课程思政】

蒸蒸日上

对于软件，在生活中所使用的计算机、手机，甚至手表电视等电子设备上都有它的存在。软件相当于电子设备的灵魂，没有它，电子设备或许变得毫无价值。由此看来，软件在日常生活中一直扮演着非常重要的角色，始终为人们提供方便的服务。

软件是信息技术之魂、网络安全之盾、数字社会之基。软件产业是国家战略性新兴产业，在促进国民经济和社会发展、转变经济增长方式、提高经济运行效率、推进信息化与工业化融合等方面，都有着重要的地位和作用，软件产业也是国家重点支持和发展的行业。

2022年3月，教育部和工业和信息化部联合印发了《特色化示范性软件学院建设指南（试行）》（简称《指南》）。《指南》提出的建设目标是，聚焦国家软件产业发展重点，在关键基础软件、大型工业软件、行业应用软件、新型平台软件、嵌入式软件等领域，培育建设一批特色化示范性软件学院，探索具有中国特色的软件人才的产教融合培养路径，培养满足产业发展需求的特色化软件人才，推动关键软件技术突破、软件产业生态构建、国民软件素养提升，形成一批具有示范性的高质量软件人才培养新模式。

国家重视国产软件领域的发展，规划并建立了国产软件人才的培养体系。在从"软件大国"迈向"软件强国"的道路上，当代大学生作为新一代的接班人，要努力学习奋发图强，开拓创新，为我国的软件事业发展和科技发展贡献自己的力量。

【学习目标】

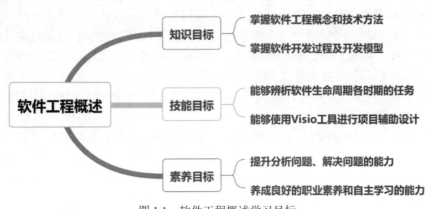

图 1.1　软件工程概述学习目标

任务 1.1 软件危机与软件工程

【任务描述】

软件工程的思想和方法是为应对"软件危机"而提出的,那么如何用软件工程的思想消除"软件危机"呢?本任务的目标是,让大家了解软件工程的思想及做法,为以后开发高质量的软件打好基础。

【知识储备】

一、软件概述

1. 软件的定义

软件是计算机系统中与硬件相互依存的重要组成部分。软件是一个宏观的概念,它包括程序、数据及相关文档。其中,程序指的是能够实现某种功能的指令集合;数据是使程序能正常工作的信息和程序执行的数字化成果;文档指的是软件在开发、使用和维护过程中产生的说明、解释、要求或标准等的文件集合。

2. 软件发展阶段

（1）程序设计阶段

程序设计阶段出现于1946年—1955年时期。在此之前,尚无程序设计或软件的概念。随着计算机的问世,程序设计随之出现,它最初主要是围绕硬件的控制而开发的。这个阶段的程序规模很小、思路直白、工具简单,这个时期尚无明确的程序开发者与程序用户的分工。因为硬件功能及其存储容量非常有限,所以程序设计者千方百计地追求节省空间和编程技巧,在程序设计和应用过程中,也不会生成完整的文档资料。这时的计算机及其程序主要用于科学计算。

（2）软件设计阶段

软件设计阶段是指1956年—1970年的时期。这个时期,随着计算机应用规模的逐渐扩展,出现了"软件作坊"式的开发组织,许多重要的软件由这样的组织负责设计和开发。这个时期,软件系统的规模越来越庞大,出现了多种高级编程语言,计算机的应用领域逐渐拓展,开发者和用户开始有了明确的分工,应用领域对软件的性能要求逐渐提高,对软件的通用性、易用性、可扩展性、可维护性等均提出了较高的要求。但此时的软件开发技术本身并没有产生重大突破,软件产品开发时间长、功能或性能难以满足全部需求,软件可靠性和可维护性等与开发者个人的能力及责任心密切相关,即软件生产与市场需求产生了极大的不平衡,软件成了妨碍计算机发展的重要"瓶颈",这便是人们所说的"软件危机"。

（3）软件工程阶段

软件工程阶段是指1970年—1990年时期。这个时期,计算机系统的硬件和软件均得到了飞速的发展,计算机已在全球普及。在一些发达国家,计算机产业成为最重要的和发展最快的产业之一。这个时期,软件开发进入系统、科学、有序和受控的"软件工程"阶段。为应对"软件危机"而做出的各种努力已经产生出许多重要成果,对软件开发技术的研究、变革逐渐深入并开始成熟,产生了许多行之有效的软件工程的理论、技术手段和管理方法。

（4）现代软件工程阶段

现代软件工程阶段是指从1990年到现在的时期。这个时期，以计算机技术、网络技术和通信技术为代表的信息技术得到了飞速发展。这个时期，软件开发出现了系统化、规模化、抽象化、自动化和智能化等多样化特征，软件开发的方法和理论也不断创新。这个时期，出现了众多的软件开发新技术，例如，面向对象开发技术、平台无关式开发技术、模块化可伸缩式开发技术，等等。这个时期，软件工程方法的领域分布更加精细化，软件工程管理体系更加成熟，软件工程对当代信息技术的发展起到了至关重要的作用。可以说，现代软件工程阶段是软件工程的成熟与飞跃的时期。

二、软件危机

"软件危机"是指，在计算机软件发展的早期，开发和维护过程中所遇到的一系列严重问题。这些问题不仅涉及了当时已经在正常运行的软件，还不同程度地影响到当时开发过程中或将要开发的软件。

概括地说，软件危机问题主要涉及下述两方面的问题：其一，面对众多的开发软件需求，软件开发难以满足；其二，已开发和运行的软件如何进行及时和有效的维护，同时控制软件规模的不断膨胀。

1. 软件危机的典型表现

（1）软件开发费用难以估算和控制。在早期的软件开发活动中，软件的实际开发成本常常比估算成本高出许多，甚至高出一个数量级。

（2）软件开发进度难以估计，软件工程难以控制地"被拖期"，即实际软件开发进度比预期进度要慢几个月，甚至更长。这种现象既降低了软件开发组织的信誉，也影响了用户的实际应用。而为了满足工期要求或赶进度所采取的措施，常常带来某种意义上的"牺牲"，例如，软件完整性或严谨性降低，缩减部分功能，或采用一些权宜之计……其结果又往往损害了软件的质量，也不可避免地引起用户的不满。

（3）软件需求分析不够充分，"已经完成"的软件功能无法得到用户的认可。软件开发人员常常在对用户需求只有模糊的了解，甚至对所要解决的问题在缺乏确切的理解的情况下，就匆忙着手编写程序。软件需求的调研及开发人员与用户的沟通流程等缺乏科学和系统的方案，造成软件开发人员和用户之间的信息交流不充分，双方对软件的功能和目标理解不一致，从而导致最终的软件产品不符合用户的实际需要。

（4）软件产品质量难于保证。软件产品中的错误难以提前消除，软件产品的逻辑性要求非常严格，软件产品的功能性要求弹性很大，加之软件质量标准难以量化或标准化，因而造成质量的检测方法、质量的标准和质量的控制方式带有较强的盲目性。当时，软件测试方法基本处于"空白"状态，软件产品有错误时难以发现，而隐藏的或未发现的错误往往是造成软件故障、系统崩溃或重大事故的隐患。

（5）软件产品难以维护，修改或纠正软件中的错误较为困难。很多软件中的错误是非常难以发现和改正的，当遇到开发环境与实际应用环境不同时，软件难以适应用户的硬件环境，出现问题时的修改也常常要花费很长的时间。还有，许多用户对计算机及其软件开发不熟悉，造成用户需求会经常发生变化，这也给软件开发、维护和更新带来极大的困扰。

（6）软件缺少必要的文档资料。计算机软件除了要具备完整的程序代码，还应该有一套完整的文档资料。这些文档资料应该是在软件开发过程中产生出来的，而且应该是"最新版本的"（即是与最新程序代码保持一致的）。软件开发组织的管理人员可以将这些文档资料作为控制和评价依据，来管理和评价软件开发的质量及进度；软件开发人员可以利用文档作为交流工具，在软件开发过程中准确地交流信息；对于软件维护人员而言，这些文档资料更是必不可少的。缺乏必要的文档资料或者文档资料不合规，必然给软件开发和后期维护带来许多严重的困难和问题。

（7）开发成本逐年上升，软件开发生产率的提升速度远远跟不上计算机应用普及与需求升级的速度。软件产品"供不应求"的现象造成了巨大的反差。

以上列举的仅仅是软件危机造成的现象与影响，在软件开发和维护等方面出现的问题远远不止于此。

2. 软件危机产生的原因

（1）用户需求不明确

在软件开发过程中，用户需求不明确是从有软件开发工作之始便已存在的"著名问题"，它主要体现在四个方面：在软件开发出来之前，用户自己也不清楚软件开发的具体需求；用户对软件开发需求的描述不精确，例如有遗漏、有二义性、甚至有错误；在软件开发过程中，用户又有"新发现"，因而提出修改、扩充或变更软件的功能、界面或环境等方面的要求；软件开发人员对用户需求的理解与用户的本质需求有差异。

（2）缺乏正确的理论指导

缺乏科学的方法论指导和可用工具的支持。由于软件开发不同于工业产品生产，其开发过程是复杂的逻辑思维到程序代码的"转换"过程，这个过程严重依赖于开发人员的智力思维、编程能力和个人创造性。正是由于这些依赖性因素的存在，加剧了软件开发产品的个性化或独特性的特点，这也是软件危机产生的一个重要原因。

（3）软件开发规模越来越大

随着软件开发应用范围的不断扩展，软件开发规模越来越大。大型软件开发项目需要软件团队共同完成，而多数管理人员缺乏开发大型软件或系统的开发经验，而软件开发人员又缺乏管理方面的经验。管理人员与软件开发人员及其用户之间的信息交流不及时、不准确、不充分，有时还会产生误解。软件开发人员不能有效地处理大型软件开发中的技术与管理问题，因此容易产生系统性的漏洞、错误或问题。

（4）软件产品的复杂度也越来越高

软件开发不仅仅在规模上和速度上的要求越来越高，而且其复杂性也在急剧攀升，但开发人员的综合能力无法同步快速提升，至少处理复杂的软件开发问题需要一定的准备、学习和提升时间。所谓"复杂问题"也是相对的，如果采用先进的组织形式、开发能力的教练体系、先进的开发理念和开发工具，开发团队完全有可能依靠团队合作来提升应对复杂软件或系统的综合能力，这不但需整体技术实力的提升，还需要管理能力的强力支撑。

三、软件工程

1. 软件工程简介

为了解决软件危机，既要有技术方案，又要有必要的组织管理措施，需要从管理和技术两个方面着手。软件工程正是从管理和技术两个方面研究如何更好地开发和维护计算机软件的一门学科。

许多专家曾经给软件工程下过许多定义，下面给出具有代表性的三个定义。

1968年，在第一届NATO（北大西洋公约组织）会议上曾经给出了软件工程的一个早期定义："软件工程就是为了高效获得可靠的且能在实际机器上有效地运行的软件，而建立和使用完善的工程原理。"这个定义不仅指出了软件工程的目标是，以经济的方式开发出高质量的软件，而且强调了软件工程是一门工程学科，它应该建立并使用完善的工程原理。

1993年，IEEE（电气与电子工程师协会）进一步给出了一个更全面更具体的定义："软件工程是：①把系统的、规范的、可度量的途径应用于软件开发、运行和维护过程，也就是把工程应用于软件；②研究①中提到的途径。"

《计算机科学技术百科全书》给出的定义：软件工程是应用计算机科学、数学、工程科学及管理科学等原理，开发软件的工程。软件工程借鉴传统工程的原则、方法，以提高质量、降低成本和改进算法。其中，计算机科学、数学用于构建模型与算法，工程科学用于制定规范、设计范型、评估成本及确定权衡，管理科学用于计划、资源、质量、成本等管理。

虽然软件工程的不同定义使用了不同词句，强调的重点也有差异，但人们普遍认为，软件工程是指导计算机软件开发和维护的一门工程学科。采用工程的概念、原理、技术和方法来开发与维护软件，把经过时间考验而证明正确的管理技术和当前能够使用的最好的技术与方法结合起来，以开发出高质量的软件并有效地维护它。

2. 软件工程所涉及的领域

软件工程是一门研究用工程化方法构建和维护有效、实用和高质量软件的学科，它涉及计算机科学、数学、工程科学和管理科学等多个领域。

具体来讲，软件工程涉及程序设计语言、数据库、软件开发工具、系统平台、行业标准、嵌入式系统、人机界面、办公套件、操作系统、编译器、数据库、网络系统、网络应用、网络游戏等。同时，各个行业几乎都是软件工程涉及的领域，如工业、农业、银行、航空、政府部门等。这些应用促进了经济和社会的发展，也提高了工作效率和生活效率。

3. 软件工程的基本原则

自从1968年在的软件专业国际会议上正式提出并使用了"软件工程"这个术语以来，研究软件工程的专家学者们陆续提出了100多条关于软件工程的准则。著名的软件工程专家巴利·玻姆（Barry W. Boehm）综合专家们的意见并总结了TRW（美国天合公司）多年的开发软件的经验，提出了软件工程的7条基本原则，见下面的简介。

（1）用分阶段的生命周期计划严格管理

统计表明，在不成功的软件项目中，有50%左右是由于软件计划不合理造成的。在软件开发与维护的生命周期中，需要完成许多性质各异的工作。这条基本原理意味着，可以把软件生命周期划分成若干个阶段，并相应地制订出切实可行的计划，然后严格按照计划对软件的开发与维护工作进行管理。

（2）坚持进行阶段评审

软件工程概念提出之时，人们便已经认识到，软件的质量保证工作不能等到编码阶段结束之后再开始。这样说至少有两个理由：第一，大部分错误是在编码之前造成的，例如，根据巴利·玻姆等人的统计，设计错误占软件错误的63%，编码错误仅占37%；第二，错误发现与改正得越晚，所付出的代价便会越高。因此，在软件工程的每个阶段都应进行严格的评审，以便尽早发现在软件开发过程中所犯的错误，这是一条必须遵循的重要原则。

（3）实行严格的产品控制

在软件开发过程中不应随意改变需求，因为改变一项需求往往需要付出较高的代价。但是，在软件开发过程中改变需求又是难免的，只能依靠科学的产品控制技术来顺应这种要求。也就是说，当改变需求时，为了保持软件各个配置成分的一致性，必须实行严格的产品控制，其中主要是实行基准配置（又称为基线配置）管理。所谓基准配置是经过阶段评审后的软件配置成分（各个阶段产生的文档或程序代码）。基准配置管理也称为变动控制：一切有关修改软件的建议，特别是涉及对基准配置的修改建议，都必须按照严格的程序进行评审，获得批准以后才能实施修改。绝对不能谁想修改软件（包括尚在开发过程中的软件），谁就随意地修改。

（4）采用现代程序设计技术

从提出软件工程的概念开始，人们一直把主要精力用于研究各种新型程序设计技术，并进一步研究各种先进的软件开发与维护技术。实践证明，采用先进的技术不仅可以提高软件开发和维护效率，而且可以提高软件产品的质量。

（5）结果应能清楚地审查

软件产品不同于一般的生活用品，它是看不见摸不着的智力型产品。软件开发人员（或开发团队）的工作进展情况可见性差，难以准确度量，从而使得软件产品的开发过程比普通产品的开发过程更难于评价和管理。为了提高软件开发过程的可见性，实现高效管理，应该根据软件开发项目的总目标及完成期限，规定开发组织的责任和产品标准，从而使得所得到的结果能够清楚地审查。

（6）开发团队的人员应该少而精

开发团队人员的能力和数量是影响软件产品质量和开发效率的重要因素。能力强的人员的开发效率比能力平常的人员的开发效率可能高几倍至几十倍，而且素质高的人员所开发的软件中的错误明显少于素质低的人员所开发的软件中的错误。此外，随着开发团队人员数目的增加，因为交流情况讨论问题而造成的沟通成本也急剧增加。因此，开发团队成员少而精是软件工程成功的一条基本原则。

（7）承认不断改进软件工程实践的必要性

遵循上述6条基本原理，就能够按照当代软件工程基本原理实现软件的工程化生产，但是，仅有上述6条原理并不能保证软件开发与维护的过程能赶上时代前进的步伐，能跟上技术的不断进步。因此，巴利·玻姆提出，应把承认不断改进软件工程实践的必要性作为软件工程的第7条基本原理。按照这条原理，不仅要积极主动地采用新的软件技术，而且要注意不断总结经验，例如，收集进度和资源耗费数据，收集出错类型和问题报告数据等。这些数据不仅可以用来评价新的软件技术的效果，而且可以用来指明必须着重开发的软件工具或应该优先研究的技术。

【案例1】

千年危机

计算机"2000年问题"又称"千年虫"问题或"千年危机",它是指,在较早时期的某些计算机智能系统中(包括计算机系统、自动控制系统等),由于其年份只使用两位十进制数来表示,因此当系统进行(或涉及)跨世纪的日期处理运算时(如多个日期之间的计算或比较等),就会出现错误的结果,进而引发各种各样的系统功能紊乱甚至崩溃。因此从根本上说"千年虫"是一种程序在处理日期时遗留的Bug(程序缺陷),而非病毒。

【案例2】

毫秒误差

在1991年的"海湾战争"中,一枚伊拉克发射的飞毛腿导弹准确击中美国在沙特阿拉伯的宰赫兰基地,当场炸死28个美国士兵,炸伤100多人,造成美军在海湾战争中一次伤亡超过百人的案例。

在后来的调查中发现,由于一个简单的计算机Bug,使该基地的美国"爱国者"反导弹系统失效,未能准确拦截飞毛腿导弹。当时,负责防卫该基地的爱国者反导弹系统已经连续工作了100个小时。该系统每工作一个小时,系统内的时钟会有一个微小的毫秒级延迟,这就是造成上述功能"失效"的根源。爱国者反导弹系统的时钟寄存器设计为24位,因而时间的精度也只限于24位的精度。在经过长时间的工作后,这个微小的精度误差被渐渐积累放大。在工作了100小时后,系统时间的延迟约为0.33秒。

对一般人人来说,0.33秒是微不足道的。但是对一个需要跟踪并摧毁一枚空中飞弹的雷达系统来说,便是致命性的了,这个"微不足道的"0.33秒造成的拦截导弹飞行距离误差约为600米。

【任务实施】

消除软件危机的途径

(1)在进行项目开发的时候,要彻底消除"软件就是程序"的错误观念。明确软件是程序、文档、数据的完整集合。程序是能够完成预定功能和性能的可执行的指令序列,文档是开发、使用和维护程序所需的资料;数据是指使程序能够适当地处理信息的数据结构及其数值,是完成实际功能的基础。

(2)以软件工程的观点、方法和技术来进行软件开发。充分认识到软件开发是一种组织良好、管理严密、各类人员协同配合、共同完成的工程项目,不是个人独立的劳动。必须充分吸取和借鉴人类长期以来从事各种工程项目所积累的行之有效的原理、概念、技术、方法和经验,特别要吸取几十年来人类从事计算机软件与硬件研究和开发的经验教训。

(3)推广和使用在实践中总结出来的软件开发的成功技术和方法,尽快消除一些错误概念和做法。

(4)开发和使用更好的软件工具。在软件开发过程中,人们研制和开发了各种各样的软件工具。这些工具能极大地方便开发工作,提高开发效率,提高软件开发的管理水平,从而显著提升软件开发的整体效率和效果。此外,还可以把多种软件开发工具有机地集合成为一个整体，形成能够连续支持软件开发与维护全过程的集成化软件开发环境。在软件开发的每个阶段都有许多复杂、重复的工作要做，在适当的软件工具辅助下，开发人员可以明显提升软件的生产效率。

（5）当前，人工智能与软件工程的结合已成为一个热门话题。基于程序变换、自动生成和可重用软件等软件新技术研究与应用已有许多成功的案例，把程序设计自动化的进程向前推进了一步。软件标准化与可重用性也得到了工业界的高度重视，它们在避免重复劳动、缓解软件危机方面起到了重要的作用。

【任务拓展】

软件开发项目的具体实施

在具体实施软件开发项目时，首先，我们要选择好软件开发的环境，包括操作系统、开发平台及开发语言、开发工具和数据库等。操作系统常见的有Windows、Linux、Mac OS等；开发平台使用的比较多的有.net、Java平台等；开发语言常用的有C/C++、C#、Java、Python、PHP等；开发工具有Visual Studio、Eclipse等；数据库通常使用关系型数据库，例如MySQL、Oracle、SQL Server等。在具体实施时，应根据项目各方面的综合要求，科学合理地选择开发环境。

其次，还要确定开发模型、开发模式及软件文档的书写工具。软件开发模型是跨越整个生存周期的系统开发、运作和维护所实施的过程、活动和任务的开发流程框架。常见的有瀑布模型、V模型、原型模型、螺旋模型、增量模型、敏捷模型等。

当前软件开发的模式有C/S与B/S模式，C/S即Client/Server（客户端/服务器）模式。B/S即Browser/Server（浏览器/服务器）模式。B/S模式是Web兴起后的一种网络结构模式，Web浏览器是客户端最主要的应用软件。

软件文档是软件项目开发过程中不可缺少的一部分，软件文档在软件开发人员、软件管理人员、软件测试人员、软件维护人员、用户以及计算机之间起着重要的桥梁作用，不仅是软件开发的各阶段的重要依据，而且也影响软件的可维护性。

【知识链接】

中国软件行业市场现状与发展趋势

从改革开放到现在，中国的软件产业从无到有，从弱到强，产生了众多成功的软件企业，开发了许多高水平的软件产品，得到了世界的认可。工业和信息化部发布数据显示，2019年，我国软件行业实现收入约7万亿元，2021年，我国软件和信息技术服务业运行态势良好，累计完成软件业务收入约9万亿元，软件业利润总额超过1万亿元，均呈现良好的快速增长态势。

1. 软件行业在国民经济中的地位逐步上升

随着近年来科技的发展，软件行业在国民经济中所占比重逐年上升，工信部公布的数据显示：2013年至2019年，软件行业收入占我国GDP的比重从5.14%上升至7.24%，2020前三季度软件行业收入占我国GDP的比重为8.08%，分领域看，2021年，软件产品收入同比增长12.3%，占全行业收入比重为25.7%。其中，工业软件产品实现收入同比增长24.8%。工业软件应用的快速普及，与制造业数字化转型需求不断释放紧密相关。值得一提的是，信息技术服务收入增速领先。2021年，信息技术服务收入同比增长20.0%，其中，云服务、大数据服务共实现收入同比增长21.2%，软件行业在国民经济中的地位日益重要。

2. 软件行业规模逐年扩大

近几年来，我国软件和信息技术服务业运行态势良好，收入和效益保持较快增长，吸纳就业人数稳步增加；产业向高质量方向发展步伐加快，结构持续调整优化，新的增长点不断涌现，服务和支撑两个强国建设能力显著增强，正在成为数字经济发展、智慧社会演进的重要驱动力量。"天眼查"App 提供的数据显示，我国工业软件相关企业数量持续增长，2017年至2021年，新增注册企业数量平均增速达27.3%。

3. 软件行业技术发展趋势

在软件产业发展模式上，和美国等世界发达国家相比，我国的软件设计能力尚显薄弱，可以和国外优秀软件公司匹敌的软件产品尚不丰富，我国的软件产品在国际市场上的竞争力还不够强。与印度、爱尔兰、以色列等国家相比，我国软件迈向国际市场的政策和策略还不够清晰明了，相关的支持措施、激励方案和重点项目依然不足，软件产品出口比重较小，这些需要国家主管部门、软件行业企业及其行业的从业人员共同努力，使我国成为名副其实的软件强国。进入21世纪，我国政府对软件行业的扶持力度不断加大，随着技术的不断进步与创新，未来软件行业技术将呈现网络化、服务化、智能化、平台化以及融合化的发展趋势。

【课后阅读】

计算机相关证书

计算机专业的大学生毕业后，应聘时如果持有一些专业的技术证书，很容易从众多的应聘者中脱颖而出。目前，各种计算机职业相关的证书种类较多，现介绍和软件工程相关的两项考试。

一、全国计算机等级考试

全国计算机等级考试（National Computer Rank Examination，简称 NCRE），是国家教育主管部门批准，由教育部考试中心主办，面向社会，用于考查应试人员计算机应用知识与能力的全国性计算机水平考试。

全国计算机等级考试共分为四个等级。

一级：操作技能级。考核计算机基础知识及计算机基本操作能力，以及 Office 办公软件、图形图像软件、网络安全等软件和工具的综合应用能力。

二级：程序设计、办公软件高级应用级。考核内容包括计算机语言与基础程序设计能力，要求参试者至少掌握一门计算机语言，可选类别有高级语言程序设计类、数据库程序设计类、Web 程序设计类等；二级考试还包括办公软件高级应用能力，要求参试者具有计算机应用知识及办公软件的高级应用能力，能够在实际办公环境中开展具体应用。

三级：工程师预备级。考核面向应用、面向职业的岗位专业技能。分为网络技术、数据库技术、信息安全技术、嵌入式系统开发技术四个类别。

四级：工程师级。四级证书面向已持有三级相关证书的考生，考核计算机专业课程，是面向应用、面向职业的工程师岗位证书。分为网络工程师、数据库工程师、软件测试工程师、信息安全工程师。

二、计算机技术与软件专业技术资格（水平）考试

计算机技术与软件专业技术资格（水平）考试（简称计算机软件考试）是原中国计算机软件专业技术资格和水平考试的完善与发展。计算机软件考试是由国家人力资源和社会保障部、工业和信息化部批准的国家级考试。其目的是，科学、公正地对全国计算机技术与软件专业技术人员进行职业资格、专业技术资格认定和专业技术水平测试。

通过考试获得证书的人员，表明其已具备从事相应专业岗位工作的水平和能力，用人单位可根据工作需要从获得证书的人员中择优聘任相应专业技术职务。计算机技术与软件专业实施全国统一考试后，不再进行相应专业技术职务任职资格的评审工作。因此，这种考试既是职业资格考试，又是专业技术资格考试。同时，这种考试还具有水平考试性质，报考任何级别不需要学历、资历条件，考生可根据自己熟悉的专业情况和水平选择适当的级别报考。

计算机软件考试分5个专业类别：计算机软件、计算机网络、计算机应用技术、信息系统、信息服务。每个专业类别又分三个层次：高级资格（高级工程师）、中级资格（工程师）、初级资格（助理工程师、技术员）。对每个专业、每个层次，设置了若干个资格（或级别）。

考试合格者将颁发由中华人民共和国人力资源和社会保障部、工业和信息化部签发的计算机技术与软件专业技术资格（水平）证书。该证书在全国范围内有效。

任务1.2 软件生命周期与开发模型

【任务描述】

软件工程是为了帮助解决软件开发和生产中出现的各种问题，那么软件开发的过程是怎样的？其中有哪些关键事项和要素？

【知识储备】

一、软件生命周期

软件生命周期由软件定义、软件开发和软件使用与维护3个时期组成，每个时期又进一步划分成若干个阶段。

软件定义时期分成3个阶段，即问题定义、可行性研究和需求分析。软件定义时期的任务是：确定软件开发工程必须完成的目标；确定工程的可行性；确定实现工程目标应该采用的策略及系统必须完成的功能；估计完成该项工程需要的资源和成本，并且制定工程进度表。这个时期的工作通常又称为系统分析，由系统分析员或担负相关职责的人员完成。

软件开发时期由4个阶段组成：总体设计、详细设计、编码和软件测试。其中前两个阶段又称为系统设计，后两个阶段又称为系统实现。

软件使用与维护时期由3个阶段组成：软件发布、软件维护与软件退役。

下面简要介绍软件生命周期每个阶段的基本任务。

（1）问题定义

问题定义阶段必须回答的关键问题是："要解决的问题是什么？"如果不知道问题是什

么就去解决这个问题，显然最终得出的结果很可能是缺乏针对性的。尽管确切地定义问题的必要性是十分明显的，但是在实践中它却可能是最容易被忽视的一个步骤。

（2）可行性研究

这个阶段要回答的关键问题是："对于上一个阶段所确定的问题有行得通的解决办法吗？"可行性研究阶段的任务不是具体解决问题，而是研究问题的范围及解决它的必要性，探索这个问题是否值得去解，是否有可行的解决办法。

可行性研究的结果是用户决定是否继续进行这项工程的重要依据，一般说来，只有投资可能取得较大效益的或必须实施的工程项目才会继续进行下去。可行性研究需要确定以后的哪些阶段将需要投入更多的人力和物力。如果通过可行性研究，拒绝或停止了一些不值得投资的工程项目，这也是可行性研究必要性的体现。

（3）需求分析

这个阶段的任务是准确地确定"为了解决这个问题，目标系统必须做什么"，主要是确定目标系统必须具备哪些功能。

通常的情况是，用户了解他们所面对的问题，知道需要做什么，但是常常不能完整准确地表达出他们的要求，更不知道怎样利用计算机来解决他们的问题。软件开发人员知道怎样用软件实现人们的要求，但是对特定用户的具体要求并不完全清楚。用户觉得理所当然的事项或步骤，开发人员根本不知道、不了解；或者反过来，开发人员认为非常重要的问题，用户觉得没有必要……因此，系统分析员在需求分析阶段必须和用户密切配合，充分交流信息，以得出经用户确认的系统逻辑模型。通常用数据流图、数据字典或简要的算法表示系统的逻辑模型。

在需求分析阶段确定的系统逻辑模型是以后设计和实现目标系统的基础，因此必须准确完整地体现用户的要求。这个阶段的一项重要任务就是，用正式文档准确地记录对目标系统的需求，这份文档通常称为"规格说明书"。

（4）总体设计

这个阶段必须回答的关键问题是："概括地说，应该怎样实现目标系统？"总体设计又称为概要设计。

首先，应该设计几种可能的方案来实现目标系统。通常至少应该设计出低成本、中等成本和高成本3种方案。软件工程师应使用适当的工具描述每种方案，分析每种方案的优缺点，并在充分权衡各种方案的优缺点的基础上，推荐一个"最佳"方案。此外，还应该制定出实现最佳方案的详细计划。如果用户接受所推荐的方案，则进入下一步。

上述设计工作确定了解决问题的策略及目标系统中应包含的程序，但是，怎样设计需要的程序呢？软件设计的一条基本原理就是，程序应该模块化，也就是说，一个程序应该由若干个规模适中的模块按合理的层次结构组合而成。因此，总体设计的另一项主要任务是，设计程序的体系结构，也就是确定程序由哪些模块组成以及各模块之间的关系。

（5）详细设计

总体设计阶段以比较抽象或概括的方式提出了解决问题的办法。详细设计阶段的任务就是把方案具体化，也就是回答下面这个关键问题："应该怎样具体地实现这个系统呢？"

这个阶段的任务还不是编写程序，而是设计出程序的详细规格说明书。这种规格说明书的作用类似于建筑工程领域中的工程蓝图，它们应该包含必要的细节，程序员可以根据它们写出实际的程序代码。

详细设计也称为模块设计，在这个阶段将详细地设计每个模块，确定实现模块功能所需要的算法和数据结构。

（6）编码

这个阶段的关键任务是写出正确的、容易理解的、易于维护的程序模块。程序员应该根据目标系统的目标和实际环境，选取一种适当的高级程序设计语言，把详细设计的结果翻译成用选定的语言编写的程序，并且仔细测试这些程序。

（7）软件测试

这个阶段的关键任务是，通过各种类型的测试使软件达到预先的要求。

软件测试阶段分为单元测试、集成测试、确认测试、系统测试和验收测试。**单元测试**是对最小可测试单元进行测试，其目的是检验软件基本组成部分（即单元）的正确性。**集成测试**是将程序模块（或单元）采用适当的集成策略组装起来，对系统的接口及集成后的功能进行正确性检测的测试工作。集成测试主要目的是，检查软件单位之间的接口是否正确。**确认测试**是验证被测软件是否满足需求规格说明书列出的需求，目的是验证软件的功能和性能及其他特性是否与用户的要求一致。**系统测试**是将硬件、软件、操作人员看作一个整体，检验它是否有不符合系统规格说明书的地方，这种测试可以发现系统分析和设计中的错误。**验收测试**则是按照需求规格说明书的规定对目标系统进行验收，保证用户对所交付的系统的满意。

（8）软件发布

通过验收测试后，可以进行软件的发布，开发、测试、运营、市场、销售等相关部门要联合发布产品的"说明书"和"产品介绍"，说明本次发布中包含或者新增的功能特性。

（9）软件维护

维护阶段的关键任务是，通过各种必要的维护活动使系统持久地满足用户的需要。

通常有4类维护活动：**改正性维护**，也就是诊断和改正在使用过程中发现的软件错误；**适应性维护**，即修改软件以适应环境的变化；**完善性维护**，即根据用户的要求改进或扩充软件使它更完善；**预防性维护**，为将来的维护活动预先做好准备。每一项维护活动都应该准确地记录下来，作为正式的文档资料加以保存。

（10）软件退役

软件不再适应市场需求，软件退役。

以上根据应该完成的任务的性质，把"软件生命周期"划分成10个阶段。在实际的软件开发工作中，软件规模、种类、开发环境及开发时使用的技术方法等因素，都可能影响阶段的划分。事实上，承担的软件项目不同，应该完成的任务也有差异，没有一个适用于所有软件项目的任务集合。例如，适用于大型复杂项目的任务集合，对于小型简单项目而言往往就过于复杂了。

二、开发模型

软件开发模型是指软件项目从需求定义直至软件经使用后废弃为止，跨越整个生存周期的系统开发、运作和维护所实施的全部过程、活动和任务的结构框架。软件开发模型又称软件生命周期模型。软件生命周期模型规定了把软件生命周期划分成哪些阶段及各个阶段的执行顺序,因此,也称为过程模型。

软件开发模型的几种类型:以软件需求完全确定为基础的瀑布模型;在开发初期仅给出基本需求的渐进式模型,如V模型、原型模型、增量模型等。下面介绍4个常用的模型。

1. 瀑布模型

瀑布模型是将软件生命周期的各项活动划分为按固定顺序执行的若干个阶段,其过程形如瀑布流水,如图1.2所示,故此得名。

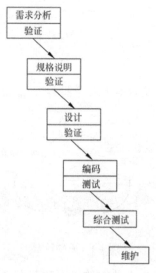

图1.2 瀑布模型

瀑布模型是最早出现的软件开发模型,在软件工程中占有重要的地位,它提供了软件开发的基本框架。其执行过程是,将上一阶段活动的结果作为下一阶段活动的输入,完成相应的工作后再作为输出,传递给下一阶段。同时,在本阶段中,要评价上一个阶段完成的活动,若得到确认,则进行本阶段的活动;否则返回上一阶段,甚至返回至更早的阶段。

瀑布模型的优点是,简单、直接、方便,为软件开发和维护提供了一种有效的管理模式,对保证软件质量可以起到重要作用。当然,瀑布模型也有缺点,瀑布模型缺乏灵活性,对开发过程中很难发现的错误,只有在最终产品运行时才能暴露出来,从而加大了软件产品的修改与维护难度。

2. V模型

V模型也是广为人知的测试模型,如图1.3所示。典型的V模型会在其开始部分对软件开发过程进行描述,其开发和测试采用分级的层次式结构,它非常明确地定义了测试的不同级别,清晰地展示了软件开发与测试之间的关系。

V模型优点是,既有底层测试又有高层测试,将开发阶段清楚地表现出来,便于控制开发的过程。V模型缺点是,仅仅把测试过程作为在需求分析、系统设计及编码之后的一个阶段,忽视了测试对需求分析、系统设计的验证,如果开发有问题,可能要等到后期的测试时才被发现。

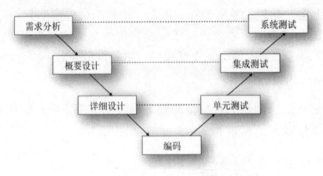

图1.3 V模型

3. 原型模型

原型是快速实现和运行的早期版本（或说简版），它能反映最终系统部分重要特性，如图1.4所示。

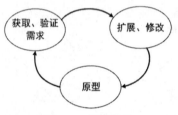

图1.4 原型模型

原型模型的优点是，可以减少设计中的错误和开发中的风险，减少了对用户培训的时间，提高了系统的实用、正确性以及用户的满意程度；缩短了开发周期，加快了工程进度；可以降低成本。原型模型的缺点是，开发者为了使一个原型快速运行起来，往往在实现过程中采用这种手段——不能将原型系统作为最终产品，即原型与最终版本相差较大。

4. 增量模型

增量模型融合了瀑布模型的基本成分和原型模型实现的迭代特征，但与原型实现不一样的是，其强调每一个增量均发布一个可操作产品，如图1.5所示。早期的增量是最终产品的"可拆卸"版本，但提供了为用户服务的功能，并且为用户提供了评估的平台。

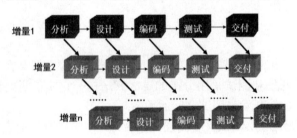

图1.5 增量模型

增量模型的优点是，人员分配灵活，刚开始不用投入大量人力。如果核心产品很受欢迎，则可增加人力实现下一个增量版本。这样，既可先发布部分功能版本给用户，也能够有计划地管理风险。增量模型的缺点是，这种开发模型对开发人员技术能力要求较高，还要求能从系统整体出发正确划分增量构件，并进行分别开发，最后能很好地集成这些构件。

【案例】

开发模型的选择

　　假设你是一家软件公司的项目负责人，你的工作是管理该公司已被广泛应用的通用软件产品的新版本开发。由于市场竞争激烈，公司规定了严格的完成期限并已对外公布。你打算选用哪种软件开发模型？为什么？

　　【解答】：开发的时候选用增量模型。原因：旧版本相当于一个原型，通过收集用户对旧版本的反馈，较容易确定新版本的需求；公司的软件工程师对通用软件产品比较熟悉，具有采用增量模型开发新版软件所需要的技术能力；该软件受到广大用户的喜爱，今后还可能开发更高的版本。

【任务实施】

根据软件生命周期原理，规划图书管理系统

　　根据软件生命周期的原理，将图书管理系统分为系统规划、需求分析、系统设计、系统实施、系统测试、系统运行与维护6个阶段。

　　（1）系统规划

　　系统规划阶段的任务是新系统的使用环境、现行系统的状况等进行调研，根据用户的目标和规划，研究新系统的必要性和可行性。并在这个阶段给出备选方案，进行可行性研究，写出可行性研究报告。待可行性研究报告评审通过后，编制"系统计划书"。

　　（2）需求分析

　　当"系统计划书"完成之后，软件项目就进入了软件需求分析阶段。需要从功能、性能、兼容性、安全性等多个方面进行需求分析。

　　图书管理系统的功能需求主要包括以下3个方面：借阅者能够借阅和归还书籍；图书管理员能够处理借阅者的借阅和还书请求；系统管理员可以对系统的数据进行维护，如增加、删除和更新图书信息，增加、删除和更新借阅者信息等。

　　性能需求包括系统的功能性、兼容性、安全性和可扩展性方面的需求；当管理员执行增加、删除等操作时，数据库响应时间要求在2秒之内；系统要有可扩展性，当出现新的需求时，能将其纳入系统，而不必改变原有的系统结构；系统必须贴近实际的应用流程，尽量符合用户的操作习惯、方便操作并提高管理效率；还应考虑到不同操作者的计算机水平不同，在系统的设计时要注重易用性，使大多数的用户都可以使用系统。

　　图书管理系统的兼容性需求包括在不同的操作系统、不同的网络浏览器和不同的分辨率下能正常运行。

　　图书管理系统的安全性需求，系统必须建立完备的安全机制，保证用户身份的合法性，避免出现越权操作情况。同时，要防止计算机病毒以及黑客的网络攻击，系统必须有备份和防火墙等方面的措施，以提高系统的安全性。

　　（3）系统设计

　　系统设计的原则是界面美观友好，信息查询简单、方便，数据存储安全、可靠。图书管理系统在面向对象分析的基础上，根据用户对系统功能和操作使用方面的需求及运行环

境等方面进行设计。除此之外,数据库的设计是系统设计的一个关键步骤。

(4)系统实施

系统实施阶段在系统规划的基础上确定整个系统结构中各个组成部分的具体内容,完成应用系统的编码。图书管理系统基于Java及SQL Server数据库进行开发,在具体开发中,依据系统设计阶段的划分情况,完成各模块代码。

(5)系统测试

图书管理系统测试,主要从功能测试、接口测试、用户界面测试、安全性测试等方面进行。

功能测试,使用黑盒测试中的等价类划分、边界值测试、错误推断等方法,测试该图书管理系统是否能实现借书、还书、管理用户等基本功能。

接口测试包括外部接口(用户接口和程序接口)和内部接口测试。例如,用户接口部分测试可视化窗口;程序接口部分测试与JDBC与SQL数据库的连接;内部接口部分测试各个功能模块之间的接口(登录、查询、更新等)。对接口进行测试的目的是,验证接口的功能,及时发现接口的缺陷,保证图书馆管理系统功能的正确性。

用户界面测试,检查显示界面元素的文字是否正确;检测窗口切换、移动、改变大小等功能是否正常;各种界面元素的有效、无效、选中等状态是否正确等。

安全性测试检查系统对非法侵入的防范能力。安全性测试检测图书馆管理系统能否抵御各种的危险,从而保证系统的各项安全。

(6)系统运行与维护

系统投入运行使用后,要重点做好系统的维护。可以从病毒和黑客攻击的防范、数据备份、权限管理与维护、硬件维护等方面进行系统维护。

【任务拓展】

图书管理系统数据库开发

按照数据库设计的方法,考虑到数据库及其应用系统开发的全过程,图书管理系统数据库开发分为6个阶段。

(1)需求分析

需求分析是在完成用户调查工作的基础上,分析调查数据,逐步明确用户对系统的需求,包括数据需求和围绕这些数据的业务处理需求,得到用数据字典描述的数据需求,用数据流图描述的处理需求,形成需求说明书。

(2)概念结构设计

在需求说明书的基础上,对数据库管理系统的需求形成一个独立于具体数据库管理系统的概念模型,用E-R图表示。

(3)逻辑结构设计

将概念结构转换为数据库管理系统所支持的数据模型,并对其进行优化。对于图书管理系统数据库,选择关系型数据库管理系统,即将E-R图转成关系模式。

(4)物理结构设计

为逻辑数据模型选取一个最适合应用环境的物理结构,包括文件类型、索引结构、存储结构、存取方法和存取路径等。

（5）数据库实施

根据逻辑设计和物理设计的结果建立数据库，编制并调试应用程序，将数据导入数据库，并进行试运行。

（6）数据库运行和维护

数据库应用系统经过试运行并测试合格后，即可进入正式运行阶段。在数据库系统运行过程中需要连续地对其进行评价、调整与修改。

【知识链接】

网站开发生命周期

（1）需求分析

目标定位：做这个网站干什么？这个网站的主要职能是什么？网站的用户对象是谁？用户使用网站做些什么？

用户分析：网站用户的主要特点是什么？他们需要什么？如何针对他们的需求特点引导他们？如何为他们做好服务？

市场前景：网站如同一个企业，它需要能养活自己。这是前提，否则任何目标都是虚的。应当明确网站与市场的结合点在哪里？

（2）平台规划

内容策划：这个网站要经营哪些内容？其中分重点、主要内容和辅助性内容，这些内容在网站中具有各自的体现形式。内容划分好以后，可进行文字策划，把每个类别内容包装成栏目。

界面策划：结合网站的主题进行风格策划。如为不同的功能区定义色彩，例如主色调、辅助色调、突出显示色调等，版式设计应包括全局版式、导航栏、核心区、内容区、广告区、细部板块及版权告知区等。

网站功能：主要是管理功能和用户功能。管理功能是我们通常说的后台管理，关键是要使管理更方便、更快捷、更加智能化。而用户功能就是用户可以进行的操作，这涉及交互设计，它是人和网站对话的接口，非常重要。

（3）项目开发

界面设计：根据界面策划的原则，对网站界面进行设计和完善。

程序设计：根据网站功能规划进行数据库设计和代码编写。

系统整合：将程序与界面结合，并进行功能性调试。

（4）测试验收

项目人员测试：请项目经理、监察员及项目开发人员共同参加，根据前期规划对项目进行测试和检验。

非项目人员测试：邀请非项目参与人员作为不同的用户角色对平台进行使用性测试。

公开测试：网站开通，并接受网友的使用测试，设立反馈信息渠道，收集意见和建议信息，针对平台存在的不足进行思考和完善。

（5）运行维护

跟踪网站运行情况，要保证浏览者能够正常的浏览网站，对网站的内容、特定的页面或重要页面进行维护与更新。

【课后阅读】

C/S 架构与 B/S 架构

软件开发的整体架构主要分为 C/S（Client/Server）架构与 B/S（Browser/Server）架构，C/S 架构与 B/S 架构都可以进行同样的业务处理，甚至也可以用相似的方式实现共同的逻辑。

一、C/S 架构

C/S 架构是一种典型的两层架构，即客户端/服务器端架构，其客户端包含一个或多个在用户计算机上运行的程序，而服务器端有两种，一种是数据库服务器端，客户端通过数据库连接访问服务器端的数据；另一种是 Socket 服务器端，服务器端的程序通过 Socket 协议与客户端的程序通信。

C/S 架构的优点如下：

（1）C/S 架构的界面和操作可以很丰富。

（2）安全性可以很容易保证，实现多层认证也不难。

（3）由于只有一层交互，因此响应速度较快。

C/S 架构也有一些缺点，具体表现如以下：

（1）适用面窄，通常用于局域网中。

（2）用户群固定。由于程序需要安装才可使用，因此不适合偶尔使用系统的用户。

（3）维护成本高，一旦客户端程序升级，则所有客户端程序都需要同时进行升级。

二、B/S 架构

B/S 架构是指浏览器/服务器结构。在技术上，它是一种三层架构——Web 浏览器、Web 服务器端和数据库服务器端。

B/S 架构的优点如下：

（1）客户端无须安装特定软件，有 Web 浏览器即可。

（2）B/S 架构可以直接放在广域网或互联网上，通过一定的权限控制实现众多客户端的多并发访问，其交互性和方便性均较强。

（3）系统升级时，无须升级 Web 浏览器，仅升级 Web 服务器端或数据库服务器端即可。

B/S 架构也有一些缺点，具体表现如下：

（1）在跨浏览器运行时，B/S 架构的表现不佳。

（2）在速度和安全性上，需要花费较大的设计成本，这是 B/S 架构的最大问题。

（3）客户端/服务器端的交互方式是一种"请求—响应"模式，经常需要刷新页面。

任务 1.3 统一建模语言

【任务描述】

随着面向对象软件开发方法的提出和推广，面向对象方法已成为开发软件系统的主流方法，软件设计方面也出现了许多建模语言和建模的方法。那么，面向对象软件开发时应该选择哪种建模语言呢？答案是，统一建模语言UML（Unified Modeling Language），它是世界范围内软件开发的标准建模语言，是用来对软件密集系统进行描述、构造、可视化和文档编制的一种语言，为不同领域的用户提供了统一的交流标准。

【知识储备】

一、UML 的定义

UML为面向对象软件设计提供统一的、标准的、可视化的建模语言。UML适用于描述以用例为驱动，以体系结构为中心的软件设计的全过程。

UML的定义包括UML语义和UML表示法两个部分。

（1）UML语义：UML对语义的描述使开发者能在语义上取得一致认识，消除了因人而异的表达方法所造成的影响。

（2）UML表示法：UML表示法定义UML符号的表示法，为开发者或开发工具使用这些图形符号和文本语法为系统建模提供了标准。

二、UML 模型图的构成

UML模型图由事务、关系及图构成。事物是UML模型中最基本的构成元素，是对其代表成分的抽象；关系把事物紧密联系在一起；图是事物和关系的可视化表示。

三、UML 事物

UML包含4种事物：构件事物、行为事物、分组事物、注释事物。

（1）构件事物：UML模型的静态部分，描述概念或物理元素，它包括以下几种：

① 类：具有相同属性、相同操作、相同关系、相同语义的对象的描述。

② 接口：描述元素的外部可见行为，即服务集合的定义说明。

③ 协作：描述了一组事物间的相互作用的集合。

④ 用例：代表一个系统或系统子集的行为，是一组动作序列的集合。

⑤ 构件：系统中物理存在，可替换的部件。

⑥ 节点：运行时存在的物理元素。

另外，参与者、信号应用、文档库、页表等都是上述事物的变体。

（2）行为事物：UML模型图的动态部分，描述跨越空间和时间的行为。

① 交互：实现某功能的一组构件事物之间消息的集合，涉及消息、动作序列、链接。

② 状态机：描述事物或交互在生命周期内响应事件所经历的状态序列。

（3）分组事物：UML模型图的组织部分，描述事物的组织结构。

包：把元素聚集成组的机制。

（4）注释事物：UML模型的解释部分，用来对模型中的元素进行说明，解释。

注解：对元素进行约束或解释的简单符号。

四、UML 关系

UML关系包括依赖、关联、泛化以及实现。

（1）**依赖**是两个事物之间的语义关系，其中一个事物（独立事物）发生变化时，会影响到另一个事物（依赖事物）的语义。

（2）**关联**是一种结构关系，它指明一个事物的对象与另一个事物的对象间的联系。

（3）**泛化**是一种特殊或一般的关系，也可以看作是常说的继承关系。

（4）实现是类元之间的语义关系，其中的一个类元指定了由另一个类元保证执行的契约。

五、UML 图

UML图包括用例图、类图、对象图、构件图、配置图、顺序图、协作图、状态图及活动图。

1. 用例图

用例图描述系统实现的功能。从用户角度描述系统功能，是用户所能观察到的系统功能的模型图，用例是系统中的一个功能单元，如图1.6所示。

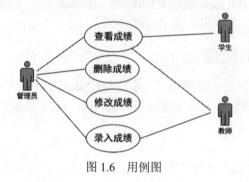

图 1.6　用例图

2. 类图

类图描述系统的静态结构，如图1.7所示。不仅定义系统中的类，表示类之间的联系如关联、依赖、聚合等，也包括类的内部结构（类的属性和操作）定义系统中的类，表示类之间的联系，也包括类的内部结构。类图是以类为中心来组织的，类图中的其他元素或属于某个类或与类相关联。

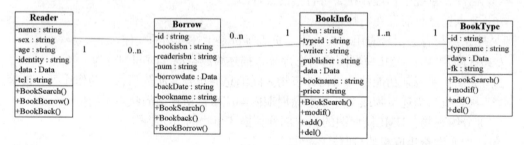

图 1.7　类图

3. 对象图

对象图是描述系统在某时刻的静态结构，是类图的实例，使用与类图非常相似的标识，如图1.8所示。它们的不同点在于，对象图显示类的多个对象实例，而不是实际的类。

4. 组件图

组件图为系统的组件建模，如图1.9所示。组件即构造应用的软件单元，还包括各组件之间的依赖关系，以便通过这些依赖关系来估计对系统构件的修改给系统可能带来的影响。

图1.8 对象图　　　　　　　　图1.9 组件图

5. 部署图

部署视图描述位于节点实例的运行构件实例的安排,如图1.10所示。节点是一组运行资源,如计算机、设备或存储器。这个视图允许评估分配结果和资源分配。

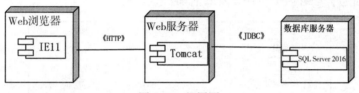

图1.10 部署图

6. 顺序图

顺序图显示对象之间的动态合作关系,它强调对象之间消息发送的顺序,同时显示对象之间的交互,如图1.11所示。顺序图的一个用途是用来表示用例中的行为顺序。当执行一个用例行为时,顺序图中的每条消息对应了一个类操作或引起状态转换的触发事件。

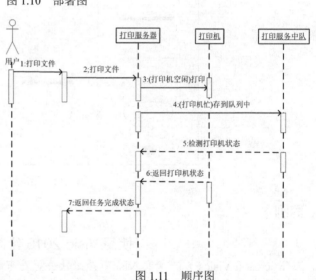

图1.11 顺序图

7. 协作图

协作图描述对象间的协作关系,协作图与顺序图相似,用来显示对象间的动态合作关系,如图1.12所示。除显示信息交换外,协作图还可显示对象及其之间的关系。协作图的一个用途是表示一个类操作的实现。

8. 状态图

状态图是一个类对象所可能经历的所有历程的模型图,如图1.13所示。状态图由对象的各个状态和连接这些状态的转换组成。

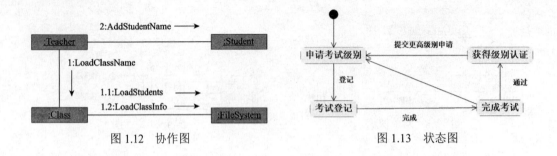

图 1.12　协作图　　　　　　　图 1.13　状态图

9. 活动图

活动图是状态图的一个变体，用来描述执行算法的工作流程中涉及的活动，如图1.14所示。活动图描述了一组顺序的或并发的活动。

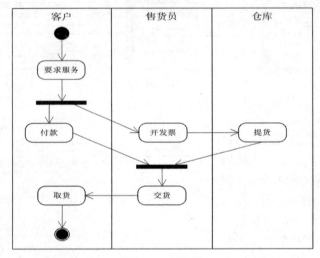

图 1.14　活动图

【案例】

使用 Visio 2016 绘制图形

Microsoft Visio（以下简称 Visio）是微软公司发布的矢量图绘图工具软件，它是 Microsoft Office 套件之中的一个重要应用程序，它支持制作流程图、架构图、网络图、日程表、模型图和甘特图等。

Visio 是一款便于 IT 人士和商务人员就复杂信息、系统和流程进行可视化处理、分析和交流的软件。是一款简单、易用的入门级示意图设计工具，可以与微软的开发工具集成，完成如数据库、程序结构等设计工作。Visio 也是我们在进行软件项目开发中必不可少的辅助绘图工具。

Visio 创建图形的基本流程大致会经过以下几个步骤：启动软件、创建图形、放大或缩小绘图、移动形状、调整形状大小、添加文本、连接形状、排列或对齐形状、保存绘图、打印绘图。Visio 界面如图 1.15 所示。

项目1 软件工程概述

图 1.15　Visio 界面

Visio 的工作环境包括工作窗口、菜单栏、工具栏、定位工具以及帮助等内容。
（1）启动工作窗口，新建 Visio 文件的工作窗口。
（2）新建 Visio 基本框图文件的工作窗口，如图 1.16 所示。

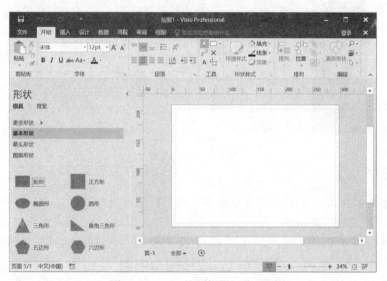

图 1.16　Visio 绘制框图工作界面

（3）页面属性设定。在绘图文件打开状态下，可以对绘图页面的属性进行设定。在"文件"菜单中，单击"页面设置"命令，将弹出"页面设置"对话框，可在其中进行"打印设置""页面尺寸""绘图缩放比例""页属性"和"布局和排列"等选项操作。

（4）增加新绘图页。当建立一个新的绘图文件时，Visio 已经自动生成了一个新的绘图页，将其命名为"页-1"并显示在"页面标签"中。每个绘图文件都可以包含多个绘图页，在每个绘图页中都可以绘制各自的图形。

要增加新的绘图页，可在绘图窗口下方的"页面标签"上单击鼠标右键，在快捷菜单中单击"插入页"命令，此时，将弹出"页面设置"对话框，可在其中填入新绘图页的各项属性，如类型、名称等，然后单击"确定"按钮即可。当然，也可以使用系统默认值——直接单击"确定"按钮。

（5）删除绘图页。在"编辑"菜单中，单击"删除页"命令，或者使用右键快捷菜单，再选择"删除"命令，删除选定的绘图页。

（6）重命名绘图页。在要重命名的绘图页的"页面标签"上单击鼠标右键，在弹出的右键菜单中单击"重命名页"命令，可对绘图页名称进行修改。

（7）背景页操作。在绘图文件中加入背景页，可以使图形显得更加美观和专业。生成背景页有多种方法，最简单的方法是利用 Visio 提供的"背景"模具。

（8）保存文件。在"文件"菜单中单击"保存"命令，或者直接单击工具栏上的"保存文件"按钮，都可以保存文件。如果是第一次保存文件，会弹出"另存为"对话框。保存文件的时候，可以选择不同的"保存类型"，如图 1.17 所示。

图 1.17 保存文件

选择完毕后，单击"保存"按钮，根据所选保存类型，将弹出不同的"输出选项"对话框，可对选项进行相应设置。最后，单击"确定"按钮，即完成保存操作。

【任务实施】

使用 Visio 绘制用例图

步骤1：启动工作窗口，新建UML用例图，如图1.18所示。

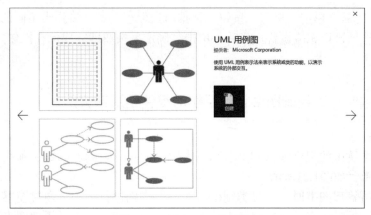

图 1.18　新建 UML 用例图

步骤2：打开的UML用例图文件的工作窗口，如图1.19。

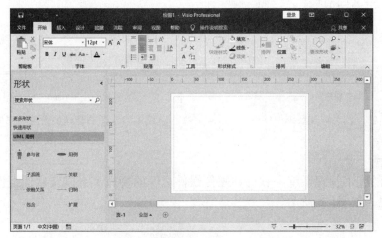

图 1.19　UML 用例图工作窗口

步骤3：绘制成绩管理用例图，如图1.20所示。

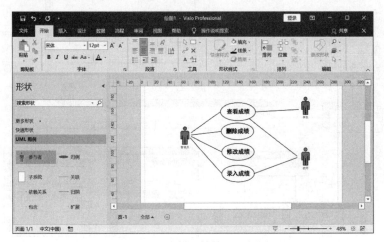

图 1.20　绘制成绩管理用例图

步骤4：绘完后，单击"保存"按钮，根据所选保存类型，将弹出不同的"输出选项"对话框，可对选项进行相应设置。最后，单击"确定"按钮即完成保存操作。

【任务拓展】

绘制图书管理系统的组件图及部署图

1. 组件图

图书管理系统中的组件涉及图书、图书类别、读者、借阅、处罚、预约、数据库管理等，画出组件图，如图1.21所示。

图书管理员管理图书时，通过类别ID来对图书类别进行维护；通过图书编号来对图书信息进行维护；通过读者编号来对读者信息进行维护。图书管理员管理图书的组件图如图1.22所示。

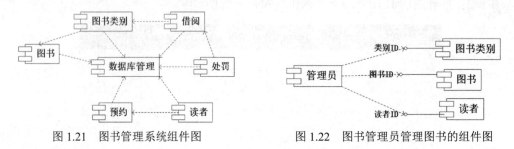

图 1.21　图书管理系统组件图　　　　图 1.22　图书管理员管理图书的组件图

2. 部署图

B/S架构的图书管理系统中软件和硬件组件之间的物理关系以及软件组件在处理节点上的分布情况，如图1.23所示。

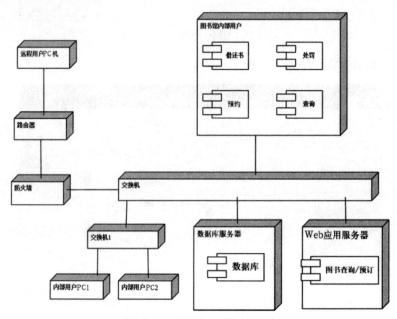

图 1.23　图书管理系统部署图

【知识链接】

软件开发环境、软件开发工具和软件开发平台

软件开发环境是指，在基本硬件和软件的基础上，为支持系统软件和应用软件的开发和维护而使用的一组软件。它由软件工具和集成式软件开发环境构成，前者用以支持软件开发的相关过程、活动和任务，后者为工具集成和软件的开发、维护及管理提供支持。

软件开发环境主要由软件工具组成。人机界面是软件开发环境与用户之间的一个统一的交互式对话系统，它是软件开发环境的重要质量标志。存储各种软件工具加工所产生的软件产品或半成品（如源代码、测试数据和各种文档资料等）的开发数据库是软件开发环境的核心。工具间的联系和相互交互都是通过存储在数据库中的共享数据来实现的。

软件开发环境可分成3类：

（1）按软件开发模型及开发方法分类，有支持瀑布模型、演化模型、螺旋模型、喷泉模型以及结构化方法、信息模型方法、面向对象方法等不同模型及方法的软件开发环境。

（2）按功能及结构特点分类，有单体型、协同型、分散型和并发型等多种类型的软件开发环境。

（3）按应用范围分类，有通用型和专用型软件开发环境。其中专用型软件开发环境与应用领域有关。

软件开发工具包括支持特定过程模型和开发方法的工具，如支持瀑布模型及数据流方法的分析工具、设计工具、编码工具、测试工具、维护工具，支持面向对象方法的 OOA（Object-Oriented Analysis）工具、OOD（Object-Oriented Design）工具和 OOP（Object-Oriented Programming）工具等；独立于模型和方法的工具，如界面辅助生成工具和文档出版工具；亦可包括管理类工具和针对特定领域的应用类工具。

软件开发平台是软件开发过程所使用的平台，可以是多语言平台，包含在开发工具之上。如.NET 开发平台、Java 开发平台等。

【课后阅读】

Rational Rose 工具介绍

Rational Rose 是由 Rational 软件公司开发的一种面向对象的统一建模语言的可视化建模工具，用于可视化建模和公司级水平软件应用的组件构造。软件设计师可使用 Rational Rose，选择程序表中的有用的案例元素（椭圆）、目标（矩形）和消息/关系（箭头）等设计图素，来创造（或建模）应用的框架。当创建程序表时，Rational Rose 会记录下这个程序表，然后以设计师选择的 C++、Visual Basic、Java、Oracle、COBOL 等语言或者数据定义语言来产生代码。Rational Rose 的一个受人欢迎的特征是，它提供了"反复式发展"（也称进化式发展）和"来回旅程工程"的能力。

Rational Rose 允许设计师利用"反复式发展"，因为在各个进程中新的应用能够被创建，通过把一个反复的输出变成下一个反复的输入。然后，当开发者开始理解组件之间是如何相互作用和如何在设计中调整时，Rational Rose 能够通过回溯和更新模型的其余部分来保证代码的一致性，从而展现出被称为"来回旅程工程"的能力。Rational Rose 是可扩展的，可以使用下载附加项和第三方应用软件。

项目实训 1——Microsoft Visio 2016 的使用

一、实训目的

（1）了解Visio软件的功能、安装、工作环境和基本操作等基本知识。

（2）掌握Visio工具绘制软件开发图形的基本操作。

二、实训环境或工具

（1）操作系统平台：Microsoft Windows 10。

（2）软件工具：Microsoft Visio 2016。

三、实训内容与要求

（1）熟悉Visio的工作环境。

Visio的工作环境包括工作窗口、菜单栏、工具栏、定位工具以及帮助等内容。

① 启动工作窗口，新建Visio流程图文件的工作窗口。

② 新建Visio基本框图文件的工作窗口。

③ 页面属性设定。在绘图文件的打开状态下，可以对绘图页面的属性进行设定。在"文件"菜单中单击"页面设置"命令，将弹出"页面设置"对话框，可在其中进行"打印设置""页面尺寸""绘图缩放比例""页属性"和"布局和排列"等选项操作。

（2）制作一个Visio图形，绘制开发模型，如图1.24所示。

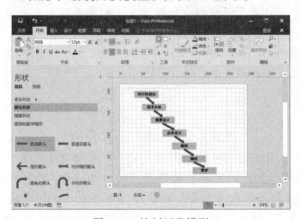

图1.24　绘制开发模型

（3）执行存盘操作，保存为.png格式的文件。

四、实训结果

以项目小组为单位，绘制图保存为.png格式，然后提交。

五、实训总结

进行个人总结：通过本项目的实训学习，我掌握了哪些知识，有哪些收获和注意事项，等等。

六、成绩评定

实训成绩分A、B、C、D、E五个等级。

项目小结

本项目介绍了软件工程的产生背景、软件的生命周期、软件开发模型及UML统一建模语言。软件生命周期分为3个时期,包括10个阶段。软件定义时期由3个阶段组成,即问题定义、可行性研究和需求分析;软件开发时期由4个阶段组成:总体设计、详细设计、编码和软件测试;软件使用与维护时期由3个阶段组成:软件发布、软件维护与软件退役。开发模型是管理和控制软件生产的有效手段,它反映了软件生命周期各阶段活动的情况。UML是面向对象开发方法中一种通用的图形化建模语言。

岗位简介——软件工程师

【岗位职责】

(1)进行软件前期的项目需求的分析;
(2)对项目进行风险评估,并试图解决这些风险;
(3)负责软件系统的设计与开发,负责软件中主要功能的代码实现,解决软件中的关键问题和技术难题;
(4)后期对软件的进度进行相关的评估。

【岗位要求】

软件工程师可谓是软件项目开发的掌舵者,技术要求是比较全面。
(1)即要掌握最基础的编程语言(C语言等)、数据库技术、.NET平台技术、C#等程序开发,也要掌握诸如JavaScript、AJAX、Hibernate、Spring、J2EE、WebService、Struts等前沿技术;
(2)熟悉了解网络工程、软件测试和项目管理等方面的技术;
(3)具有较强的逻辑思维能力,对于技术的发展有敏锐的洞察力;
(4)具有团队合作精神及领导能力。

软件工程师常见面试题

(1)什么是典型的软件三层结构?软件设计为什么要分层?

答:软件三层结构包括数据访问层、业务逻辑层和界面层。数据访问层主要看数据层里面有没有包含逻辑处理,主要完成各个对数据文件的操作。业务逻辑层主要负责对数据层的操作。界面层接收用户的请求以及数据的返回,为客户端提供应用程序的访问。

软件分层能使得代码维护非常方便、设计明确、各层独立,专注各自擅长的领域。

(2)谈谈你对MVC的理解?

答:MVC设计模式是应用观察者模式的框架模式,M(Model)表示模型,操作数据的业务处理层,并独立于视图层。V(View)表示视图,通过客户端数据类型显示数据,并回显模型层的执行结果。C(Controller)表示控制器,也就是视图层和模型层桥梁,控制数据的流向,接收视图层发出的事件,并重绘视图。

（3）类的核心特性有哪些？

答：类具有封装性、继承性和多态性。

封装性：类的封装性为类的成员提供公有、默认、保护和私有等多种访问权限，目的是隐藏类中的私有变量和类中方法的实现细节。

继承性：类的继承性提供从已存在的类创建新类的机制，继承性使一个新类自动拥有被继承类（父类）的全部成员。

多态性：类的多态性提供类中方法执行的多样性，多态性有两种表现形式：重载和覆盖。

（4）请问类与对象有什么区别？

答：类就是某一种事物的一般性的集合体，是相同或相似的各个事物共同特性的一种抽象。在面向对象的概念中，对象是类的实例。对象与类的关系就像变量与数据类型的关系一样。

（5）什么是OOP？OOP相对于面向过程编程有哪些优点？

答：OOP（Object-Oriented Programming），意义为面向对象编程。

OOP不同于面向过程编程：

① OOP关注对象和角色，也就是事物的本质；OOP把客观世界中的对象抽象成对应的类；通过依赖、继承、实现等形式建立对象间的通信关系。

② OOP易于扩展，增加或改变业务的功能，无需大幅改动改变源代码。

③ OOP易于建模，OOP就是软件架构师在计算机高级语言中对客观世界的抽象和再现，人们可以很好地理解和建立起计算机中的抽象模型。

（6）请问abstract class和interface有什么区别？

答：abstract class在Java语言中表示的是一种继承关系，一个类只能使用一次继承关系。但是，一个类却可以实现多个interface。在abstract class中可以有自己的数据成员，也可以有非abstract的成员方法，而在interface中，只能够有静态的不能被修改的数据成员。

习 题 1

【基础启动】

一、单选题

1. 在软件危机中表现出来的软件质量差的问题，其原因是____。
   A. 软件研发人员素质太差　　　　　　B. 用户经常干预软件系统的研发工作
   C. 没有软件质量标准　　　　　　　　D. 软件开发人员不遵守软件质量标准
2. 软件文档是软件工程实施中的重要部分，它不仅是软件开发各阶段的重要依据，而且影响软件的____。
   A. 可理解性　　B. 可维护性　　C. 可扩展性　　D. 可移植
3. 软件开发的结构化生命周期方法将软件生命周期划分成____。
   A. 计划阶段、开发阶段、运行阶段　　B. 计划阶段、编程阶段、测试阶段
   C. 总体设计、详细设计、编程调试　　D. 需求分析、功能定义、系统设计
4. 下面____的缺点是缺乏灵活性，特别是无法解决软件需求不明确或不准确的问题。

A. 瀑布模型　　　　B. 原型模型　　　　C. 增量模型　　　　D. 螺旋模型
5. UML 图不包括____。
   A. 用例图　　　　B. 类图　　　　　　C. 状态图　　　　　D. 流程图
6. UML 中的事物包括：结构事物，分组事物，注释事物和____。
   A. 实体事物　　　B. 边界事物　　　　C. 控制事物　　　　D. 动作事物
7. UML 是软件开发中的一个重要工具，它主要应用于____软件开发方法。
   A. 基于瀑布模型的结构化方法　　　　B. 基于需求动态定义的原型化方法
   C. 基于对象的面向对象的方法　　　　D. 基于数据的数据流开发方法
8. 开发软件所需高成本和产品的低质量之间有着尖锐的矛盾，这种现象称作____？
   A. 软件工程　　　B. 软件周期　　　　C. 软件危机　　　　D. 软件产生
9. UML 体系包括三个部分：UML 基本构造块，UML 公共机制和____。
   A. UML 规则　　　B. UML 命名　　　　C. UML 模型　　　　D. UML 约束
10. ____技术是将一个活动图中的活动状态进行分组，每一组表示一个特定的类、人或部门，他们负责完成组内的活动。
    A. 划分　　　　　B. 分叉汇合　　　　C. 分支　　　　　　D. 转移

二、问答题
1. 软件工程项目的基本目标？
2. 软件生命周期包括哪些阶段？

【能力提升】

三、论述题
1. 现要开发一个软件，功能是对读入的浮点数求平方根，所得到的结果应该精确到小数点后 2 位，一旦实现并测试完以后，该产品将被抛弃。你打算选用哪种软件生命周期模型？为什么？
2. 假设自己是一家软件公司的总工程师，在告诉手下的软件工程师们要及早发现并改正错误的重要性时，有人不同意这个观点，认为要求在错误进入软件之前就清除它们是不现实的，并举例说："如果一个故障是编码错误造成的，那么，一个人怎么能在设计阶段清除它呢？"应该怎么反驳他？

项目 2　软件项目可行性研究

一般情况，任何项目只要资源和时间不加限制都是可以实现的。但事实上，并非任何项目问题都有简单明显的解决办法，许多项目问题不可能在预定的系统规模或时间期限之内解决。如果项目问题没有可行的解决，那么花费在这项工程上的任何时间、人力、软硬件资源和经费都是无谓的浪费。

由此可见，可行性研究是软件工程过程中非常重要的一个阶段，在这个阶段需要对项目中许多问题提出多种可行的方案，若不对软件项目做充分的可行性研究，既有可能失掉了最好的方案，也有可能会严重影响到软件项目的顺利开展，花费很多的时间、资源、人力和经费，却无法达到预期。可以说可行性分析决定了整个软件项目方案是否正确、做法是否可行。

如果对于上述问题的任何一者回答是"否"，那么都不应该继续该软件项目。因此，可行性研究的目的，就是用最小的代价在尽可能短的时间内确定做正确的事情并正确地做事情。

【课程思政】

三思后行

老百姓常说："做饭先尝，做事先想"，凡事都要三思而后行，先谋而后定。没有事先系统的规划和思考，事很难做得好。因为，机遇常常会留给那些善于思考的人，留给那些有提前做好准备的人。

在做系统软件项目开发之前，必须先了解系统的研发背景，进行深入的可行性分析。如果项目可行性分析的结论认为该项目可行，则可进入后续阶段。如果其结论为不可行或需要修改，则不能简单继续该项目。而是需要分析产生其结论的原因，直接放弃或进行有针对性的修改，修改后的需要重新进行可行性分析，直到结论认为可行时，才能继续推进项目。

【学习目标】

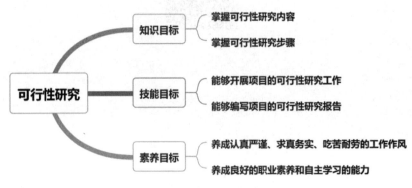

图 2.1　项目可行性研究学习目标

任务 2.1　可行性研究

【任务描述】

信息工程学院要派出两名有软件开发与项目管理经验的教师带几位学生一起参加某学院图书管理系统的研发，开发前期需要带领学生进行为期一周的调研工作，对开发系统的必要性、可行性进行分析研究，并撰写该系统的可行性研究报告。

【知识储备】

一、可行性研究的意义

实质上，软件项目（简称项目）可行性研究是一次简化的，在较高层次上以较抽象的方式进行的系统设计和分析的过程。这个过程通常结合了初步的需求分析，不做需求分析，就无法对项目整体进行可行性分析。可行性研究所需要的时间长短取决于项目的规模，一般说来，可行性研究的成本只是预期的项目总成本的5%到10%，类似地，可行性研究所需时间占总开发时间的比例要略小于上述百分比值。需要强调的是，可行性研究的目的不是解决问题，而是确定问题是否能够解决并且值得去解决。

并非任何项目都有简单明显的解决办法，事实上，许多问题不可能在预定的系统规模或时间期限之内解决。如果项目最终没有可行的解决办法，那么花费在这项项目上的任何时间、人力、软硬件资源和经费，都是某种意义上的浪费。项目可行性研究的目的，就是用最小的代价在尽可能短的时间内确定问题是否能够解决。

如果项目没有可行的解决办法，分析员应该建议停止这个项目，以避免时间、资源、人力和金钱的浪费；如果项目计划值得研究、修改或执行，分析员应该推荐一个较好的方案，并且为项目制定一个初步计划。

可行性研究是在项目早期进行的简短且目标明确的研究过程。这个研究应该回答3个关键问题：

（1）项目是否可以服务于组织的总体目标？

（2）项目是否可以在进度和预算范围内用当前的技术实现？

（3）项目是否可以与在使用的其他系统相集成？

二、可行性研究的任务

可行性研究的任务是，对已提出的任何一种方案，从市场、经济、技术、操作和法律等方面来研究其可行性，并给出明确的意见和结论。

1. 市场可行性

市场可行性要求在项目启动时定位目标市场，清楚在目标市场中的用户及其特点，并且清楚大部分用户当前所用的方法或产品，从而掌握产品竞争形势。

2. 经济可行性

经济可行性从经济角度评价开发一个新项目是否可行。主要任务是对项目特别是软件开发项目进行成本估算、效益估算和成本与效益分析，分析实现这个项目是否具备明确的经济效益和社会效益。

3. 技术可行性

技术可行性从技术的角度去研究项目实现的可行性。主要包括风险、资源和技术分析。风险分析主要考虑在给定的约束条件下设计和完成项目的风险；资源分析是考虑技术资源的可行性，也就是参与人员的技术基础、硬件基础与软件的可用性和软件工具的实用性；技术分析是考虑技术方案的实用性，即所使用技术的实用化程度和技术方案的合理性程度。

4. 操作可行性

操作可行性即判断为新项目所采用的运行方式是否可行。首先要分析用户类型（如外行型、熟练型或专家型），然后从操作习惯、计算机使用情况和相关规章制度等方面进行分析，判断当项目交付使用后，用户或使用单位是否有能力保证系统的正常运行和使用。

5. 法律可行性

研究项目的开发在社会上和政治上是否会有版权或知识产权侵权等方面的问题，如是否违反专利法、著作权法和软件保护条例等法律法规，是否涉及信息安全和个人隐私保护等问题。

可行性研究最根本的任务是对以后的行动方向提出建议。如果可行性研究的结果是项目没有可行性，那么系统分析员应该确认并出具书面建议，停止这项项目的开发；如果可行性研究的结果是项目具备可行性，那么系统分析员应该推荐一个较好的方案，并且为项目制订一个初步的开发计划。

三、可行性研究的实施

怎样进行可行性研究呢？典型的可行性研究过程有下述一些步骤。

1. 复查系统规模和目标

分析员访问项目的关键人员，并仔细阅读和分析有关的材料，以便对问题定义阶段书写的项目规模和目标报告书进一步复查、确认，改正含糊或不确切的叙述，描述清晰对项目的所有限制和约束因素。实质上，这步工作的目的是，确保分析员面对的、分析的和解决的项目问题确实是要求他解决的问题。

2. 研究目前正在使用的系统

目前正在用的工具或系统（简称在用系统）是信息的重要来源。显然，如果目前有一个在用系统，那么这个系统必定能完成某些有用的工作，因此，新的目标系统必须也能完成其基本功能；另一方面，如果在用系统是完美无缺的，用户自然不会提出开发新系统（或开发新项目）的要求，因此，在用系统必然存在某些缺点，新系统必须能解决旧系统中存在的问题。此外，运行在用系统所需要的费用是一个重要的经济指标，如果新系统不能增加收入或减少日常费用，那么从经济角度看新系统便存在了明显的不足。

应该仔细阅读并分析在用系统的文档资料和使用手册，还要认真考查在用系统。应该注意了解这个系统可以做什么，不可以做什么，为什么。需要了解使用新系统的代价。在了解上述这些信息的时候，显然应访问有关的人员，特别是在用系统的管理员和系统负责人。

常见的错误做法是，花费过多时间去分析在用系统。这个步骤的目的是了解在用系统能做什么，而不是了解它怎样完成这些工作。分析员应该画出在用系统的高层系统流程图，并请有关人员进行确认。千万不要花费太多时间去了解和描绘在用系统的技术实现细节。

没有一个系统是在真空中运行的，绝大多数系统都和其他系统有关联。应该注意了解并记录在用系统和其他系统之间的关联方式及接口情况，这是设计新系统时的重要约束条件。

3. 导出新系统的高层逻辑模型

优秀的设计过程通常是从现有的实际系统出发，导出在用系统的逻辑模型，再参考在用系统的逻辑模型，设计出目标系统的逻辑模型，然后根据目标系统的逻辑模型建造新系统。通过上述的工作，分析员对目标系统应该具有的基本功能及其约束条件已有一定了解，能够使用数据流图，描绘数据在系统中流动和处理的过程，从而概括地表达出对新系统的设想。通常为了把新系统描绘得更清晰准确，还应该有一个初步的数据字典，定义系统中使用的数据。数据流图和数据字典共同定义了新系统的逻辑模型，之后可以从这个逻辑模型出发设计新系统。

4. 进一步定义问题

新系统的逻辑模型实质上表达了分析员对新系统必须做什么的看法。用户是否也有同样的看法呢？分析员应该和用户一起再次复查问题定义、项目规模和目标，这次复查应该把数据流图和数据字典作为讨论的基础。如果分析员对问题有误解或者用户曾经遗漏了某些要求，这是发现和改正这些错误的好机会。

可行性研究的前4个步骤实质上构成一个循环。分析员定义问题，分析这个问题，导出一个初步方案；在此基础上再次定义问题，再一次分析这个问题，修改这个方案。继续上述循环过程，直到提出的逻辑模型完全符合系统目标。

5. 导出和评价供选择的方案

首先，分析员应该从系统逻辑模型出发，导出若干个较高层次的（较抽象的）建议方案供比较和选择。导出供选择的建议方案的最简单的途径是，从技术角度出发考虑解决问题的不同方案。比如在数据流图上划分不同的自动化边界，从而导出不同物理方案的方法。分析员可以确定几组不同的自动化边界，然后针对每一组边界考虑如何实现要求的系统。还可以使用组合的方法导出若干种可能的实际系统，例如，在每一类计算机上可能有几种不同类型的系统，组合各种可能将有PC计算机上的批处理系统、PC计算机上的交互式系统、小型计算机上的批处理系统等方案，此外还应该把自动化系统和人工系统作为两个可能的方案一起考虑进去。当从技术角度提出了一些可能的系统之后，应该根据技术可行性初步排除一些不现实的系统。例如，如果要求系统的响应时间不超过几秒钟，显然应该排除批处理方案。把技术上行不通的方案去掉之后，就剩下了一组技术上可行的方案。

其次，可以考虑操作方面的可行性。分析员应该根据使用部门处理事务的原则和习惯检查技术上可行的那些方案，去掉其中从操作方式或操作过程的角度用户不能接受的方案。

接下来，应该考虑经济方面的可行性。分析员应该估计待选的每个系统的开发成本和运行费用，并且对比在用系统，估算新系统可以节省的或增加的费用。在这些估算费用的基础上，对每个可能的系统进行成本与效益分析。一般说来，只有投资预计能带来经济效益或社会效益的系统才值得进一步考虑。

最后，为每个在技术、操作和经济等方面都可行的系统制定实施进度表，这个进度表不需要（也不可能）制定得很详细，通常只需要估计生命周期每个阶段的工作量即可。

6. 推荐行动方针

根据可行性研究结果应该决定的一个关键性问题是，是否继续进行这个项目的开发？分析员必须明确给出他对这个关键性决定的意见。如果分析员认为值得继续进行这个项目，那么他应该选择一种最好的方案，并且说明选择这个方案的理由。通常，用户主要根据经济上是否划算来决定是否投资一个项目，因此分析员对于所推荐的项目必须进行仔细的成本与效益分析。

7. 草拟开发计划

分析员应该为所推荐的方案草拟一份开发计划，除了制定项目进度表之外还应该估计对各类开发人员（例如，系统分析员、程序员）和各种资源（计算机硬件和软件工具等）的需要情况，应该指明什么时候使用以及使用多长时间。此外还应该估计系统生命周期每个阶段的成本。最后应该给出下一个阶段（需求分析）的详细进度表和成本估计。

8. 书写文档提交审查

应该把上述可行性研究各个步骤的工作结果写成清晰的文档，请用户、单位负责人及评审组审查，以决定是否继续这项工程及是否接受分析员推荐的方案。

四、系统流程图

在进行可行性研究时需要了解和分析在用系统，并以概括的形式表达对在用系统的认识；进入设计阶段以后，应该把新系统的逻辑模型转变成物理模型，因此需要描绘未来的实际系统的概貌。

系统流程图是概括地描绘实际系统的传统工具。它的基本思想是，用图形符号以"黑盒子"的形式描绘组成系统的每个部件（程序、文档、数据库、人工过程等）。系统流程图表达的是数据在系统各部件之间流动的情况，而不是对数据进行加工处理的控制过程，因此尽管系统数据流程图的某些符号和程序流程图的符号形式相同，但是它却是实际的数据流程流图而不是程序流程图。

1. 符号

当以概括的方式抽象地描绘一个实际系统时，使用表2.1列出的基本符号就足够了。

当需要更具体地描绘一个实际系统时还需要使用表2.2中列出的系统符号，利用这些符号就可以把一个广义的输入/输出操作具体化为读写存储在特殊设备上的文件（或数据库），把抽象处理具体化为特定的程序或手工操作等。

表 2.1 基本符号

符号	名称	说明
	处理	能改变数据值或数据位置的加工步骤或部件,例如程序、处理机、人工加工等都是处理
	输入输出	表示输入或输出(或既输入又输出),是一个广义的不指明具体设备的符号
	连接	表示转到图的另一部分或从图的另一部分转来,流程图通常在同一页上
	换页连接	表示转到另一页图或由另一页图转来
	数据流	用来连接其他符号,指明数据流动方向

表 2.2 系统符号

符号	名称	说明
	穿孔卡片	表示用穿孔卡片输入或输出,也可表示一个穿孔卡片文件
	文档	通常表示打印输出,也可表示用打字终端输入数据
	磁带	表示磁带输入输出设备,或表示一个磁带文件
	联机存储	表示任何种类的联机存储设备,包括磁盘、磁鼓、软盘、光盘和海量存储器件等
	磁盘	磁盘输入输出设备,也可表示存储在磁盘上的文件或数据库
	磁鼓	磁鼓输入输出设备,也可表示存储在磁鼓上的文件或数据库
	显示	CRT 终端或类似的显示部件,可用于输入或输出
	人工输入	人工输入数据的脱机处理,例如填写表格
	人工操作	人工完成的处理步骤,例如,会计在总工资表上签名
	辅助操作	使用设备进行的脱机操作
	通信链路	通过远程通信线路或专用链路传送数据

2. 分层

要描绘一个复杂的系统时，一个比较好的方法是，分层描绘这个系统。首先用一张高层次的系统流程图描绘系统总体概貌，表明系统的关键功能。然后分别把每个关键功能扩展到适当的详细程度，画在单独的一页纸上。这种分层次的描绘方法便于阅读者按从抽象到具体的过程逐步深入地了解一个复杂的系统。

五、项目可行性研究报告

1. 项目可行性分析报告的一般格式

项目可行性分析报告通常包括封面和内容两个部分，封面的基本要素如下：

```
文 档 编 号：_____
版 本 号：_____
文 档 名 称：_____
项 目 名 称：_____
项 目 负 责 人：_____
编 写 人 签 字：_____          年    月    日
校 对 人 签 字：_____          年    月    日
审 核 人 签 字：_____          年    月    日
批 准 人 签 字：_____          年    月    日
开发单位（公章）：_____        年    月    日
```

2. 可行性报告内容

可行性报告主要内容如下所示：

1. 引言
   1.1 编写目的。说明编写本可行性分析报告的目的，指出读者对象。
   1.2 项目背景。应包括：
   - 所建议开发项目的名称。
   - 本项目的任务、开发者、用户及实现项目的单位。
   - 本项目与其他软件或其他系统的关系。

   1.3 定义。列出有关资料的作者、标题、编号、发表日期、出版单位或资料来源，可包括：
   - 本项目经核准的计划任务书、合同或上级机关的批文。
   - 与本项目有关的已发表的资料。
   - 使用的软件标准。

2. 可行性研究的前提
   2.1 要求列出并说明建议开发项目的基本要求。可包括：
   - 功能。

（续页）

- 性能。
- 输出。
- 输入。
- 基本的数据流程和处理流程。
- 安全与保密要求。
- 与本项目相关的其他系统。
- 完成期限。

2.2 目标。可包括：
- 人力与设备费用的节省。
- 处理速度的提高。
- 控制精度或生产能力的提高。
- 管理信息服务的改进。
- 决策系统的改进。
- 人员工作效率的提高等。

2.3 条件、假定和限制。可包括：
- 建议开发项目运行的最短时间周期。
- 进行项目方案选择比较的期限。
- 经济来源和使用限制。
- 硬件、软件、运行环境和开发环境的条件和限制。
- 可利用的信息和资源。
- 建议开发项目投入使用的最迟时间。

2.4 可行性研究方法。
2.5 决定可行性的主要因素。

3. 对现有系统的分析
   3.1 处理流程和数据流程。
   3.2 工作负荷情况。
   3.3 费用支出。如人力成本、设备费用、场地费用、支持性服务费用及材料费用等。
   3.4 人员。列出所需人员的专业技术要求、特长要求和人数。
   3.5 设备状况。
   3.6 局限性。说明现有系统存在的问题以及为什么需要开发新项目。

4. 所建议技术可行性研究
   4.1 对项目的简要描述。
   4.2 处理流程和数据流程
   4.3 与现有系统比较的优越性
   4.4 采用开发新项目可能带来的影响。
   - 对设备的影响。

(续页)

- 对现有软件的影响。
- 对用户的影响。
- 对系统的影响。
- 对开发环境的影响。
- 对运行环境的影响。
- 对经费支出的影响。

4.5 技术可行性评价。包括：
- 在限制条件下，能否达到功能目标。
- 利用现有技术功能，能否达到目标。
- 对开发人员数量和质量的要求，并说明能否满足要求。
- 在规定的期限内，能否完成开发。

5. 所建议项目经济可行性研究

5.1 支出。
- 基建投资。
- 其他一次性支出。
- 经常性支出。

5.2 效益。
- 一次性收益。
- 经常性收益。
- 不可定量收益。

5.3 收益/投资比。

5.4 投资回收周期。

5.5 敏感性分析。

6. 社会因素可行性研究

6.1 法律因素研究。例如，合同责任，是否侵犯版权或专利权，合法性、合规性及特许经营要求方面的分析等。

6.2 用户使用可行性。例如，用户单位的行政管理机制、工作制度、人员素质等能否满足要求。

7. 其他可供选择的方案

8. 结论

【案例】

图书借阅处理流程图

经过对现有图书管理系统的调查与分析，得到了目前手工方式图书管理流程，其中手工借书业务流程如下：

1. 读者（需持借书证或学生证）到图书室查询图书目录，并在书架上查找所需图书。
2. 读者找到所需图书后，交给图书管理员，办理借阅登记。
3. 图书管理员登记读者借书数量。
4. 图书管理员登记借阅信息后，把图书和借书证交给读者。

【分析】：手工方式管理的图书借阅等工作，劳动强度大，处理速度慢，响应不及时，管理不规范，难以满足借阅要求。建议系统采用 C/S 和 B/S 结合的方式。读者管理、图书管理、借阅管理、系统管理等大部分功能通过图书馆内的局域网系统实现，有利于提高系统的运行效率和数据安全性（采用 C/S 方式）；图书信息查询、个人借阅情况查询、续借等功能可通过互联网进行（采用 B/S 方式），有利于提高系统的使用效率。系统实现方案如图 2.2 所示。

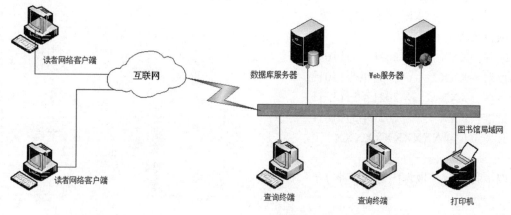

图 2.2 系统实施方案

经过调查研究，最后得到拟开发的图书管理系统的系统流程图。其中借书业务流程图如图 2.3 所示。

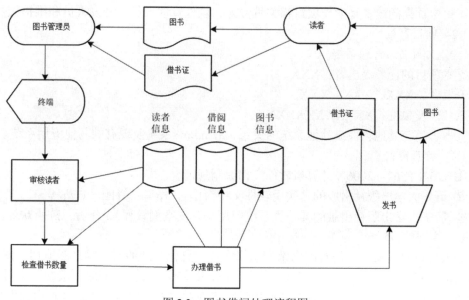

图 2.3 图书借阅处理流程图

【任务实施】

图书管理系统可行性研究报告

"项目可行性研究报告"是可行性研究的结果，该报告必须采用书面形式，它既是研究结果的记录，又是后续论证和进一步开发的依据。下面以图书馆管理系统的可行性研究报告为实例来展开分析。

以下为可行性报告封面的基本要素

> 文档编号：1
> 版本号：1.00
> 文档名称：XXX图书馆管理系统可行行性研究报告
> 项目名称：XXX图书馆管理系统
> 项目负责人：XXX
> 编写：XXX　　　2021年3月10日
> 校对：XXX　　　2021年4月10日
> 审核：XXX　　　2021年5月12日
> 批准：XXX　　　2021年5月18日
> 开发单位：XXXXXXXXXXX

以下为可行性报告内容（样本）

1. 引言

    1.1 编写目的

    编写本可行性研究报告的目的是，研究图书管理系统的总体需求、实现方案，并分析开发本系统的可行性，为决策者提供是否开发本系统的依据和建议。

    本报告预期的读者是学校项目相关负责人、软件管理人员、开发人员和维护人员。

    1.2 项目背景

    ①XXX图书馆管理系统。

    ②本项目的任务提出者：XXX。

    开发者：XXX、XXX、XXX。

    软件开发单位：XXXXXXXXXXX。

    ③本项目与其他软件或其他系统的关系：Windows系统及现有的其他应用系统。

    1.3 参考资料

    ① GB/T 8567—2006《计算机软件文档编制规范》。

    ② 清华大学出版社出版的《实用软件文档写作》，作者：肖刚、古辉等。

    ③ 清华大学出版社出版的《信息系统应用与开发案例教程》，作者：陈承欢等。

    1.4 系统简介

    进入信息时代后，人们对图书馆的运作实现信息化管理的要求越来越迫切。图书馆的书籍借阅管理仍然使用人工管理的手段，工作效率难以提高，同时也浪费了大量的人力资源。希望通过该图书馆管理系统的建设，实现对图书馆的信息化管理，达到提高效

（续页）

率、节省人力、方便读者的目的。第一，该系统可实现读者的自助服务功能，如网络查询、网络预约、网络续借等。第二，可实现图书管理和图书档案管理工作的信息化，如图书采购、书目等级与更新、新书信息发布、馆藏图书登记等。第三，要实现图书管理员处理工作的自动化，如借书、还书、预约、续借、罚款处理等。第四，还要实现系统管理员对整个系统资源的信息化管理，如用户管理、借阅管理、图书管理等。

1.5 技术要求及限定条件

①记录图书的借阅状态和预约状态。

②记录读者的借阅状态，如是否达到最大借书量数、是否超期等。

③控制读者记录的增加、修改和删除条件，如读者离校时必须无欠书和欠款，否则无法删除相应读者的记录。

④管理馆藏图书记录，如淘汰某种图书时，必须删除对应该图书记录的相关信息，并删除可借阅和馆藏书目信息。

2. 可行性研究的前提

2.1 要求

①功能：实现图书管理的基本功能，图书被借阅和预约的状态、读者借阅和预约的状态等应有详细记录。

②性能：能够一共用书馆日常管理的基本处理功能，方便读者和图书管理员的操作和使用。

③输出：图书信息、书目信息、读者信息。

④输入：读者相关信息、图书相关信息、书目相关信息。

⑤基本的数据流程和处理流程（略）。

⑥安全与保密要求：局域网运行于校园网内，读者使用的功能可通过Internet访问。

⑦与本软件相关的其他系统：无。

⑧完成期限：3个月。

2.2 目标

①节省人力与设备费用。

②提高工作效率。

2.3 条件、假定和限制

①建议开发软件运行的最短寿命：5年。

②进行系统方案选择比较的期限：2周。

③经费来源和使用限制：经费由上级拨款；无限制。

④法律和政策方面的限制：遵守国家相关的法律法规及管理规定，遵守学校的相关规定和要求。

⑤硬件、软件、运行环境的条件和限制：客户端为运行Windows操作系统的PC计算机，服务器端为运行Windows Server系统的硬件服务器。

⑥建设开发软件投入使用的最迟时间：开发后3个月。

2.4 可行性研究方法

对图书馆的运行管理进行调查。

(续页)

2.5 决定可行性的主要因素
技术可行性、经济可行性和法律可行性。
3. 对现有系统的分析
 3.1 处理流程和数据流程
 ①现行系统：手工方式处理。
 ②分析：读者借阅等待时间长，信息查询困难，书籍分析汇总困难。
 3.2 费用支出
 项目专项费用。
 3.3 人员
 由3～5人组成系统开发小组，开发小组能够运用数据库技术和网络编程技术完成系统开发。
 3.4 设备
 用于开发测试的计算机及局域网环境。
 3.5 开发新系统的必要性
 提高管理效率，节省大量人力和财力，适应图书馆未来的发展和管理的需要。
4. 建议技术可行性研究
 4.1 对系统的简要描述
 该系统为图书馆的日常管理服务，安装、使用简便，具有良好的安全性和兼容性。
 4.2 处理流程和数据流程
 用户（读者、图书管理员、系统管理员）使用本系统要进行身份验证和注册，图书管理、读者管理、馆藏信息管理要实现计算机管理。
 4.3 与人工处理相比较
 新系统具有显著的优越性：更便捷、更安全、更有效。
 4.4 未采用建议系统可能带来的影响
 对现有设备和人员基本无影响。
 4.5 技术可行性评价
 ①在现有条件下，能否达到功能目标：可以。
 ②利用现有技术能否达到功能目标：能。
 ③开发人员数量和质量的要求，并说明能否满足要求：能满足。3～5人的开发小组熟练掌握系统分析技术、数据库技术和网络编程技术。
 ④在规定的期限内，开发能否完成：能。
5. 建议系统经济可行性研究
 5.1 支出
 开发该系统需要支出的费用包括基建投资、其他一次性支出，共约5万元。采用任务分解计算方法，预计该系统的开发共需4人，历时2个月完成，"每人月"成本估算为2500元，估计系统的人工费用为2500×4×2＝2（万元），开发成本共为5＋2＝（7万元）。
 5.2 收益
 可以列表计算系统的投资回收期和开发纯收入，系统的投资收益表如表2.3所示，其

(续页)

中i值为3.36%。将来的收入主要体现在每年可节省的人力、耗材等,每年收益2.5万元。估计软件使用寿命为5年。

表2.3 系统投资收益表

购买设备软件费			5万元	
人工费			2万元	
开发成本费(购买设备软件费+人工费)			7万元	
每年收益			2.5万元	
年	收入(元)	$(1+i)^n$	现值(元)	累计现值(元)
1	2500	1.0336	24187.31	24187.31
2	2500	1.0683	23401.67	47588.97
3	2500	1.1042	22640.83	70229.80
4	2500	1.1413	21904.85	92134.64
5	2500	1.1797	21191.83	113326.47
纯收入			43326.47元	

综合以上条件,经过成本/收益计算后的纯收入为43326.47元。

6. 社会因素可行性研究

  6.1 法律因素

  项目无违反知识产权和版权保护方面的情况,所有的商务合同及人员使用方式等均符合国家的法律法规及相关规定。

  6.2 用户可用性

  会使用计算机和对网络较熟悉的人员均可使用。

7. 结论和意见

  方案可行。

  经过初步的系统调查,形成了可行性分析报告,并经过项目管理负责人的批准,还必须对现行系统进行全面、深入的详细调查和分析,找出要解决的问题关键,确保图书管理系统的有效性。

【任务拓展】

图书管理系统还书业务流程图

还书业务流程如下:

1. 读者持借书证和图书到图书室,将借阅的图书交给图书管理员。
2. 图书管理员登记还书信息,更改读者借书数量。
3. 如果学生延期还书或出现损坏、遗失图书的情况,则按规定交纳罚款。
4. 将借书证还给读者。

5. 图书管理员将图书放回书架。

形成的还书业务流程图如图2.4所示。

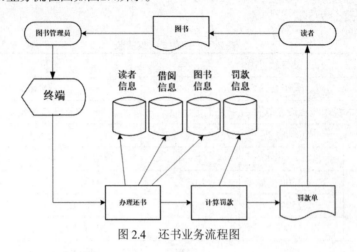

图 2.4　还书业务流程图

【知识链接】

数据流图

当数据在图书管理系统中移动时,它将被一系列"变换"所修改。数据流图(DFD)是一种图形化技术,它描绘信息流和数据从输入到输出的过程中所经受的变换。在数据流图中,没有任何具体的物理部件,它只是描绘数据在软件中流动和被处理的逻辑过程。数据流图是系统逻辑功能的图形表示,即使不是专业的计算机技术人员也容易理解,因此是分析员与用户之间极好的交流工具。此外,设计数据流图时只需考虑系统必须完成的基本逻辑功能,完全不需要考虑怎样具体地实现这些功能,所以它也是今后进行软件设计的良好出发点。

1. 符号

如图2.5所示,数据流图有4种基本符号:正方形(或立方体)表示数据的源点或终点;圆角矩形(或圆形)代表变换数据的处理;开口矩形(或两条平行横线)代表数据存储;箭头表示数据流,即特定数据的流动方向。注意,数据流与程序流程图中用箭头表示的控制流有本质不同,千万不要混淆。熟悉程序流程图的初学者在画数据流图时,往往试图在数据流图中表现分支条件或循环,殊不知这样做将造成混乱,画不出正确的数据流图。在数据流图中应该描绘所有可能的数据流向,而不应该描绘出现某个数据流的条件。

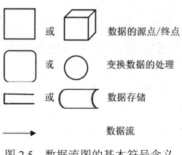

图 2.5　数据流图的基本符号含义

处理并不一定是一个程序。一个处理框可以代表一系列程序、单个程序或者程序的一个模块；它也可以代表检查数据正确性等人工处理过程。一个"数据存储"也并不等同于一个文件，它可以表示一个文件，表示文件的部分内容，表示数据库整体或者数据记录的一部分……数据可以存储在系统内存、硬盘、U盘、微缩胶片、光盘及其他介质上（例如云存储设备）。

数据存储和数据流都是数据，仅仅所处的状态不同。数据存储是处于静止状态的数据，数据流是处于运动中的数据。

通常在数据流图中忽略出错处理，也不包括诸如打开或关闭文件之类的内务处理。数据流图的基本要点是描绘"做什么"，而不考虑"怎样做"。

有时数据的源点和终点相同，如果只用一个符号代表数据的源点和终点，则至少将有两个箭头和这个符号相连（一个进一个出），可能其中一条箭头线相当长，这将降低数据流图的清晰度。另一种表示方法是，再重复画一个同样的符号（正方形或正方体）表示数据的终点。有时数据存储也需要重复，以增加数据流图的清晰程度。为了避免可能引起的误解，如果代表同一个事物的同样符号在图中出现在 n 处，则在这个符号的一个角上画（$n-1$）条短斜线做标记。

2. 用途

画数据流图的目的是，利用它作为交流信息的工具。分析员把他对在用系统的理解或对目标系统的设想用数据流图描绘出来，供有关人员审查确认。由于在数据流图中通常仅仅使用 4 种基本符号，而且不包含任何有关物理实现的细节，因此，绝大多数用户都可以理解或评价它。

从数据流图的基本目标出发，可以考虑在一张数据流图中包含多少个元素合适的问题。一些调查研究表明，如果一张数据流图中包含的处理单元多于 5~9 个，人们就难于准确领会它的含义了。因此数据流图应该分层，并且在把功能级数据流图细化后得到的处理单元超过 9 个时，应该采用绘制"数据流分图"的办法，也就是把每个主要功能模块都细化为一张数据流分图，而原有的功能级数据流图用来描绘系统的整体逻辑概貌图。

数据流图的另一个主要用途是，作为分析和设计的工具。分析员在研究在用系统时常用系统流程图表达他对这个系统的理解，这种描绘方法形象具体，比较容易验证它的正确性；但是，开发工程的目标往往不是完全复制现有系统，而是创造一个能够完成相同或类似功能的新系统。用系统流程图描绘一个系统时，系统的功能和实现每个功能的具体方案是混在一起的。因此，分析员希望以另一种方式进一步总结现有系统，这种方式应该着重描绘系统所完成的功能而不是系统的物理实现方案。数据流图是实现这个目标的极好手段。

【课后阅读】

数据字典与数据流图的关系

数据字典是关于数据的信息集合，也就是对数据流图中包含的所有元素的定义的集合。

数据流图和数据字典共同构成系统的逻辑模型，没有数据字典的数据流图是不严格，同样，没有数据流图的数据字典也难于发挥作用。将数据流图与数据流字典中每个元素的精确定义放在一起，有助于共同构成系统的规格说明。

任务2.2 成本与效益分析

【任务描述】

一般说来,人们投资一项事业的目的是为了在将来得到更大好处。开发一个图书管理软件系统也是一种投资,期望将来获得更大的经济效益。因此,前期对软件开发项目进行成本和效益估算及成本与效益分析是非常重要的。那么,在什么情况下投资开发新系统更划算呢?成本与效益分析的目的是,要从经济效益的角度分析开发一个特定的新系统是否划算,从而帮助决策者做出是否投资这个开发项目的决定。

【知识储备】

一、成本估计

软件开发成本主要表现为人力资源支出(人数乘以平均工资得出人工费用)。成本估计一般不追求精确,因此应该使用几种不同的估计技术以便相互校验。下面简单介绍3种估算技术。

1. 按代码行数估算

按代码行数估算是比较简单的定量估算方法,即它把开发软件的成本与实现软件功能的源代码行数联系起来。通常,可以根据经验和历史数据,估计出实现一个功能需要的源程序行数,进而估算出费用。当有以往开发类似项目的历史数据可供参考时,这个方法是非常有效的。

一旦估算出源代码行数以后,用每行代码的平均成本乘以行数就可以确定软件的成本。每行代码的平均成本主要取决于软件的复杂程度和人员的平均工资水平。

2. 按任务分解方式估算

这种方法首先把软件开发工程分解为若干个相对独立的任务。再分别估计每个任务的开发成本,最后累加起来得出软件开发工程的总估算成本。估算每个任务的成本时,通常先行估算该项任务需要用的人力成本(以人员每月平均工资为单位),再乘以每人每月的平均工资而得出每个任务的估算成本。

最常用的办法是,按开发阶段划分任务。如果软件系统很复杂,由若干个子系统组成,则可以把每个子系统再按开发阶段进一步划分成更小的任务。

典型环境下各个开发阶段需要使用的人力的百分比大致如表2.4所示。当然,应该针对每个开发工程的具体特点,并且参照以往的经验尽可能准确地估计每个阶段实际需要使用的人力(包括书写文档需要的人力)。

表 2.4 典型环境下各个开发阶段需要使用的人力的百分比

任　　务	人力（%）
可行性研究	5
需求分析	10
设计	25
编码和单元测试	20
综合测试	40
总计	100

3. 自动估算成本技术

采用自动估算成本的软件工具可以减轻人的劳动，并且使得估算的结果相对客观。但是，采用这种估算技术必须有长期搜集的大量历史数据为基础，并且需要有良好的数据库系统做支撑。

二、成本与效益分析的方法

成本与效益分析的第一步是估算开发成本、运行费用和新系统将带来的经济效益。上面已经简单介绍了估算开发成本的基本方法。运行费用取决于系统的操作费用（操作员人数、工作时间、物资消耗等）和维护费用。系统的经济效益等于因使用新系统而增加的收入加上使用新系统可以节省的运行费用。因为运行费用和经济效益两者在整个软件生命周期内都存在，总的效益和软件生命周期的长度有关，所以应该合理地估计软件的寿命。虽然许多系统在开发时预期软件生命周期长达10年以上，但是时间越长，系统被废弃的可能性也越大，为了保险起见，以后在进行成本与效益分析时一律假设软件生命周期为5年。

应该比较新系统的开发成本和经济效益，以便从经济角度判断这个系统是否值得投资，但是，投资是现在进行的，效益是将来获得的，不能简单地比较成本和效益，还应该考虑货币的时间价值。

1. 货币的时间价值

通常用利率表示货币在单位时间内产生的价值比率，例如，年利率是资金按年度计算增加（或减少）的比率。假设年利率为i，并多年保持不变，如果现在存入P元，则n年后的资金价值F可表为：

$$F = P \times (1+i)^n$$

这也就是P元钱在n年后的价值。反之，如果n年后能收入F元钱，那么这些钱的现在价值是：

$$P = F/(1+i)^n$$

2. 投资回收期

通常，人们用投资回收期衡量一项开发工程的价值。所谓投资回收期就是使累计的经济效益等于最初投资所需要的时间。显然，投资回收期越短就能越快获得利润，因此这项工程也就越值得投资。

例如，修改库存清单系统两年以后可以节省4225.12元，比最初的投资(5000元)还少774.88元，第三年以后将再节省1779.45元。774.88/1779.45 = 0.44，因此，投资回收期是2.44年。

投资回收期仅仅是一项经济指标，为了衡量一项开发工程的价值，还应该考虑其他经济指标。

3. 纯收入

衡量工程价值的另一项经济指标是工程的纯收入，也就是在整个生命周期之内系统的累计经济效益（折合成现在值）与投资之差。这相当于比较投资开发一个软件系统和把钱存在银行中（或贷给其他企业）这两种方案的优劣。如果纯收入小于或等于为零，仅从经济观点看这项工程可能是不值得投资的。

例如，上述修改库存清单系统，工程的纯收入预计是：9011.94 − 5000 = 4011.94(元)

4. 投资回收率

把资金存入银行或贷给其他企业能够获得利息，通常用年利率衡量利息多少。类似地也可以计算投资回收率，用它衡量投资效益的大小，并且可以把它和年利率相比较，在衡量工程的经济效益时，它是最重要的参考数据。

已知现在的投资额，并且已经估计出将来每年可以获得的经济效益，那么，给定软件的使用寿命之后，怎样计算投资回收率呢?设想把数量等于投资额的资金存入银行，每年年底从银行取回的钱等于系统每年预期可以获得的效益，在时间等于系统寿命时，正好把在银行中的存款全部取光，那么，年利率等于多少呢?这个假想的年利率就等于投资回收率。根据上述条件不难列出下面的方程式：$P = F_1/(1+j) + F_2/(1+j)^2 + \ldots + F_n/(1+j)^n$

其中，P是现在的投资额，F是第i年年底的效益($i = 1,2,\ldots,n$)；n是系统的使用寿命；j是投资回收率。

解出这个高阶代数方程即可求出投资回收率（假设系统寿命$n = 5$）。例如，上述修改库存清单系统，工程的投资回收率是41%～42%。

【案例】

货币的时间价值

例如，假设图书管理系统取代大部分人工工作，每年可节省2.5万元。若软件生存期为5年，则5年可节省12.5万元。开发这个图书管理系统共投资了7万元。此时，不能简单地把7万元与12.5万元相比较。因为前者是现在投资的钱，而后者是5年以后节省的钱。需要把5年内每年预计节省的钱折合成现在的价值才能进行比较。

假定年利率为5%，利用上面计算货币现在价值的公式，可以算出使用图书管理系统后每年预计节省的钱的现在价值，如表2.5所示。

表2.5 货币的时间价值

年	将来值（万元）	$(1+i)^n$	现在值（万元）	累计的现在值（万元）
1	2.5	1.05	2.381	2.381
2	2.5	1.1025	2.268	4.649
3	2.5	1.1576	2.160	6.809
4	2.5	1.2155	2.057	8.866
5	2.5	1.2763	1.959	10.825

【任务实施】

图书管理系统"成本—效益"分析

成本—效益分析的目的是从经济角度评价开发一个软件项目是否可行。成本—效益分析首先是估算待开发系统的开发成本，然后与可能取得的效益（有形的和无形的）进行比较和权衡。有形的效益可以用货币的时间价值、投资回收期、纯收入等指标进行度量。无形的效益主要是从性质上、心理上进行衡量，很难直接进行量的比较。例如，通过重复优化得到更好的设计质量；通过可编程控制使用户更满意；通过对销售数据重定格式和预定义产生更好的商业决策等，就很难进行直接的量的比较。无形的效益在某些情形下会转化成有形的效益。例如，一个高质量的设计先进的软件可以使用户更满意，从而影响到其他潜在的用户也会喜欢它，一旦需要时就会选择购买它，这样使得无形的效益转化成有形的效益。

投资回收期是衡量一个开发工程价值的经济指标。投资回收期就是使累计的经济效益等于最初的投资所需要的时间。投资回收期越短，就能越快获得利润。因此这项工程也就越值得投资。工程的纯收入是衡量工程价值的另一项经济指标。纯收入就是在整个生存期之内累计经济效益（折合成现在值）与投资之差。

例如，引入图书管理系统三年以后，可以节省6.089万元，比最初的投资少0.911万元，第四年可以节省2.057万元，则(0.911/2.057) = 0.443因此，投资回收期是3.443年。

引入图书管理系统之后，5年内工程的纯收入预计是10.825-7 = 3.825(万元)，这相当于比较投资一个待开发的软件项目后预期可取得的效益和把钱存在银行里（款给其他企业）所取得的收益，到底孰优孰劣，如果纯收入为零，从经济观点看，这项工程可能是不值得投资的，如是收入小于零，那么显然这项工程不值得投资。只有当纯收入大于零，才能考虑投资。

【任务拓展】

系统的效益分析

系统的效益分析随系统的特性而异。为了具体说明，考虑一个管理信息系统的效益，如表2.6所示，大多数数据处理系统的基本目标是开发具有较大信息容量、高质量、响应及时、组织完善的系统。因此，表2.6所示的效益集中在信息存取和它对用户环境的影响方面。工程—科学计算软件及基于微处理器的产品相关的效益在本质上可能不大相同。

表 2.6 可能的信息系统效益

效益类型	特征与作用
改进计算与打印工作所得到的效益	1. 降低每个单元的计算和打印成本（CR） 2. 提高计算任务的精确度（ER） 3. 有能力快速改变计算程序中的变量与值（IF） 4. 大大提高计算和打印的速度（IS）
改进记录保存工作所得到的效益	1. 能够"自动"为记录收集和存储数据（CR、IS、ER） 2. 更完整、系统地保存记录（CR、ER） 3. 根据空间需要和成本，增加记录保存的容量（CR） 4. 记录保存标准化（CR、IS） 5. 增加每个记录中可存储的数据量（CR、IS） 6. 改进记录存储的安全性（ER、CR、MC） 7. 改进记录的可移植性（IF、CR、IS）
改进记录查找工作所得到的效益	1. 快速地检索记录（IS） 2. 改进从大型数据库中存取记录的能力（IF） 3. 改进变更数据库中记录的能力（IE、CR） 4. 通过远程通信，链接要求查找的地点的能力（IF、IS） 5. 改进登记记录的能力，登记哪些记录存取过及被谁存取过（ER、MC） 6. 审计和分析记录查找活动的能力（MC、ER）
改进系统重构能力所得到的效益	1. 同时变更整个记录类的能力（IS、IF、CR） 2. 传输大型数据文件的能力（IS、1F） 3. 合并其他文件建立新文件的能力（IS、1F）
改进分析和模拟能力所得到的效益	1. 快速地执行复杂的、同时发生的计算的能力（IS、IF、ER） 2. 建立复杂现象的模拟，解答"如果...，则..."问题的能力（MC、IF） 3. 为计划和决策的制定，聚集大量可用数据的能力（MC、IF）
改进过程和资源管理所得到的效益	1. 减少在过程和资源管理方面所需的工作量（CR） 2. 改进"精细调校"过程（如汇编行）的能力（CR、MC、IS、ER） 3. 改进保持对可用资源进行不间断监控的能力（MC、ER、IF）

（表中，CR=降低成本；ER=减少错误；IF=增加灵活性；IS=增加活动速度；MC=改进管理计划和控制。）

【知识链接】

系统开发成本

分析员对现行系统（人工管理系统）和待开发系统（图书管理系统）定义可度量的特性。可以选定产生最终借还的时间 t-book 作为一个可度量的特性，且分析员发现，图书管理系统产生较大的减缩。为进一步量化这种效益，确定以下数据：

t-book：平均借还时间 = 1/30 小时

r：减缩比 = 3/4

c：每次借还小时的成本 = 10.00 元

n：每年借还书籍次数 = 125000

p：系统中已完成图书管理的百分比 = 80%

利用以上已知数据，每年节省费用的估算值，即所得到的效益为：

节省的管理费用 = $r \times \text{t-book} \times n \times c \times p$ = 25000（元/年）

其他由图书管理系统而得到的有形效益将以类似的方式进行处理。系统开发的成本如表 2.7 所示。

表 2.7　信息系统可能的费用

费用类别	费用细项
筹办费用	1. 咨询费 2. 实际购置设备或租用设备费 3. 改建设备或场所的费用（空调、安全设施等） 4. 资本 5. 与筹办相关的管理和人员的费用
开办费用	1. 操作系统软件的费用 2. 安装通信设备费用（电话线、数据线等） 3. 经办人员的费用 4. 人员寻找与聘用活动所需的费用 5. 破坏其他机构所需的费用 6. 指导开办活动所需的管理费用
与项目有关的费用	1. 应用软件购置费 2. 为适应局域系统修改软件的费用 3. 公司内应用系统开发所需的人员工资、经常性开销等 4. 培训用户人员使用应用系统的费用 5. 数据收集和建立数据收集过程所需的费用 6. 准备文档所需的费用 7. 开发管理费
运行费用	1. 系统维护费用(硬件、软件和设备) 2. 租借费用(包括电费、电话费等) 3. 硬件折旧费 4. 信息系统管理、操作及计划活动中涉及人员的费用

分析员可以估算每一项的成本，然后用开发费用和运行费用来确定投资的偿还、损益平衡点和投资回收期。

【课后阅读】

"成本—效益分析概念"的由来

成本—效益分析方法的概念首次出现在 19 世纪，在法国经济学家朱乐斯·帕帕特的著作中，被定义为"社会的改良"。其后，这一概念被意大利经济学家帕累托重新界定。到 1940 年，美国经济学家尼古拉斯·卡尔德和约翰·希克斯对前人的理论加以提炼，形成了"成本—效益分析"分析理论基础即卡尔德——希克斯准则，也就是在这一时期，"成本—效益分析"分析开始应用到政府工作中，如 1939 年美国的洪水控制法案与田纳西州泰里克大坝的预算。60 多年来，随着经济得发展，政府投资项目的增多，使得人们日益重视投资，重视项目支出的经济与社会效益。这就需要找到一种能够比较"成本—效益"关系分析方法。因此，成本—效益分析在实践方面都得到了迅速发展，被世界各国广泛采用。

项目实训 2——在线购物系统可行性研究

一、实训目的

（1）理解可行性研究的目的和任务。
（2）熟悉系统可行性研究的基本方法和基本策略。
（3）学会使用Visio绘制系统流程图。
（4）熟悉可行性研究报告的书写。

二、实训环境或工具

（1）操作系统平台：Microsoft Windows 10。
（2）软件工具：Microsoft Word 2016。

三、实训内容与要求

（1）准备参考资料和阅读相关的国家有关软件开发的标准文档。
（2）根据提供的课题需求和条件，按照软件开发国家标准系统可行性研究报告格式，写出在线购物系统可行性研究报告。

四、实训结果

以项目小组为单位，形成一份规范的在线购物系统可行性研究报告。

五、实训总结

进行个人总结：通过本项目的实训学习，我掌握了哪些知识，有哪些收获和注意事项，等等。

六、成绩评定

实训成绩分A、B、C、D、E五个等级。

项目小结

本项目主要介绍了项目可行性研究，进一步探讨了问题定义阶段所确定的问题是否可行。在对问题正确定义的基础上，经过分析问题、提出可行性方法的反复过程，最终提出一个符合系统目标的高层次的逻辑模型。然后根据系统的这个逻辑模型设想各种可能的实际系统，并且从技术、经济效益和操作等方面分析了系统的可行性。最后，系统分析员提出一个推荐的行动方针，以便讨论和审查批准。

在表达分析员对分析在用系统和描绘新系统时，系统流程图是一个很好的工具。系统流程图实质上是实际的数据流图，它描绘组成系统的主要物理元素，以及信息在这些元素间流动和处理的情况。

成本与效益分析是可行性研究的一项重要内容，是用户组织负责人从经济角度判断是否继续投资于这项工程的主要依据。

岗位简介——软件系统分析员

【岗位职责】

（1）负责系统的需求分析及总体架构设计，负责系统的安全性、稳定性、维护性管理；
（2）制定设计及实现规范，指导设计、实施及部署工作；
（3）主导关键技术的选型和预先调研工作；
（4）参与重要或高风险模块的详细设计，控制设计的质量；
（5）指导软件开发人员的设计开发工作，并对其最终成果物质量负责；
（6）参加对公司相关产品系统架构方案的技术评审工作，提供专业建议。

【岗位要求】

（1）计算机及相关专业毕业，具有互联网相关岗位的工作经验，具有独立承担软件项目系统分析和架构设计经验，有大型系统软件架构设计经验；
（2）具有面向对象的分析设计和开发能力，对设计模式有深刻的理解并能在此基础上设计出适合产品特性和质量属性的框架；
（3）熟悉高性能、高并发、高可用性、高扩展性系统架构设计，具备异构平台整合能力，具备分析、优化现有平台或系统架构的能力；
（4）对相关的技术标准有深刻的理解，对软件工程标准和规范有良好的把握；
（5）具有极强的执行力，具有高度的责任感、较强的学习、沟通和书面表达能力；
（6）有较强的工作规划、问题分析能力和技术创新能力。

软件系统分析员常见面试题

1. 软件工程方法有哪些？有何不同？

答：软件工程方法为软件开发提供了"如何做"的技术。它包括了多方面的任务，例如项目计划与估算，软件系统需求分析，数据结构、系统总体结构的设计，算法的设计、编码，系统测试及维护等。软件工程方法有传统的周期性开发法、原型法和终端用户开发方法。传统的周期性开发法，主要包括需求分析、设计、编码、测试、维护。这种方法适合于需求简单的项目。

原型法通过建立原型，然后不断精细原型进行开发，这种方法适合于用户需求和流程都很复杂的项目。

终端用户开发方法是让用户参与整个开发过程，这种方法对用户的计算机技术要求高，适合于开发小项目和合作项目。

2. IT项目中最常出现的问题和风险是什么？你对IT项目的计划、风险控制采取的方法是什么？能具体说明吗？

答：IT项目中最常出现的问题和风险是：

如能否准确地理解用户需求并与项目成本、周期达成平衡？如何控制项目进行中的需求变更？如何使临时搭建的项目组成员形成默契和活力？如何识别项目过程中每一阶段的成熟度及因此带来的风险?

IT项目计划、风险控制采取的方法是:风险分析。包括风险识别、风险估计、风险评价、风险驾驭和监控。

风险识别:识别在预算、进度、人员(包括人员和组织)、资源、用户和需求等方面存在的潜在的问题,并了解它们对软件项目的影响。

风险估计:常用的估计风险的方法有两种。一种是估计一个风险发生的可能性;另一种方法是估计那些与风险有关的问题及其可能产生的结果。

风险评价:一个对于风险评价很有用的技术就是定义风险参照水准。对于大多数的软件项目来说,成本、进度和性能就是三种典型的风险参照水准。对于成本超支、进度延期、性能降低,均定义了"终止项目风险水准"。如果风险的某种组合造成了严重的问题,超出了上述水准值,则要终止项目。

风险驾驭和监控:风险驾驭是指,利用某些技术,如原型化、软件自动化、软件心理学、可靠性工程学,以及某些项目管理方法,设法避开或转移风险。风险监控是一种项目追踪活动,它可判断一个预测的风险事实是否发生,进行风险再估计,收集可用于将来的风险分析的信息。

3. 甲方(用户)委托乙方(供应商)进行某项目的软件开发与实施。如果你是用户方的项目经理,你认为需要在项目的哪些环节上需要与供应商项目经理达成共识并重点监控?这些监控的依据表现为什么(即监控表现物是什么)?

答:需要重点监控的环节有需求分析、界面原型、概要设计、详细设计、接受测试、交接、验收等。监控表现物分别是需求分析报告、界面原型确认、概要设计报告、详细设计报告、接受测试报告、交接方案、验收报告等。

习 题 2

【基础启动】

一、填空题

1. 可行性研究的目的不是去开发一个软件项目,而是研究这个项目是否_____、_____。
2. 要从以下三个方面分析研究中衡量解决方法的可行性:_____、_____、_____。
3. 技术可行性研究包括_____、_____。
4. 经济可行性一般要考虑的情况包括_____、_____、_____。
5. 在书写计划任务书时,此任务书应包括_____、_____、_____、_____。
6. 系统流程图是_____传统工具,它的基本思想是_____。
7. 自底向上成本估计不是从_____开始,而是从_____开始。
8. 成本与效益分析的目的是要从_____分析开发一个特定的新系统是否划算,从而帮助使用部门负责人正确地做出是否投资于这项开发工程。
9. _____软件费用管理的核心,也是软件工程管理中最困难、最易出错的问题之一。
10. 经济效益可分为有形效益和无形效益两种,有形效益的主要度量指标是_____、_____、_____。
11. 投资回收期是衡量一个开发工程价值的_____指标。

12. 纯收入是指在整个生存周期之内的＿＿＿＿与投资之差。
13. 设年利率为 i 现存入 p 元，则 n 年后可得钱数为＿＿＿＿。
14. 若年利率为 i，不计复利，n 年后可得钱数为 F，则现在的价值 $P=$ ＿＿＿＿。
15. 我们熟悉的成本估计可分为＿＿＿＿、＿＿＿＿、＿＿＿＿。
16. 在可行性研究中，＿＿＿＿是系统开发过程中难度最大，最重要的一个环节。
17. 瀑布模型是以文档为驱动、适合于 c 软件项目的模型。
18. 一般说来，经济效益通常表现为减少运行费用或增加收入。但是，投资开发新系统往往要冒一定风险，系统的开发成本可能比预计的＿＿＿＿，效益可能比预期的＿＿＿＿。

二、选择题

1. 研究开发所需要的成本和资源是属于可行性研究中的＿＿＿＿研究的一方面。
   A. 技术可行性　　B. 经济可行性　　C. 社会可行性　　D. 法律可行性
2. 经济可行性研究的范围包括＿＿＿＿。
   A. 资源有效性分析　　B. 管理制度制定　　C. 效益分析　　D. 开发风险分析
3. 可行性研究主要从以下几个方面进行研究？＿＿＿＿
   A. 技术可行性，经济可行性，操作可行性。　　B. 技术可行性，经济可行性，社会可行性。
   C. 经济可行性，系统可行性，操作可行性。　　D. 经济可行性，系统可行性，时间可行性。
4. 在软件工程项目中，不随参与人数的增加而使软件的生产率增加的主要问题是＿＿＿＿。
   A. 工作阶段的等待时间　　B. 生产原形的复杂性
   C. 参与人员所需的工作站数　　D. 参与人员之间通信困难
5. 制定软件计划的目的在于尽早对待开发的软件进行合理估计，软件计划的任务是＿＿＿＿。
   A. 组织与管理　　B. 分析与估算　　C. 设计与测试　　D. 规划与调整
6. 可行性研究要进行一次＿＿＿＿需求分析。
   A. 详细的　　B. 全面的　　C. 简化的、压缩的　　D. 彻底的
7. 可行性分析研究的目的是＿＿＿＿。
   A. 争取项目　　B. 项目值得开发与否　　C. 开发项目　　D. 规划项目
8. 下列不属于成本效益的度量指标＿＿＿＿。
   A. 货币的时间价值　　B. 投资回收期　　C. 性质因素　　D. 纯收入
9. 下面不是可行性研究的步骤的是＿＿＿＿。
   A. 重新定义问题　　B. 研究目前正在使用的系统
   C. 导出和加工选择的方案　　D. 确定开发系统所需要的人员配置
10. 可行性研究的目的是用最小的代价在尽可能短的时间内确定问题的＿＿＿＿。
    A. 能否可解　　B. 工程进度　　C. 开发计划　　D. 人员配置
11. 在软件工程种，可行性研究包括：＿＿＿＿
    A. 经济可行性、技术可行性、操作可行性　　B. 软件可行性、硬件可行性
    C. 编码可行性、运行可行性、测试可行性　　D. 理论可行性、实践可行性
12. 软件分析的第一步要做的工作是＿＿＿＿。
    A. 定义系统的目标。　　B. 定义系统的功能模块。
    C. 分析用户需求。　　D. 分析系统开发的可行性。
13. 可行性研究目的主要在于＿＿＿＿。
    A. 确定工程的目标和规模。

B. 建立整个软件的体系结构，包括子系统、模块以及相关层次的说明、每一模块的接口定义。
C. 尝试回答，目标系统需要做什么？
D. 用最小的代价确定在问题定义阶段所确定目标和规模是否可实现、可解决。

14. 软件可行性分析是着重确定系统的目标和规模。对功能、性能及约束条件的分析应属于下列_____。
    A. 经济可行性分析　　B. 技术可行性分析　　C. 操作可行性分析　　D. 开发可行性分析

三、名词解释
1. 可行性研究
2. 技术可行性
3. 法律可行性
4. 自底向上成本估计
5. 投资回收期

【能力提升】

四、简答题
1. 可行性研究的任务？
2. 简述经济可行性和社会可行性？
3. 简述可行性研究的步骤？
4. 在进行可行性研究时，向用户推荐的方案中应清楚地表明什么？
5. 可行性研究报告的主要内容有哪些？
6. 说明一下系统流程图的作用？
7. 简述自顶向下估计和自底向上估计的缺点。
8. 简述费用估计中任务分解技术步骤。
9. 成本与效益分析可用哪些指标进行度量？
10. 可行性研究的目的是什么？有哪些可行性需要研究？

五、应用题

设计一个软件的开发成本为5万元，寿命为3年。未来3年的每年收益预计为22000元、24000元、26620元。假设银行年利率为10%。试对此项目进行成本效益分析，以决定其经济上的可行性。

项目3 软件项目需求分析

软件项目需求（简称软件需求）分析是软件生命周期中非常重要的部分，它决定着整个软件项目的质量，也是整个软件开发的成败所在。一方面，需求分析以软件需求规格说明书和项目规划为分析活动的出发点，并从软件角度对它们进行检查与调整；另一方面，软件需求分析又是软件设计、编程、测试与维护的重要基础。良好的需求分析有助于避免或尽量减少早期错误。从而提高软件生产率，降低软件的开发成本，改进软件的质量。

为了开发出能满足用户需求的软件产品，首先必须知道用户的需求。对软件需求进行深入理解是软件开发工作获得成功的前提条件，不论人们把设计和编程工作做得如何出色，不能真正满足用户需求的程序只会令用户失望，给开发者带来烦恼。

【课程思政】

天下为公

大家都知道，每个人都不能离开社会独立存活。社会的存续与发展是人们共同努力的结果。个人只有在工作中为社会做贡献才能实现自己的价值。

在软件开发过程中，普遍存在"重技术、轻交流""重开发、轻需求"的现象，觉得只要技术好了，就能开发出好的产品，却经常忽略"要做什么"，甚至把与用户的交流都忽视了，最终很难开发出成功的软件产品。

社会有分工，个人特点有不同，但均应对社会做出贡献。同样地，无论做什么工作，都需要脚踏实、认真负责的工作精神。

在与用户沟通时，还要注意人与人之间的沟通建立在诚信和友善的基础之上。诚信即诚实守信，是人类社会从古代传承下来的优秀传统，也是社会主义道德建设的重点内容，它强调诚实互助、信守承诺、诚恳待人。强调公民之间应相互尊重、相互关心、相互帮助，和睦友好，建设具有中国特色的人际关系。

【学习目标】

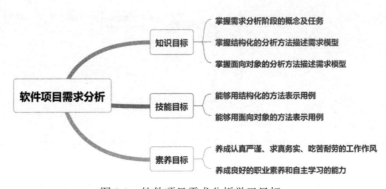

图3.1 软件项目需求分析学习目标

任务 3.1 需求分析

【任务描述】

根据前期的可行性分析报告,确定对目标系统的综合要求,即软件的需求,通过对问题分析和方案综合,编制软件需求规格说明书。

【知识储备】

一、需求分析的任务

需求分析是软件开发周期的第一个阶段,是整个系统开发的基础,关系到软件开发的成败。

需求分析的任务是,准确地定义新系统的目标,准确地回答"系统必须做什么"的问题,并用规范的形式准确地表达用户的需求。虽然在可行性研究阶段已经大致了解了用户的需求,但是,可行性研究的目的是,用较小的成本在较短的时间内确定是否存在可行的方案,因此许多细节被忽略了。然而在最终的系统中却不能遗漏任何一个微小的细节,可行性研究并不能代替需求分析。

需求分析的任务同样不是确定系统的所有细节,而是确定系统必须完成哪些工作,也就是对目标系统提出完整、准确、清晰、具体的要求。

需求分析阶段需要充分理解用户需求,通过对问题及其环境的理解、分析和综合,建立分析模型。需求分析的结果是否准确,关系到软件开发的成败和软件产品的质量,在需求分析阶段结束之前,系统分析员应该写出软件需求规格说明书,以书面形式准确地描述软件需求。

需求分析分两个阶段:获取需求阶段和需求表达阶段。前一个阶段在充分了解需求的基础上,建立起系统的逻辑模型;后一个阶段把需求文档化,用软件需求规格说明书的方式把需求表达出来。

1. 确定对系统的综合需求

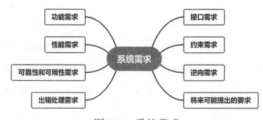

图 3.2 系统需求

(1)功能需求

这方面的需求指定系统必须提供的功能。通过需求分析划分出系统必须完成的所有功能。

(2)性能需求

性能需求指定系统必须满足的时间性约束或容量约束,通常包括速度(响应时间)、信息速率、主存容量、磁盘容量、安全性等方面的需求。

（3）可靠性和可用性需求

可靠性是指用定量的方式确定系统的可靠性指标。可用性与可靠性密切相关，它可量化地描述用户使用时的方便性和易用性。

（4）出错处理需求

出错处理需求说明系统对环境错误应该怎样响应。例如，如果它接收到了从另一个系统发来的违反协议格式的消息，应该做什么？

（5）接口需求

接口需求描述应用系统与其他环境通信的格式。常见的接口需求有：用户接口需求、硬件接口需求、软件接口需求、通信接口需求等。

（6）约束需求

设计约束或实现约束，描述在设计或实现应用系统时应遵守的限制条件。在需求分析阶段提出的这类需求，并不是要取代设计（或实现）过程，只是说明用户或环境强加给项目的限制条件。常见的约束有：数字精度、工具要求和语言约束、设计约束、应该使用的标准、应该使用的硬件平台等。

（7）逆向需求

逆向需求说明软件系统不应该做什么。理论上，逆向需求可能有无限多个，因此，我们应该仅选取能澄清真实需求且可消除易发生的误解的那些逆向需求。

（8）将来可能提出的要求

应该明确地列出那些虽然不属于当前系统开发范畴，但是数据分析将来很可能会提出来的要求。

2. 构建分析模型

一般来说，现实应用中的系统无论表面上怎样杂乱无章，总是可以通过分析、归纳找出规律，然后再通过"抽象"建立该系统的模型。软件需求的分析模型是描述软件需求的一组抽象。由于系统应用的各个用户往往会从不同的角度阐述他们对原始问题的理解和对目标软件的需求，因此有必要为原始问题及其目标软件系统建立模型。

事实上，一个软件从外部可以被看作是一个黑盒子，信息从一端流入（输入），从另一端流出（输出），信息的变化就是软件的功能所为（见图3.3）。计算机程序所处理的数据域描述为：数据内容、数据结构和数据流。数据内容就是数据项，数据结构就是数据项的组织形式，数据流就是数据通过系统时的变化方式。

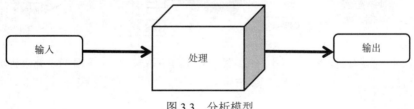

图3.3 分析模型

通过建立需求分析模型，一方面用于精确地记录用户对原始问题和目标软件的描述；另一方面将帮助分析人员发现用户需求中的不一致性的地方，排除不合理的部分，挖掘潜在的用户需求。

需求分析模型往往包括系统的逻辑模型和物理模型，系统的逻辑模型给出软件的功能和数据之间的关系；系统的物理模型要给出处理功能和数据结构的实际表示形式，这往往涉及具体的设备类型和数据的存储方式。

在系统的设计和实现时，不同的设备类型和数据存储方式都会对软件的实现产生很大的影响，因此在需求分析时应该给出软件系统的物理模型。在实际的软件项目中，需求分析所涉及的信息流、处理功能、用户界面、行为模型及设计约束，是形成需求说明、进行软件设计和软件开发的基础。

3. 编写软件需求规格说明书

"软件需求规格说明书"简称需求说明，它是软件项目计划与软件项目实施之间的桥梁。需求说明应该具有清晰性和无二义性，因为它是用户和系统分析员沟通的媒介，双方要用它来表述需要计算机解决的问题。如果在需求说明中使用了用户不易理解的专业术语，或用户与分析人员对要求内容做出了不同解释，就可能导致系统的失败。需求说明应当直观、易读且便于修改。为此应尽量采用标准的图形、表格和简单的符号来表示，使不熟悉计算机的用户也能一目了然。

二、需求分析的步骤

在完成需求分析的过程中必须采取合理的步骤，才能准确地获取软件的需求，产生符合要求的软件需求规格说明书。整个需求分析一般分为4个步骤：需求获取、需求提炼、需求描述和需求验证（如图3.4所示）。

1. 需求获取

需求获取的目的是，全面获取应用系统所需要的信息，以便更好地设计出符合用户需求的产品。需求获取这一步骤主要包括三个方面的内容：渠道、方式、记录（如图3.5所示）。

1.1 需求获取的渠道

需求获取的渠道主要可分为两类：外部渠道和内部渠道（如图3.6所示）。

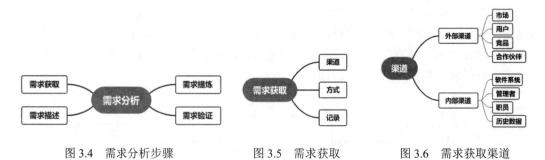

图3.4 需求分析步骤　　图3.5 需求获取　　图3.6 需求获取渠道

1.1.1 外部渠道

（1）市场

用户需求和软件系统常常会受到行业政策调整的影响。

（2）用户

软件系统设计的初衷就是为了满足用户需求。

（3）竞品

所谓的竞品，主要可分为两种。一种是用类似的软件满足同类用户的需求；另一种是用不同的软件满足同类用户需求。

（4）合作伙伴

合作伙伴在商业活动当中扮演着重要的角色，因此他们的需求亦不容忽视。

1.1.2 内部渠道

（1）软件系统

用户在使用软件系统时，会产生行为数据，这些客观的行为数据在一定程度上反映了用户的实际需求。

（2）管理者

软件系统的应用需要兼顾软件系统的长远的战略需求，而这方面的需求通常是由管理者把握的。

（3）职员

软件系统主要使用者一般是各个部门的普通职员，这些部门多是实际生产、管理或服务部门，例如产品生产、研发、设计、市场运营、销售和用户服务等。要充分考虑不同使用人员需求，通常，距离用户越近的人，越容易了解用户的实际需求，越能提出有价值的建设性的意见。

（4）历史数据

直接对历史数据进行分析，将得到较为客观、科学的需求。

1.2 需求的获取方式

需求的获取方式可分为外部来源和内部来源两大类。

1.2.1 外部来源

（1）市场

重点关注政策和行业的发展动态，以便了解市场需求的变化情况，例如政策调整、市场动态变化、行业统计数据。

（2）用户

主要通过用户访谈、问卷调查或网上调查的方式获取用户需求。

（3）竞品

找出与本软件系统最相似、最具竞争性、最有代表性的产品作为竞品，从多个维度对精品进行全面的对比分析，发挥本软件系统的长处、克服短处，强化软件系统设计。

（4）合作伙伴

与合作深入沟通，针对同行业或不同行业的合作伙伴，挖掘市场需求。

1.2.2 内部来源

（1）系统

对内部的用户行为数据进行系统分析和总结，能更好理解用户的真实需求。

（2）管理者

通常，管理者视野开阔，掌握全面情况，同时也更了解战略层面的需求，因此他们是软件系统需求把握信息最多的人群之一。

（3）职员

使用与软件系统相关系统的直接用户会掌握许多具体需求，特别是一些细节或精细化的点位。

（4）历史数据

通过挖掘分析历史数据，能够发现客观的规律性的需求。

1.3 需求获取的记录

在获取需求之后，必须对数据进行记录（如表3.1所示），以便于后面对需求进行分析、管理与实现，这里仅列举了初步记录的一些基础要素。

表3.1 需求获取记录

	记录
需求编号	
需求类型	
需求来源	
需求内容	
记录时间	
记录人员	
备注	

（1）需求提炼

可以建立需求分析模型，以便汇总、分类、提炼各种需求。图形化分析模型是说明软件需求的最佳手段，常用的图形化分析模型有数据流图、实体联系图、控制流图、状态转化图、活动图、时序图、协作图、用例图、类图和对象图等。除了建立系统的逻辑模型和物理模型，有些软件系统还需要绘制系统关联图，创建用户接口原型，确定需求优先级等。系统关联图是用于定义系统与系统外部实体间的边界和接口的简单模型，它同时也明确了接口的信息流和实物流。当开发人员或用户难以确定某些需求时，可以开发一个用户接口模型，通过接口原型使用户和其他参与者能更好地理解所要解决的问题。

（2）需求描述

软件需求规格说明书必须使用统一格式的文档进行描述。为了使需求描述具有统一的风格，可以采用已有的且满足项目需要的"标准模板"，例如，采用符合国家标准GB/T 9385—1988的软件需求规格说明书模板（也可以参照国际标准IEEE 830—1998文档模板）。当然也可以根据项目特点和软件开发团队的特点对文档进行适当的改动，形成自己的软件需求规格说明书，但不要修改文档的基本格式要素和核心内容。为了让所有项目的相关人员明白需求说明书中为何提出这些功能需求，应该说明重要需求的来源，如用户要求、某项更高层系统需求、业务规范、国家法律法规、相关行业标准等。最好为每项需求定义唯一的标号，以便后续进行跟踪。如果需要变更某个或几个需求，必须慎重对待——需求变更是一个"重要事项"。需求变更要经过讨论和批准，同时要细致记录需求的变更内容、变更原因和变更时间等信息，保证需求文档的完备性和完整性。

（3）需求验证

需求验证是需求分析工作的检验和复查手段，是需求分析的最后一步，它对软件需求规格说明书的正确性、完整性、清晰性、合理性给出评价。系统分析人员提供的"软件需求规格说明书"初稿往往看起来觉得是正确的,编程开发时却会出现需求不清、不一致等问题,有时以需求说明为依据编写测试计划时会发现,软件需求的说明可有不同的理解(即存在二义性或多义性)。这些问题需要通过需求验证来解决,确保需求说明可作为软件设计、开发和最终系统验收的依据。

【案例】

软件需求规格说明书模板

一、概述

在概述部分应对整个软件系统进行概要描述,通常包含设计的目的、背景、范围、术语定义等。

1. 目的

说明编写这份软件需求说明书的目的。

2. 背景

说明:

(1)待开发的软件系统(或软件项目)的名称;

(2)本软件的任务提出者、开发者、用户及实现该软件的开发环境与应用环境;

(3)该软件系统同其他系统或其他机构的业务的来往关系。

3. 范围

指出本说明书的适用范围和预期读者。

4. 术语定义

定义本说明书中所使用的术语。对于易混淆的用户等常用语要有明确规定义。例如:"用户"是指实际使用软件的人员,而非软件的购买者等。

二、系统说明

可包括:原有系统描述,新系统的方案描述,产品的用途与功能,用户特点,局限性,前提、假设等概要描述。

三、软件需求说明

在这一部分,应对所有的软件需求进行足够详细的描述。详细程度应以足够软件设计人员进行概要设计和系统测试人员进行系统测试计划并实际完成测试为准。

1. 功能需求

列出本软件系统要实现的所有功能,可以采用树状文档方式进行描述,也可以采用框图方式进行描述;写出与用户协商后确定的该项目暂不实现的需求。

模块 1
  子模块 1.1
    功能 1.1.1
      子功能 1.1.1.1
模块 2
  子模块 2.1
    功能 2.1.1
      子功能 2.1.1.1

2. 输入与输出需求

解释各输入与输出数据类型，并逐项说明其媒介、格式、数值范围、精度等。对软件的数据输出及必须表明的控制输出量进行解释并举例，例如，图形或文本显示报告的描述。

3. 故障处理需求

列出用户对可能出现的软件缺陷、硬件故障而引起的后果的最大承受能力。

4. 可用性需求

在这一部分，应从用户使用的合理性和方便性等角度进行描述。例如：
- 响应时间、响应方式的合理可行
- 便于用户使用

（本部分可根据情况增减）

5. 可靠性需求

在这一部分应对所有的影响软件的可靠性需求进行足够详细的描述。应注意用数字说明所要求的可靠程度。例如，使用年度、正常运行时间、保修和维护时间等说明系统的可靠程度，使用可允许的缺陷数量来界定系统质量，如最大缺陷数量，缺陷比例等。

（本部分可根据情况省略）

6. 性能需求

详细说明对系统的性能要求。如系统响应时间，内存需求等。
- 对一次数据交换的系统响应时间（平均值，最大值）
- 数据交换的流量，如每秒的数据交换量
- 最大的用户量（平均值，最大值）
- 降级使用要求
- 系统资源使用要求，如内存使用，硬盘使用，网络使用等

（本部分可根据情况省略）

7. 可维护性、可扩展性需求

详细说明对系统的可维护性，可扩展性要求。如使用的行业标准，编码标准，开放式功能支持，可兼容的语言，备份及复原方式，数据交换方式等。

（本部分可根据情况省略）

8. 灵活性

说明对该软件灵活性的要求，即当需求发生某些变化时，该软件对这些变化的适应能力，如：

（1）操作方式上的变化

（2）运行环境的变化

（3）同其他软件接口的变化

（4）精度和有效时间的变化

（5）计划的变化或改进

对于为了提供这些灵活性而进行的专门设计的部分应该加以标明。

9. 安全性需求

详细说明对系统的安全性需求。如使用加密，SSL 等。

（本部分可根据情况省略）

10. 设计约束需求

详细说明对系统的设计局限性。设计局限的定义代表了对系统要求的决策,这可能出于商务运作、资金、人员、时间等多方面的综合考虑从而指导软件的设计和开发。例如:软件的开发语言、开发环境、开发工具、第三方软件、硬件使用要求、网络设备要求等。

(本部分可根据情况省略)

11. 用户使用手册和在线帮助系统

详细说明对系统的用户使用手册和在线帮助系统等的要求。

(本部分可根据情况省略)

12. 界面要求

详细说明对系统的用户界面等的要求,还可包括和其他系统的接口、地址、协议等。

(本部分可根据情况省略)

13. 支持软件

列出支持软件,包括要用到的操作系统、编译程序、测试支持软件等。

14. 控制

说明控制该软件的运行方法和控制信号,并说明这些控制信号的来源。

15. 设备

列出该软件的运行硬件设备。说明其中的新型设备及其专门功能。

16. 其他需求

列出本软件系统应该达到的其他需求。

【任务实施】

图书管理系统软件需求规格说明书

结合前面的"图书管理系统"的可行性研究和项目开发计划进行软件需求说明书的编写,其主要任务可以分为三个步骤完成:概述、系统说明、需求说明。

【分析】:

(1)完成"图书管理系统"概述部分编写,这部分主要有目的、背景、范围和术语定义等。

(2)系统说明,这部分主要描述图书管理系统拟解决的问题。

(3)系统需求说明,这一部分应对所有的软件需求进行足够详细的描述。详细程度应以足够软件设计人员进行概要设计和系统测试人员进行系统测试计划和完成系统测试为准。

步骤1:"图书管理系统"概述

1. 目的

图书管理系统是一种基于统一规划的数据库数据管理新模式。对图书、读者的管理其实是对图书、读者数据的管理。本系统的建成无疑会为管理者对图书管理系统提供极大的帮助。

本说明书将对图书管理系统的设计需求进行描述,旨在明确系统的目标和功能,为业务人员和软件设计开发人员体用对图书管理系统的统一理解,为图书管理系统的设计、实现和验收提供依据。

2. 背景

（1）待开发的软件：图书管理系统。

（2）本项目的任务提出者：XX学院图书馆；

开发者：XX学院XX开发团队；

用户：XX学院图书馆。

（3）该软件系统同其他系统或其他机构的基本的相互来往关系。

3. 范围

XX学院图书馆管理者及职员、XX开发团队。

4. 术语定义

（1）静态数据：系统固化在内的实现系统功能的一部分数据。

（2）动态数据：软件运行过程中使用者输入和系统输出的数据。

（3）实体—联系图（E-R图）：包含实体（即数据对象）、关系和属性。作为用户与分析员之间有效交流的工具。

步骤2：系统说明

在3个月内建成一个小型图书管理系统，以减轻图书馆工作人员管理图书的劳动强度，提升工作效率，为读者借阅、归还、查询图书提供便利。

步骤3：系统需求说明

1. 功能需求

（1）登录系统：注销用户、系统退出。

（2）管理：用户管理、图书管理、读者管理、借阅管理。

（3）查询：图书查询、读者查询、借阅查询。

（4）报表打印：所有图书、借出图书、库存图书、所有读者。

（5）帮助：使用说明、关于系统功能的介绍。

2. 输入输出需求

能使用键盘、扫描仪或扫描笔等完成输入，能使用打印机打印报表。

3. 故障处理需求

正常使用时不能出错，对于用户的输入错误应给出适当的改正提示。若运行时遇到不可恢复的系统错误，也必须保证数据库完好无损。

4. 可用性需求

要求容易使用，界面友好。

5. 可靠性需求

能在多种操作系统安全独立运行。

6. 性能需求

（1）数据精确度：查询时应保证查全率，所有在相应域中包含查询关键字的记录都应能查到，同时保证准确率。

（2）时间特性：一般操作的响应时间应在1～2秒内。

7. 可维护性、可扩展性需求

要求本软件的维护文档齐全，便于维护。

8. 灵活性

采用多功能多窗口运行。

9. 安全性需求

因本系统涉及学校部分关键数据,除本单位内部管理人员外,其他人员不得访问,要求有安全的登录及密码检验功能,并且密码能正常修改。

10. 设计约束需求

(1) 出版时间不大于当前时间;

(2) 库存和总藏书的数值真实可信。

11. 用户使用手册和在线帮助系统

有完整的用户使用手册和在线帮助文档。

12. 界面要求

操作界面简洁,功能齐全。

13. 设备及软件、硬件要求

PC台式计算机或便携式计算机;

CPU主频:≥2GHz;

运行内存:≥2GB;

硬盘空间:≥50GB;

数据库管理软件:SQL Server 2016数据库系统;

软件平台:Windows Server 2016或更高版本。

【任务拓展】

对"图书管理系统"软件需求规格说明书进行补充拓展,书写更加详细。

提示:

(1) 对功能需求补充,添加子功能。

(2) 列出数据字典。

【知识链接】

需求分析法则

优秀的软件产品建立在高质量需求基础之上,而高质量需求源于用户与需求分析人员之间高效的交流和合作。下面有8条法则,适合用户与开发人员之间交流并达成共识。

(1) 分析人员要使用符合用户语言习惯的表达方式。

需求讨论集中于业务需求,会使用到行业术语。用户应将有关行业术语告诉给需求分析人员,而用户不一定要懂得计算机行业的术语。

(2) 需求分析人员要了解用户的业务及目标。

只有分析人员更好地了解用户的业务,才能使产品更好地满足需要。这将有助于开发人员设计出真正满足用户需要并达到期望的优秀软件。为帮助开发和分析人员,用户可以邀请他们了解自己的工作流程。如果是切换新系统,那么开发和分析人员应试用目前的旧系统,有利于明白目前系统是怎样工作的,其流程情况以及可供改进之处。

（3）需求分析人员提供软件需求分析报告。

需求分析人员应将从用户那里获得的所有信息进行整理，以区分业务需求与规范、功能需求、质量目标、解决方法和其他信息。通过这些分析，用户就能得到一份高质的"需求分析报告"，此份报告帮助开发人员和用户之间针对要开发的产品内容达成协议。用户要评审此报告，以确保报告内容准确、完整地表达了其需求。一份高质量的"需求分析报告"有助于开发人员开发出真正需要的产品。

（4）开发人员要对需求及产品实施提出建议和方案。

通常用户所说的"需求"已经是一种实际可行的实施方案，需求分析人员应尽力从这些实施方案中了解真正的业务需求，同时还应找出已有系统与当前业务不符之处，以确保产品不会无效或低效；在彻底弄清业务领域内的事情后，分析人员就能提出相当好的实现方法和调整措施，有经验且有创造力的分析人员还能提出增加一些用户没有发现的很有价值的系统特性。

（5）描述产品使用特性。

用户可以要求需求分析人员在完成功能需求分析的同时还注意软件的易用性，因为这些易用特性或质量属性能使用户更准确、高效地完成任务。

（6）划分需求的优先级。

项目没有足够的时间或资源实现系统的每个细节。决定哪些特性是必要的，哪些是重要的，是需求开发的主要部分，其需求优先级只能由用户负责设定，因为开发者不可能完全按照用户的观点决定需求优先级；开发人员将为你确定优先级提供有关每个需求的花费和风险的信息。在时间和资源限制下，关于所需特性能否完成或完成多少应尊重开发人员的意见。尽管没有人愿意看到自己所希望的需求在项目中未被实现，但毕竟是要面对现实，业务决策有时不得不依据优先级来缩小项目范围——或延长工期，或增加资源，或在质量上"打折扣"。

（7）评审需求文档和原型。

用户评审需求文档是给分析人员带来反馈信息的一个机会。如果用户认为编写的"软件需求分析报告"不够准确，就有必要尽早告知分析人员并为改进提供建议。更好的办法是先为产品开发一个原型。这样用户就能提供更有价值的反馈信息给开发人员，使他们更好地理解你的需求；原型并非是一个实际应用产品，但开发人员能将其转化、扩充成功能齐全的系统。

（8）需求变更要立即联系。

不断的需求变更会给在预定计划内完成的质量产品带来严重的不利影响。变更是不可避免的，但在开发周期中，变更出现得越晚，变更实现的难度就越大；变更不仅会导致代价极高的返工，而且工期将被延误，特别是在大体结构已完成后又需要增加新特性时。所以，一旦用户需要变更需求时，请立即通知系统分析人员。

【课后阅读】

软件需求

某汽车生产厂说，我在设计汽车之前，到处去问人们"需要一个什么样的更好的交通工具？"，几乎所有人的答案都是："一匹跑得更快的马"。

"更好的交通工具"代表用户的"需求"；"更快的"是用户对于解决这个"需求"的"期

望值";"马"是用户对于解决这个"需求"而自我假设的"功能"。

一个初级的设计者,如果被用户牵着鼻子走。听到"更快的马"以后,便马上去寻找一匹"马"的时候,无论在"马"上如何做创新,思路已经僵化,结果很难突破。使用这种僵化、约束的思维方式,只能设计出平庸的产品,很难长久,其产品很容易被模仿和超越,其市场价值和商业价值均有限。

一个高水平的设计者,和用户一起走。听到"更快的马"以后,会考虑"更快的"这个"期望值",围绕着它突破"马"的局限来做设计。最终可能会产生出很好的设计,但设计者已把"需求"本身完全抛到了脑后,最终只能简单地满足需求达到期望,而无法引导需求。他们可以做出来成功的产品,但随着用户期望的增长,这样的产品很难取得用户的长久青睐,也很难取得商业上长久的成功。

一个卓越的设计者,自己会作为用户的一部分深入了解他们,并带着用户一起前进。听到"更快的马"以后,他会先去考虑需求是"更好的交通工具",然后再结合"更快的"这个主要期望。以最有价值的方式满足用户需求,甚至超越其期望(已把"马"这件事抛到脑后),从而引导需求,并获得更高的市场价值和商业价值,结果是设计者和用户的"双赢"。

任务 3.2　结构化需求建模

【任务描述】

结构化分析方法是一种利用"整体性思维"来表达用户需求的方法,该方法直观有效,强调开发方法的结构合理性以及所开发软件的结构合理性。结构是指,系统内各个组成要素之间的相互联系、相互作用的框架。

【知识储备】

一、结构化分析方法概述

1. 结构化分析方法

结构化分析(Structured Analysis,SA)方法是面向数据流的需求分析方法,它适合于分析大型的数据处理系统。结构化分析及设计技术是系统分析的基础,是由70年代末的"系统分析理论"发展而来的。

结构化分析方法的基本思想是"分解"和"抽象"。

分解:对于一个复杂的系统,为了将复杂性降低到可以把握的程度,可以把大问题分解成若干小问题,然后分别解决。

抽象:将分析工作分层进行,即先考虑问题最本质的属性,暂时把细节略去,以后再逐渐添加细节,直至最详细的内容,这种用最本质的属性表示一个系统的方法就是"抽象"。

结构化分析实质上是一种创建模型的活动。为了完成复杂软件系统的开发工作,系统分析员应该从不同角度抽象出软件系统的特性,使用精准的表示法构造系统的模型,验证模型是否满足用户对软件系统进行分析的需求,并在设计过程中逐渐把和实现有影响的细节加进模型中,直至最终用程序实现模型。

2. 描述工具

结构化分析方法利用图形等"半形式化"的描述方式来表达需求，用它们形成需求规格说明书的主要部分，主要工具有：

（1）数据流图（Data Flow Diagram，DFD）。描述系统的分解结果，即描述系统由哪几部分组成，各部分之间数据的流动关系等。

（2）数据词典（Data Dictionary，DD）。明确定义数据流图中的数据和加工方式。它是数据流条目、数据存储条目、数据项条目和基本加工条目的集合。

（3）结构化语言、判定表和判定树。用于详细描述数据流图中不能再分解的每一个基本加工的处理逻辑。

3. 分析步骤

结构化分析方法的基本步骤是，采用"自顶向下"方式，将系统进行功能分解，画出分层数据流图；定义系统的数据和加工，绘制数据字典和说明；最后写出软件需求规格说明书。

（1）建立当前系统的具体模型即"物理模型"。该模型是现实环境的真实写照，反映了系统"怎么做"的具体过程，其表达完全对应于当前系统，因此用户易于理解。

（2）抽象出当前系统的逻辑模型。分析当前系统的物理模型，排除次要因素，抽象出其本质的因素，获得当前系统的"逻辑模型"，它反映了当前系统"做什么"的功能。

（3）建立目标系统的逻辑模型。比较目标系统与当前系统逻辑上的差别，找出要改变的部分，从而进一步明确目标系统"做什么"，建立目标系统的"逻辑模型"。

（4）对目标系统补充和优化，并考虑人机界面和其他一些问题。

二、数据流图

数据流图就是组织中信息运动的抽象描述，它是信息逻辑系统模型的主要形式。这个模型不涉及硬件、软件、数据结构与文件组织，它与系统的物理描述无关，只是用一种图形及注释来表示系统的逻辑功能，即所开发的系统在信息处理方面要做什么。

由于图形描述简明、清晰，并不涉及技术细节，所描述的内容是面向用户的，所以即使完全不懂信息技术的用户单位的人员也容易理解。因此数据流图是系统分析人员与用户之间进行交流的有效手段，也是系统设计（即建立所开发系统的物理模型）的主要依据之一。

1. 数据流图的基本符号

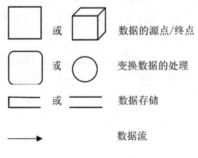

图 3.7 数据流图的基本符号

2. 数据流图的绘制

（1）确定外部项。一张数据流图表示某个子系统或某个系统的逻辑模型。外部项就是那些不受所描述的系统的控制，但又影响系统运行的外部因素，也是系统数据输入的来源和输出的去处。

（2）自顶向下逐层扩展。信息系统庞大而复杂，数据的加工形式可能成百上千，自顶向下的原则为绘制数据流图提供了一条清晰的思路和标准化的步骤。

（3）合理布局。一般把系统数据主要来源的（输入）外部项尽量安排在左方，而要把数据主要去处的（输出）外部项尽量安排在右边。数据流的箭头线尽量避免交叉或过长，必要时可用重复的外部项和重复的数据存储符号。

（4）数据流图只反映数据流向、数据加工和逻辑意义上的数据存储，不反映任何数据处理的技术方法、处理方式和时间顺序，也不反映各部分相互联系的判断与控制条件等技术问题。只从系统逻辑功能上讨论问题。

（5）数据流图绘制过程就是系统的逻辑模型的形成过程。必须与用户及其他系统建设者共同商讨以求一致意见。

3. 数据流图的命名方法

3.1 数据流（或数据存储）的命名

（1）名字应该代表整个数据流（或数据存储）的内容；

（2）不要使用空洞的、缺乏具体含义的名字（如"数据""输入"）；

（3）如果为某个数据流（或数据存储）起名字时遇到困难，则很可能是因为对数据流图的分解不恰当造成的，应该试试重新分解数据流图。

3.2 处理的命名

（1）通常先为数据流命名，然后再为与之相关联的处理命名；

（2）名字应该反映整个处理的功能；

（3）应该尽量避免空洞笼统的动词做名字（如"处理""加工"）；

（4）通常用一个动名词命名，如果必须用两个动词才能描述整个处理的功能，则可能要把这个处理分解成两个处理更恰当；

（5）如果在为某个处理命名时遇到困难，则很可能是发现了分解不当的情况，应考虑重新分解。

3.3 数据源点与数据终点的命名

通常，为数据源点与数据终点命名时，采用它们在问题域中习惯使用的名字（如"仓库管理员""采购员"）。

4. 分层数据流图

数据流图采用分层的形式来描述系统数据流向，每一层次都代表了系统数据流向的一个抽象水平，层次越高，数据流向越抽象。高层次的数据流图中处理可以进一步分解为低层次、更详细的数据流图。

据层级数据流图分为顶层数据流图、中层数据流图和底层数据流图。除顶层数据流图外，其他数据流图从零开始编号。

顶层数据流图只含有一个加工表示整个系统；输出数据流和输入数据流为系统的输入

数据和输出数据,表明系统的范围,以及与外部环境的数据交换关系。

中层数据流图是对父层数据流图中某个加工进行细化,而它的某个加工也可以再次细化,形成子图;中间层次的多少,一般视系统的复杂程度而定。

底层数据流图是指不能再分解的数据流图,其加工称为"原子加工"。

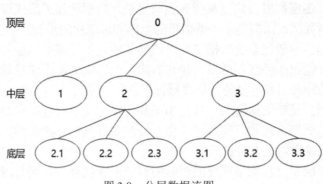

图3.8　分层数据流图

三、数据字典

数据字典(DD)是数据模型中数据对象或者项目的描述的集合,建立数据字典有利于程序员和其他人查阅和参考。分析一个对象系统的第一步就是去辨别每一个对象,以及它与其他对象之间的关系。建立数据字典的过程称为数据建模,结果产生一个对象关系图。当每个数据对象和项目都给出了一个描述性的名字之后,再描述其关系,然后再描述数据的类型(例如,文本、图像或二进制数值),列出所有可能预先定义的数值,以及提供简单的文字性描述。这个集合被组织成表的形式用来参考,称作数据字典。

当开发用到数据模型时,数据字典可以帮助你理解某个数据项适合结构中的哪个地方,它能包含什么数值,以及数据项表示现实世界中的什么意思。

数据字典最重要的作用是作为分析阶段的工具。数据字典最重要的用途是,供人查询不了解的条目。在结构化过程中,数据字典的作用是,为数据流图上每个元素添加定义和解释。换句话说,数据流图上所有元素的定义和解释的文字集合就是数据字典,而且在数据字典中建立的一组严密一致的定义,很有助于分析员与用户的交流。

1. 数据字典内容

数据字典通常包括:数据项、数据结构、数据流、数据存储和处理过程五个部分。

(1)数据项:数据流图中数据的说明

数据项是不可再分的最小数据单位。对数据项的描述通常包括以下内容:

数据项描述 = {数据项名,数据项含义说明,别名,数据类型,长度,取值范围,取值含义,与其他数据项的逻辑关系}

其中"取值范围""与其他数据项的逻辑关系"定义了数据的完整性约束条件,是设计数据检验功能的依据。

(2)数据结构:数据流图中数据块的说明

数据结构反映了数据之间的组合关系。一个数据结构可以由若干个数据项组成,也可

以由若干个子数据结构组成,或由若干个子数据项和子数据结构混合组成。对数据结构的描述通常包括以下内容:

数据结构描述＝{数据结构名,数据结构含义说明,组成:{数据项或数据结构}}

(3)数据流:数据流图中流向的说明

数据流是数据结构在系统内传输的路径。对数据流的描述通常包括以下内容:

数据流描述＝{数据流名,数据流含义说明,数据流来源,数据流去向,组成:{数据结构},平均流量,高峰期流量}

其中"数据流来源"是说明该数据流来自哪儿。"数据流去向"是说明该数据流将到何处。"平均流量"是指在单位时间(每天、每周、每月等)里的传输次数。"高峰期流量"则是指在最高峰时期的数据流量。

(4)数据存储:数据流图中数据块的存储特性说明

数据存储是数据结构停留或保存的地方,也是数据流的来源和去向之一。对数据存储的描述通常包括以下内容:

数据存储描述＝{数据存储名,数据存储含义说明,编号,流入的数据流,流出的数据流,组成:{数据结构},数据量,存取方式}

其中"数据量"是指每次存取多少数据(每小时、每天或每周等存取几次)。"存取方式"包括是批处理,还是联机处理;是检索还是更新;是顺序检索还是随机检索等。另外"流入的数据流"要指出其来源,"流出的数据流"要指出其去向。

(5)处理过程:数据流图中功能块的说明

数据字典中只需要描述处理过程的说明性信息,通常包括以下内容:

处理过程描述＝{处理过程名,处理过程含义说明,输入:{数据流},输出:{数据流},处理:{简要说明}}

其中"简要说明"主要说明该处理过程的功能及处理要求。功能是指,该处理过程用来做什么(而不是怎么做);处理要求包括处理频度要求,如单位时间里处理多少事务,多少数据量,响应时间要求等,这些处理要求是后面物理设计的输入及性能评价的标准。

2. 数据字典的应用

以图书管理系统为例简要说明如何定义数据字典。

(1)数据项(以"学号"为例)

数据项名:学号

含义说明:唯一标识每一个学生

别名:学生编号

数据类型:字符型

长度:10

取值范围:0000000000～9999999999

取值含义:前4位为入学年份,后2位为学院编号,最后4位为顺序编号

与其他数据项的逻辑关系:(无)

(2)数据结构(以"学生"为例)

数据结构名:学生

含义说明:是图书管理系统的主体数据结构,定义了一个学生的有关信息

组成：学号，姓名，性别，专业等
（3）数据流（以"借阅"为例）
数据流名：借阅信息
含义说明：学生借阅图书
数据流来源："学生借阅"处理
数据流去向："学生借阅"存储
组成：学号，图书编号
平均流量：每天1万个
高峰期流量：每天10万个
（4）数据存储（以"借阅"为例）
数据存储名：学生借阅
含义说明：记录学生所借阅的图书
编号：（无）
流入的数据流：借阅信息，借阅日期信息
流出的数据流：借阅信息，借阅日期信息
组成：学号，图书编号，日期
数据量：50万个记录
存取方式：随机存取
（5）处理过程（以"借阅"为例）
处理过程名：借阅
含义说明：学生从可借阅的图书中借出图书
输入数据流：学生，图书编号
输出数据流：借阅
处理：每个学期，学生可以从图书馆借阅图书，每位学生每个学期同时借阅的图书数量不超过5本。

四、加工逻辑描述

在结构化分析中，用于描述加工逻辑的主要工具有结构化语言、判定表和判定树三种表示方法。

结构化语言是自然语言和结构化形式的结合，是一种介于自然语言和程序设计语言之间的语言。结构化语言既具有结构化程序清晰、易读的特点，又具有自然语言的灵活性，不受程序设计语言的严格语法约束。判定表采用格式化的形式，适用于表达含有复杂判断的加工逻辑。条件越复杂，规则越多，越适宜用这种表格化的方式描述。如果需要，还可以在判定表中加上结构化语言，或者在结构化语言写的说明中插进判定表，以充分发挥它们各自的特长。另一种加工说明工具是判定树，它是判定表的图形表示，其适用场合与判定表相同。分析人员可根据用户的习惯选择一种使用。

1. 结构化语言

表 3.2　结构化语言

结　构	书　写	说　明
顺序结构	处理 1 处理 2	主要表示处理的先后顺序

选择结构	if(条件)
	　　处理 1
	else
	　　处理 2
	多种条件选择策略
	case(条件 1)　处理 1
	case(条件 2)　处理 2
	……
	case(条件 n)　处理 n
		条件成立则处理 1 否则处理 2
		
		按照对应条件选择处理策略

循环结构	while（条件） 处理	如果条件成立循环处理

2. 判定表

判定表通常有以下四个部分组成：

表 3.3　判定表结构

条件桩	条件项
动作桩	动作项

（1）条件桩（Condition Stub）：在左上部，列出了问题的所有条件。通常情况下，列出条件的次序与其重要性无关。

（2）动作桩（Action Stub）：在左下部，列出了可能采取的操作。这些操作的排列顺序没有约束。

（3）条件项（Condition Entry）：在右上部，列出针对它左列条件的取值。在所有可能情况下的真值或假值。

（4）动作项（Action Entry）：在右下部，列出在条件项的各种取值情况下要采取的动作。

3. 判定树

判定树又称决策树，是一种描述加工的图形工具，适合描述问题处理中具有多个判断，而且每个决策与若干条件有关。使用判定树进行描述时，应该从问题的文字描述中分清哪些是判定条件，哪些是判定的决策，根据描述材料中的"连接词"找出判定条件的从属关系、并列关系、选择关系，根据其关系构造判定树。

一般情况下，先完成判定表，以此为基础生成判定树。在画判定树时，应把重要的条件优先画出，这样判定树更加清晰明了，将来实现时，编程算法也比较优化。例如，图3.9

是一个简单的图书借阅活动的判定树。

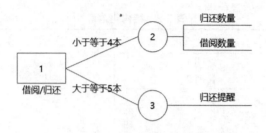

图 3.9　图书借阅判定树

【案例】

教材订购系统数据流图

教材订购系统主要分成教材销售和教材采购两部分，教材销售的工作流程为：首先由教师或学生提交"购书单"，经"教材发行人员"审核是有效"购书单"后，准备教材、登记、收款、开发票，将"领书单"发送给"教师/学生"，教师或学生即可去书库或指定地点领取教材及发票。采购的主要工作流程为：若是教材脱销，则做缺书登记，发"缺书通知"给系统并转至"采购人员"；一旦新书入库，即发送"进书通知"给"教材发行人员"。对上述过程，我们可以画出教材订购的数据流图并建立好数据字典。

步骤1：建立数据流图

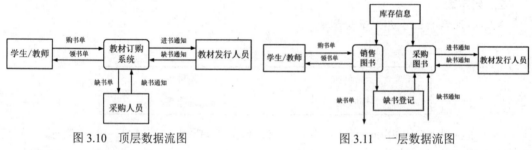

图 3.10　顶层数据流图　　　　　　图 3.11　一层数据流图

步骤2：建立数据字典

（1）学号

编号：1-001

名称：学号

说明：学生编号

类型：字符

长度：10

有关数据结构：学生成绩表、选课表等

（2）数据流（学生信息）

编号：2-001

名称：学生信息

说明：学生基本信息

结构：学号、姓名、性别、出生日期、年龄、政治面貌、家庭住址、电话、入学日期等有关数据流：存储、学籍表、学生基本信息表。
(3)数据存储(学籍表)
编号：3-001
名称：学籍表
说明：存储学生入学基本信息
结构：基本信息、学生动态、奖惩记录、考试成绩等
有关数据流：存储、学生基本信息表、班级表。

【任务实施】

使用 Visio 绘制图书管理系统数据流图

步骤1：打开Visio，选择"新建"→"软件和数据库"→"数据流"选项。
步骤2：绘制图书管理系统顶层数据流图，如图3.12所示。

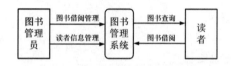

图 3.12 图书管理系统顶层数据流图

步骤3：绘制图书管理系统第1层数据流图，如图3.13所示。

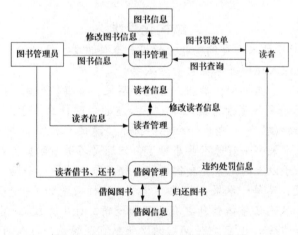

图 3.13 图书管理系统 1 层数据流图

【任务拓展】

数据流图审查的意义

结构化系统分析方法采用"自顶向下，由外到内，逐层分解"的思想，对复杂的系统进行分解化简，从而有效地控制了系统分析每一步的难度，并运用数据流图、加工说明和数据字典作为表达工具的一种系统分析技术。那么对数据流图进行审查有何意义？
【解答】：
(1)便于用户表达功能需求和数据需求及其联系；

（2）便于两类人员共同理解现行系统和规划系统的框架；
（3）清晰表达数据流的情况；
（4）有利于系统建模。

【知识链接】

结构化系统开发方法的优点与不足

结构化系统开发方法的基本思想是，在系统建立之前，信息就能被充分理解。它要求严格划分开发阶段，用规范的方法与图表工具分步骤地来完成各阶段的工作，每个阶段都以规范的文档资料作为其成果，最终得到满足用户需要的系统。

1. 结构化系统开发优点。
（1）逻辑设计与物理设计分开
（2）开发过程中形成一套规范化的文档，便于后期的修改和维护。

2. 结构化系统开发的不足
（1）开发周期长。
（2）系统难以适应环境的变化。
（3）开发过程复杂、烦琐。该方法适用于一些组织相对稳定、业务处理过程规范、需求明确且在一定时期内不会变化的大型复杂系统的开发。

【课后阅读】

结构化思维

"结构化思维"对于技术人员编码能力的提升至关重要，是升级为高级工程师或技术专家的关键之一。因此深入理解并掌握它十分必要。

首先，我们先看这一组单词，番茄、老虎、苹果、公鸡、香蕉、小白菜、莴笋、虫子。乍一看，单词所表示的多种元素杂乱无章，不知道想说明什么。于是，我们思考一下，回想小时候玩过的"动物棋"——老虎→公鸡→虫子→蔬菜（水果），即老虎吃公鸡，公鸡吃虫子，虫子吃蔬菜或水果……好像有些眉目了，但还是不够清晰！

更深一步地，基于以上的元素，我们进行一轮抽象，比如，动物：老虎，公鸡，虫子；蔬菜：番茄，小白菜，莴笋；水果：苹果，香蕉。这样便增加了一个维度，将原来的元素进行了归类或分组，从而让整体信息更有条理和逻辑，也更方便记忆。这种"进步"的关键就在于"分类"和"结构化"，它使问题的思维更有逻辑性，与人的沟通更加清晰，解决问题时效率也更高。

任务3.3　面向对象需求建模——用例图

【任务描述】

用例图是用来描述系统功能的技术，表示一个系统中用例与参与者及其关系的图，主要用于需求分析阶段。

【知识储备】

一、用例图概要

用例图是从用户角度描述系统功能的工具，是用户所能观察到的系统功能的图示元素。用例图强调这个系统是什么而不是这个系统怎么工作。

用例是系统中的一个功能单元，是从系统外部可见的行为。通俗地理解，用例就是软件的功能模块，是设计系统分析阶段的起点，设计人员根据用户的需求来创建用例图，用来说明软件应具备哪些功能模块以及这些模块之间的调用关系，用例图包含了用例和参与者，用例之间用关联来连接以求把系统的整个结构和功能反映给非技术人员（通常是系统的用户），对应的是系统的结构和功能分解。

二、用例图元素

1. 参与者（Actor）

参与者表示与应用程序或系统进行交互的用户、组织或外部系统，用"小人"表示，如图3.14所示。

2. 用例（Use Case）

用例就是外部可见的系统功能的图示元素，对系统提供的服务进行描述，用椭圆表示，如图3.15所示。

图 3.14　参与者　　　　　　　　图 3.15　用例

3. 子系统（Subsystem）

用来展示系统的一部分功能，这些部分功能间联系紧密，如图3.16所示。

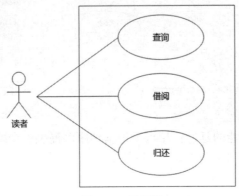

图 3.16　子系统

4. 关系

用例图中涉及的关系有：关联、泛化、包含、扩展，如图3.17所示。

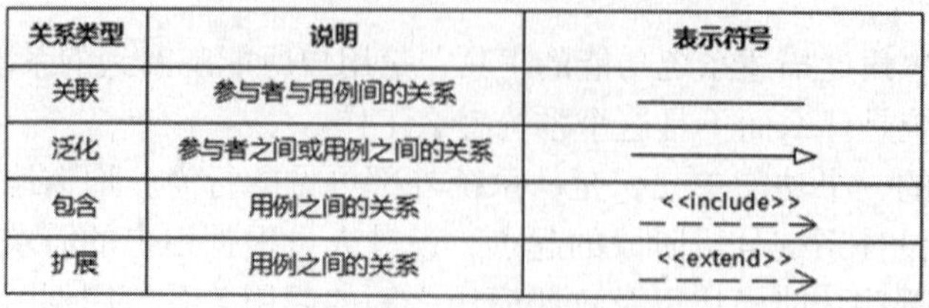

关系类型	说明	表示符号
关联	参与者与用例间的关系	———
泛化	参与者之间或用例之间的关系	———▷
包含	用例之间的关系	- - -<<include>>- - -▶
扩展	用例之间的关系	- - -<<extend>>- - -▶

图3.17 用例图关系

（1）关联（Association）

关联表示参与者与用例之间的通信，任何一方都可发送或接收消息，如图3.18所示。

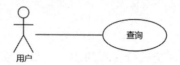

图3.18 关联（Association）

（2）泛化（Inheritance）

泛化就是通常理解的继承关系。通常，子用例和父用例会有许多特性相似，仅有少数特性不同；子用例将继承父用例的结构、行为和关系。子用例可以使用父用例的一段行为，也可以重载它。父用例通常是抽象的。

【箭头指向】：指向父用例。

（3）包含（Include）

包含关系用来把一个较复杂用例所表示的功能分解成较小的步骤。

【箭头指向】：指向分解出来的功能用例，如图3.20所示。

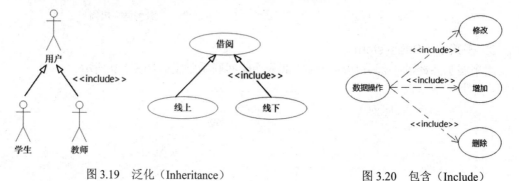

图3.19 泛化（Inheritance）　　　　图3.20 包含（Include）

（4）扩展（Extend）

扩展关系是指用例功能的延伸，相当于为基础用例提供一个附加功能。

【箭头指向】：指向基础用例，如图3.21所示。

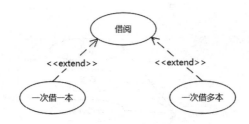

图 3.21 扩展（Extend）

包含（Include）、扩展（Extend）、泛化（Inheritance）的区别：

条件性：泛化中的子用例和包含中的被包含的用例会无条件发生，而在扩展中，用例的延伸是有条件的；

直接性：泛化中的子用例和扩展中的延伸用例为参与者提供直接服务，而在包含中，被包含的用例为参与者提供间接服务。

对扩展而言，延伸用例并不包含基础用例的内容，基础用例也不包含延伸用例的内容。

对泛化而言，子用例包含基础用例的所有内容及其和其他用例或参与者之间的关系。

【案例】

ATM 系统用例图

ATM 系统是一个复杂的软件与硬件结合的系统，各功能模块协调工作。以具体业务为出发点对它进行建模，一个功能齐全的 ATM 系统包含以下 7 个模块：

（1）读卡机模块：用户银行卡插入读卡器，读卡器识别银行卡在显示器提示输入密码。

（2）键盘输入模块：用户通过键盘输入密码，并选择要进行的业务。

（3）IC 认证模块：基于安全性，鉴别银行卡的真伪。

（4）显示模块：显示与用户有关信息，包括交互提示、确认等信息。

（5）吐钱机模块：按照用户选择的数额将钞票给用户。

（6）打印报表模块：用户可自由选择打印或不打印凭条（卡号、交易金额、日期等信息）。

（7）监视器模块：摄像头记录交易过程及周边环境，保证交易安全性，银行有权查看视频记录。

步骤 1——识别参与者。

依照以上对 ATM 系统的描述，ATM 系统实现以下服务：

（1）用户通过 ATM 机进行交易，例如转账、取款、存款等等。

（2）银行职员对 ATM 系统进行管理，例如维护设备、添加现金等等。

（3）信用系统参与整个交易过程。

从以上分析可知，本系统的参与者有 3 个，分别为用户、银行职员和信用系统。

步骤 2——识别用例。

依照以上对 ATM 系统的描述，ATM 系统实现主要用例有：用户、银行职员和信用系统，见图 3-22、图 3-23、图 3-24。

用户用例：取款、存款、查询余额、修改密码、转账、付款。

银行职员用例：查看监控、添加现金、维护 ATM 设备。

信用系统用例：收款。

步骤3——绘制用例图。

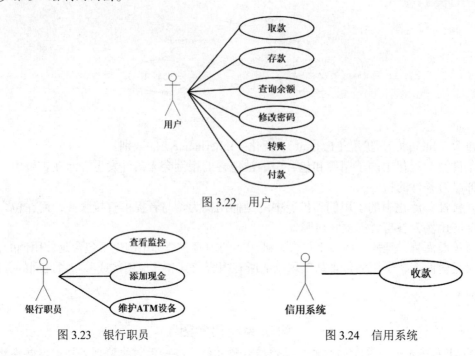

图3.22 用户

图3.23 银行职员 　　　　　图3.24 信用系统

【任务实施】

图书管理系统图书借阅服务用例图

图书管理系统借阅者请求服务的用例图,首先要确定借阅者请求服务所涉及的各项信息,确定借阅者请求服务的参与者,确定借阅者请求服务的用例,图书管理系统借阅者请求服务的用例图,如图3.25所示。

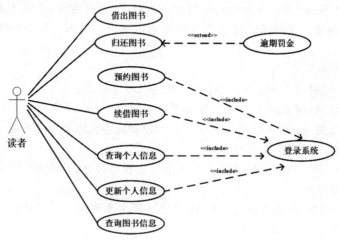

图3.25 借阅者请求服务的用例图

【任务拓展】

学生成绩管理系统用例图

学生成绩管理系统参与者有教师与学生；用户登录成功才能进行选课，登录时忘记密码，可以找回密码；学生可以查询成绩；教师可以录入、修改、保存、查询、删除成绩。根据以上描述，设计学生成绩管理系统的用例图。参考用例图如图3.26所示。

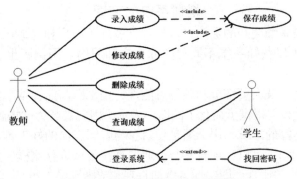

图 3.26 学生成绩管理系统用例图

【知识链接】

用例图的优点与不足

用例图虽然好用，自身有许多优点，也有很多不足，需要其他技术进行补充。

1. 用例图的优点

（1）简洁、直观。图形比较直观，系统交互行为能清晰地表达出来。

（2）规范、易理解。用例图是UML建模里比较常用的一个图，并且不依赖开发语言，具有很好的规范性，所以对UML建模用户来说是易理解的。

（3）用户导向、描述精准。用例方法完全是站在用户的角度上（从系统的外部）来描述系统的功能的。不管关心系统内部的功能实现机制，仅仅把系统看作一个"黑盒子"，参与者只需要与黑盒子进行交互。即用例是基于用户场景的，所以能更精准地表达用户功能需求。

（4）需求与设计分离。因为用例图是站在系统外的视角描述系统需求的，所以并没有介入到系统内部实现细节，这使得需求与设计工作分离开来，结构更加清晰。

（5）便于设计测试用例。用例图描述的就是一个用户场景，测试设计人员正好可以根据用例图来设计测试用例。

（6）边界清晰。一个矩形框把系统边界清晰、明确地表达出来，便于设计人员据此把握系统范围。

（7）敏捷。用例图允许我们讲故事、写卡片，允许我们快速实现功能需求方面的沟通与交流。

2. 用例图的不足

（1）不能表达非功能性需求。用例图是描述用户功能需求的工具，对于可靠性、安全性等非直观的功能需求无能为力。

（2）对不懂UML的用户或程序员来说难以理解。对UML支持者来说，用例图可能是规范的、清晰的、简单的、易理解的,但对并未掌握 UML 建模技术的人来说,理解那些椭圆并非易事,再说还有一系列如同伪代码似的事件流。

(3)粗粒度。用例图不涉及设计实现细节,只是一个功能划分,粒度很粗,很多细节未曾涉及,需要用其他工具进行辅助说明。

【课后阅读】

搭建系统的蓝图

用例图是用户与系统交互的最简表示形式,展现了用户和与他相关用例之间的关系。通过用例图,人们可以获知系统不同种类的用户和用例。用例图也经常和其他图表配合使用。

尽管用例本身会涉及大量细节和各种可能性,用例图却能提纲挈领地让人了解系统概况。它为"系统做什么"提供了简化了的图形表示,因此被誉为"搭建系统的蓝图"。

由于其简单、纯粹的本质,用例图是项目参与者间交流的好工具。用例图的画法也是对现实世界的一种刻画,可以让项目参与者明白系统要做成什么样。用例图可以更简洁地传达系统的设计意图,"比其他图解释得更加直观和清晰"。

用例图的目的是,可以使参与者从全局的角度观察整个系统,用简单的图示让项目参与者理解系统。它可用另外附加的图表或文档作为说明,以更加完整地展现系统的功能和技术细节。

任务 3.4 面向对象需求建模——顺序图

【任务描述】

任何实际系统都是活动的,都通过系统元素之间的互动来达到系统的目的。动态模型的任务就是,描述系统结构元素的动态特征及行为。顺序模型强调对象之间的合作关系,通过对象之间的消息传递以完成系统的用例。

【知识储备】

一、顺序图概要

顺序图又称时序图,强调了事件的时间属性,主要用于按照交互动作发生的一系列顺序,显示对象之间的这些交互,以二维图显示其交互过程。纵向轴代表的是时间轴,时间依次从上到下,沿竖线向下延伸。横向轴代表了在协作中各独立对象的类元角色。类元角色用生命线表示。当对象存在时,角色用一条虚线表示,当对象的过程处于激活状态时,生命线是一个双道线。

建立顺序图主要目的是,定义事件的时间序列,产生一些希望的输出。重点不是消息本身,而是消息产生的顺序,顺序图按照水平和垂直两个维度传递信息:水平维度从左到右,表示消息发送到的对象实例;垂直维度从上而下,表示消息/调用发生的时间序列。

二、顺序图元素

1. 对象

对象包括三种命名方式：

第一种方式包括对象名和类名，即为"类名：对象名"；

第二种方式只显示类名不显示对象名，即为"类名："；

第三种方式只显示对象名不显示类名，即为"：对象名"。

2. 生命线

生命线表示序列中，建模的角色或对象实例，横跨图的顶部。生命线画成一个方格，一条虚线从上而下，通过底部边界的中心。

3. 控制焦点

控制焦点是顺序图中表示时间段的符号，在这个时间段内对象将执行相应的操作。用小矩形表示。

4. 消息

消息分为同步消息、异步消息、返回消息和自关联消息，如图3.27所示。通常情况下，消息是指，对象与对象或者对象自身之间的联系。

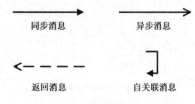

图 3.27　顺序图中的消息类型

同步消息：发送者把消息发给接收者，然后停下等待，等待消息接收者放弃或者返回响应信号。

异步消息：消息的发送者把信号发送给消息接收者，然后继续自己的活动，不必等待消息接收者返回消息或者响应信号。异步消息的接收者和发送者传递消息可以是并发的，也可以是独立的。

返回消息：返回消息表示从过程调用中返回的信息或信号。

自关联消息：自身调用产生的消息；或者是在对象内部一个方法调用另外一个方法。

【案例】

教学评估流程图

教学评估是学校经常进行的一项活动，主要涉及的对象有教师、学生和教务评估人员，活动主要有学生填写问卷、教师查看问卷。

步骤1、列出教学评估中涉及的对象

教学评估对象有：学生、教师、教务评估人员、评估问卷、评估统计表。

步骤2、绘制的教学评估对象流程图如图3.28所示。

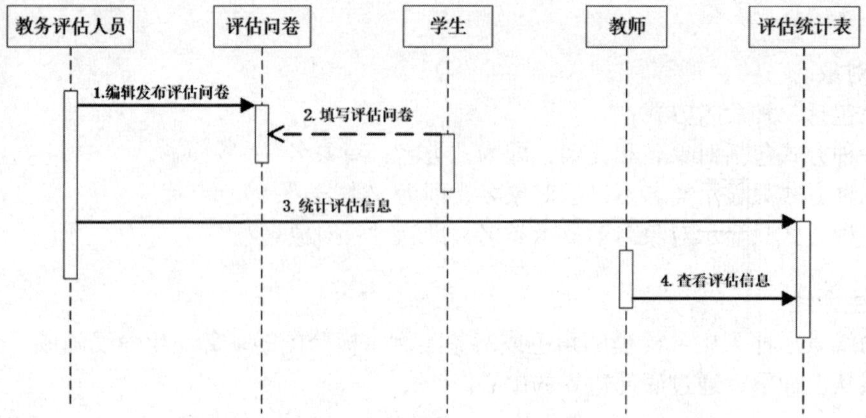

图 3.28 教学评估对象流程图

【任务实施】

图书借阅流程图

图书借阅是图书管理系统中的一项常规活动,主要涉及的对象有读者、(图书)管理员、借阅、图书和借阅记录,活动主要有验证是否满足借书条件、修改借阅状态和借书数量等。绘制的出图书借阅流程图如图3.29所示。

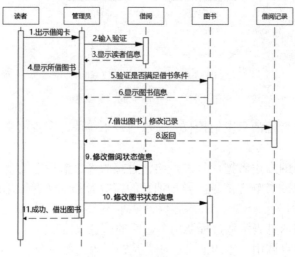

图 3.29 图书借阅流程图

【任务拓展】

图书还书流程图

图书还书主要涉及的对象有图书管理员、读者、图书和借书列表,相关活动主要有验证是否超期、删除借书记录等。绘制的图书还书流程图如图3.30所示。

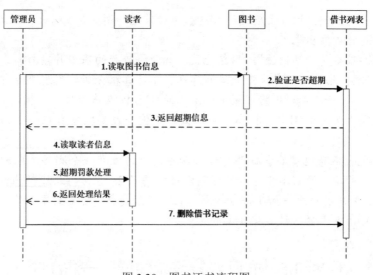

图 3.30 图书还书流程图

【知识链接】

顺序图的优缺点

顺序图是一种详细表示对象之间以及对象与系统外部的参与者之间动态联系的图形。它详细而直观地表现了相互协作的对象间行为依赖关系，以及操作和消息的时序关系。

顺序图优点：

（1）描述了交互过程中的时间顺序；

（2）能够表示生命线的分叉；

（3）易于表示算法、对象生命期等。

顺序图缺点：

（1）没有明确的表达对象之间的关系；

（2）在表示并发控制流方面有些困难。

【课后阅读】

DNA 序列图

序列图也叫顺序图，它有多种含义和用法。在生物学上，序列图可以指遗传物质上核苷酸序列图的简称，是人类基因组计划中的最基础的工作，是人类基因组在分子水平上最高层次、最为详尽的物理图，测定总长为 1 米，由约 30 亿对核苷酸组成的基因组 DNA（脱氧核糖核酸）序列。在软件工程中，序列图是对象交互的一种表现方式。

DNA 测序常用双脱氧末端终止法进行测定。测序反应事实上就是一个在 DNA 聚合酶作用下的 DNA 复制过程。以一条链为模板，在一个测序引物的牵引下，新的 DNA 链得以不断延伸。但如果加一些双脱氧核糖核苷酸，就不能使延伸反应继续下去，最终随机产生许多大小不等的末端是双脱氧核苷酸的 DNA 片段，这些片段之间大小相差一个碱基，在电压驱动下，从一种由聚丙烯酰胺做成的凝胶上可间接地读出这些有差异的代表其末端终止位置处碱基种类的片段，那么一系列的连续片段就代表了整个模板 DNA 的全部序列。用机器进行自动测序，一次可读 400～800 个碱基。尽管全自动测序较为方便省时，但由于测定的序列长度有一定限制，相对于庞大的人类基因组来说可谓"老虎吃天，无从下口"。因此，测序的策略问题就被提出来了。

常用的测序策略是"鸟枪法"。形象地说，就是将较长的基因片段打断，构建一系列的随机的"亚克隆"，然后测定每个亚克隆的序列，用计算机分析以发现重叠区域，最终对大片段的 DNA 定序。科学家利用物理图中已定位的 STS 位点作为序列分析的起始位点，大大减少了对序列重叠部分的测定，提高了测序效率，使一座实验室可在一年内测定几百万个碱基序列。

测序技术也在不断地发展和提高。过去两年内，通过在一个测序的电泳胶上增加电泳泳道和测序胶的长度，使自动测序仪的通读水平提高了 2～3 倍。此外，一些不依赖于电泳技术来分离 DNA 片段的方法如质谱分析也正在或已经建立。杂交测序也是一项非电泳类方法，还有一种可用电子显微镜直接观察的方法。

任务 3.5　面向对象需求建模——活动图

【任务描述】

活动图是一种描述活动对象、业务过程以及工作流的图形，它可以用来对业务过程、工作流建模，也可完成对用例或程序处理方式的建模。

【知识储备】

一、活动图概要

活动图是动态模型的一种图形，一般用来描述相关用例图。准确的活动图定义：活动图描述满足用例要求所要进行的活动，以及活动间的约束关系，有利于识别并进行活动。活动图是一种特殊的状态图，它对于系统的功能建模特别重要，强调对象间的控制流程。活动图是一种表述过程状态、业务过程以及工作流的技术，它可以用来对业务过程、工作流建模，也可以对用例实现甚至是程序实现来建模。

活动图在本质上是一种流程图。活动图着重表现从一个活动到另一个活动的控制流，是面向内部处理的流程。

二、活动图元素

1. 活动状态图（Activity）——活动状态用于表达状态机中的非原子态运行。

活动状态图特点如下：

（1）活动状态可以分解成其他子活动或者动作状态。

（2）活动状态的内部活动可以用另一个活动图来表示。

（3）和动作状态不同，活动状态可以有入口动作和出口动作，也可以有内部转移。

（4）动作状态是活动状态的一个特例，如果某个活动状态只包括一个动作，那么它就是一个动作状态。

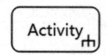

图 3.31　活动状态图

2. 动作状态（Actions）——动作状态是指原子的，不可中断的动作，并在此动作完成后通过完成转换转向另一个状态。

动作状态有如下特点：

（1）动作状态是原子的，它是构造活动图的最小单位。

（2）动作状态是不可中断的。

（3）动作状态是瞬时的行为。

（4）动作状态可以有输入转换，输入转换既可以是动作流，也可以是对象流。动作状态至少有一条输出转换，这种转换在内部完成，与外部事件无关。

（5）动作状态不能有输入动作和输出动作，更不能有内部转移。

（6）在一张活动图中，动作状态允许多处出现。

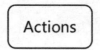

图 3.32　动作状态图

3. 动作状态约束（Action Constraints）——用来约束动作状态。

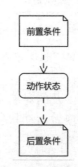

图 3.33　动作状态约束图

4. 动作流（Control Flow）——动作之间的转换称之为动作流活动图的转换。

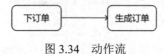

图 3.34　动作流

5. 开始节点（Initial Node）——活动开始节点。

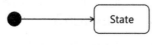

图 3.35　开始节点

6. 终止节点（Final Node）——分为活动终止节点（Activity Final Nodes）和流程终止节点（Flow Final Nodes）。

（1）活动终止节点表示整个活动的结束。

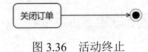

图3.36 活动终止

（2）而流程终止节点表示流程或子流程的结束。

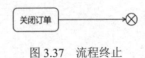

图3.37 流程终止

7. 对象（Objects）

图3.38 对象

8. 数据存储对象（DataStore）

图3.39 数据存储（DataStore）对象

9. 对象流（Object Flows）——对象流是动作状态或者活动状态与对象之间的依赖关系，表示动作使用对象或动作对对象的影响。

用活动图描述某个对象时，可以把涉及的对象放置在活动图中，并用一个依赖将其连接到进行创建、修改、撤销的动作状态或者活动状态上，对象的这种使用方法就构成了对象流。

对象流中的对象有以下特点：

（1）一个对象可以由多个动作操作。

（2）一个动作输出的对象可以作为另一个动作输入的对象。

（3）在活动图中，同一个对象可以出现多次，它的每一次出现表明，该对象处于对象生存期的不同时间点。

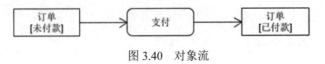

图3.40 对象流

10. 分支与合并（Decision and Merge Nodes）——选择分支。

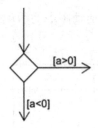

图 3.41　分支与合并

11. 分叉与汇合（Fork and Join Nodes）——分叉用于将动作流分为两个或多个并发的运行分支，而汇合则用于同步这些并发分支，以达到共同完成一项事务的目的。

对象在运行时可能会存在两个或多个并发运行的控制流，为了对并发的控制流建模，UML中引入了分叉与汇合的概念。

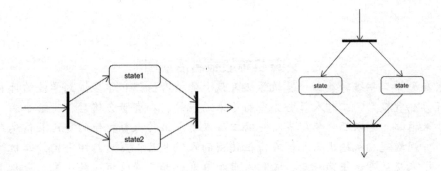

图 3.42　分叉与汇合

12. 时间信号

图 3.43　时间信号

13. 发送信号

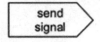

图 3.44　发送信号

14. 接收信号

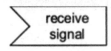

图 3.45　接收信号

15. 划分（Partition）——划分将活动图中的活动划分为若干组，并把每一组指定给负责这组活动的业务组织，即对象。

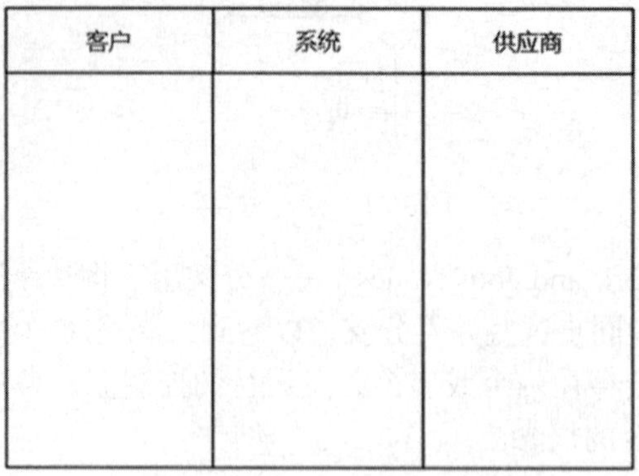

图 3.46　划分

【案例】

计算机等级报名活动图

小米在大学二年级时参加计算机等级考试。他持身份证和学生证到学校的计算机等级考试管理办公室报名。工作人员首先查验小米的证件，在查验合格后，交给小米一份登记表，请小米填写。小米填好登记表，交给工作人员。工作人员把他的登记表信息录入计算机系统，并用数码相机给小米拍摄准考证使用的人像照片，然后打印全国计算机等级考试准考证，小米交纳考试报名费后，工作人员把准考证和交费收据交给小米。分析上述计算机等级考试的报名过程，并用带划分的活动图描述报名过程，参考图如图 3.47 所示。

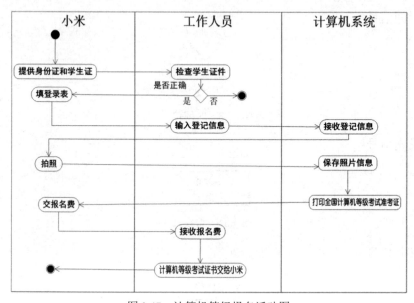

图 3.47　计算机等级报名活动图

【任务实施】

图书管理系统借书活动图

图书管理系统借书的流程如下：

（1）扫描读者的借书证。

（2）检验证件是否符合借书条件：判断借书数量是否达到借阅限额数，并且所有借阅图书均未过期。

（3）符合条件扫描书籍条形码，检查书籍是否为不可借阅图书或图已经被预约，若已被预约，则需要预约者取消预约后，方可借书。

（4）条件符合时更新信息和读者信息，记录好借书时间。

分析图书借书的过程，并用活动图描述借书的过程，如图3.48所示。

分析图书还书的过程，并用活动图描述图书还书的过程，如图3.49所示。

【任务拓展】

图书管理系统还书活动图

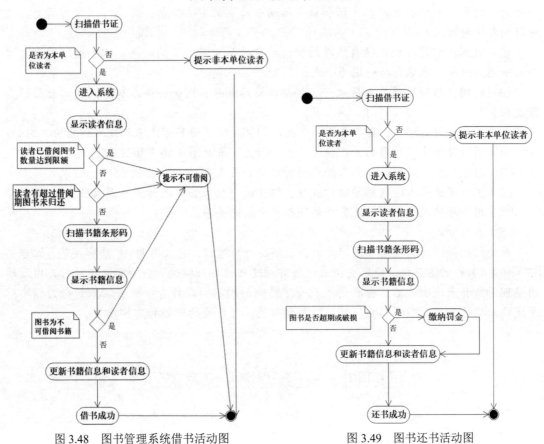

图 3.48　图书管理系统借书活动图　　图 3.49　图书还书活动图

【知识链接】

面向对象方式

面向对象方式（Object Oriented）是软件开发方法的一种编程方式，这种方式问世后，取得了创造者也未预料到的巨大成功。目前，面向对象的概念和应用已超越了程序设计和软件开发，扩展到如数据库系统、交互式界面、应用结构、应用平台、分布式系统、网络管理结构、CAD技术、人工智能等领域。面向对象是一种对现实世界进行理解和抽象的方法，是计算机编程技术发展到一定阶段后的产物。

面向对象是相对于面向过程来讲的，面向对象方法，把相关的数据和方法联合起来作为一个整体来看待，从更高的层次来进行系统建模，更贴近事物的自然运行模式。

【课后阅读】

行为过程的描述

"生命在于运动"这句话说的是人对世界的一种观察视角，因为运动对人类生活具有重要的意义。人们把过程描述为各种行为按照时间编排的序列，这其中有两个要素，即时间与行为。时间是人们在生产、生活和社会活动中产生的重要概念，时间可以分为两类：绝对时间与相对时间。

绝对时间：它是人们选择自然界的相对稳定的参照系定义的时间，例如地球围绕太阳公转一圈为一年，地球自转一圈为一天。

相对时间：按照运动的先后次序，编排活动的顺序，例如一个人从早到晚的一天的生活过程。

人类的行为种类繁多，特点各异，于是人们也发明了多种方式来描述人的行为，例如：

（1）用自然语言以叙事的方式描述一系列行为（或故事）的发生过程。

（2）用速写或卡通画，画出人物与动物之间的关系及其与环境之间的行为。

（3）用数据流来表述数据移动的过程，描述两个抽象物体间行为的因果顺序。

（4）用程序的流程图来描述各个处理行为之间的关系。

（5）其他方式……

此处讨论得活动图使用了图形方式，来描述行为过程，它采用UML建模规范，综合了（3）和（4）的描述形式，能够支持自然语言对过程的各种描述。当纷繁复杂的行为用活动图整理清楚并表述出来后，分析者也就有了清晰的思路，设计者也就会注意到行为顺序对于逻辑正确性及其效率的影响，这可以大大提高人对行为的理解和掌控能力。

项目实训3——在线购物系统需求分析

一、实训目的

（1）确定在线购物系统的可行性，在此基础上完成系统的逻辑功能模型的建立。

（2）使用Visio绘制系统用例图、顺序图及活动图。

二、实训环境或工具

（1）操作系统平台：Microsoft Windows 10。

（2）软件工具：Microsoft Word 2016、Microsoft Visio 2016。

三、实训内容与要求

（1）准备参考资料并阅读相关的国家有关软件开发标准的文档。

（2）采用面向对象的软件开发技术，完成对项目的分析过程，画出系统的逻辑模型。

（3）根据提供的课题需求和条件，按照软件开发国家标准要求和需求规格说明书的格式，书写在线购物系统需求规格说明书。

四、实训结果

以项目小组为单位，形成一份规范的在线购物系统需求规格说明书。

五、实训总结

进行个人总结：通过本项目的实训学习，我掌握了哪些知识，有哪些收获和注意事项，等等。

六、成绩评定

实训成绩分A、B、C、D、E五个等级。

项目小结

本项目介绍了结构化需求分析方法和面向对象需求分析方法的基本思想和原理，通过任务的形式，把软件的功能和性能描述为具体的软件需求规格说明。

结构化需求分析方法对软件进行功能分解，画出分层数据流图，再定义软件的数据和加工，绘制数据字典和加工说明。

面向对象的需求分析方法基于面向对象的思想，以用例模型为基础。开发人员在获取需求的基础上，建立目标软件的用例模型。所谓用例是指软件中的一个功能单元，可以描述为操作者与软件之间的一次交互。用例常被用来收集用户的需求。

软件需求规格说明书在软件开发中具有重要的作用，是软件设计及测试的依据。是对目标系统的功能、性能是否满足用户要求的描述总结。

岗位简介——软件需求分析师

【岗位职责】

（1）负责与用户（包括用户、潜在用户、项目人员、公司高管等）沟通，进行需求的调研、挖掘和分析，引导并归纳用户需求；

（2）配合架构师，与开发人员沟通分析需求的可行性、合理性，参与需求汇报与评审；

（3）分析项目、用户需求，熟悉竞争对手动态和市场动态，规划产品路线图，提出产品需求实现路线和现有产品改进路线；

（4）通过多种手段，收集分析同类软件产品的功能，提出软件改进建议和功能需求；

（5）根据产品规划或者项目要求，开展需求调研，完成调研报告和需求规格说明书；

（6）进行业务流程的分析和建模，进行数据结构的分析和建模，进行系统架构的分析和底层设计；

（7）根据产品定义实现详细需求分析文档、用户手册编写并协助解决测试问题。

【岗位要求】

（1）计算机、软件工程等相关专业学历；

（2）熟悉需求调研方法，较强的业务流程及业务模型分析设计能力；

（3）善于控制需求，进行版本范围及项目范围管理；

（4）熟悉软件工程理论，掌握软件需求获取与分析方法，至少熟悉一种程序开发语言和一种数据库工具；

（5）有较强的文档编写能力。

软件需求分析常见面试题

1. 软件需求分析师在整个项目管理过程中，扮演怎样的角色？如何与团队的其他成员开展工作？

答：软件需求分析师在项目管理的过程中，扮演着项目成败关键人或是项目先行者的角色。在与团队的其他成员（指该项目需求组的其他成员），可使用"总—分—总"的交流方式来开展整个项目组的需求调研工作。

（1）组长与用户负责人进行有效沟通，了解软件使用机构、参与调研的用户人员、用户人员间的层次关系（主管/助理）等。

（2）组长将用户的情况细节通过会议的方式，传达到所有需求分析师。

（3）组长依据用户基本情况，对需求分析师进行两两分组（调研/协助），并分配具体任务。

（4）初步调研后，小组成员与相应成员进行沟通，并形成该部分的需求，并及时与用户进行反馈。

（5）小组之间进行沟通，协调需求中的各项名词，并制定需求文档。

（6）再次将整个需求文档反馈给用户，并协调确认不明确的需求。

（7）需求确定后，保留一位分析师跟进需求分析过程，如果有需求变更，由其快速做出响应和反馈。

2. 项目整个计划已经落后，怎样在短时间内跟进项目需求进度？

答：项目整个计划已经落实后，着急行动和加班加点并不是很好的解决方式。虽然加班可以通过工作的时间来增加工作的效果，但是并不一定能提高效益。做好以下五条，或许能够解决这个问题：

（1）自我暗示：相信自己能够在短时间内完成，其次还得注意到这种压力。

（2）积极学习：积极去学习业务的专业知识，尽量缩短用户的交流时间。

（3）有效沟通：要和用户进行有效的沟通，从用户那确定自己是否理解正确，减轻用户的交流信息，同时能够提高交流的效率。

（4）适当加班：如果项目已经落后于计划，加班是在所难免，但不要无限度加班。需要做好劳逸结合。

（5）脚踏实地：软件开发项目是实践性项目，来不得半点虚夸和敷衍，需要的是认真、细致、脚踏实地的实践。

3. 需求分析工作包括哪些内容？

答：需求分析过程中，包括的工作较多，主要是通过与用户进行直接交流和自己的学习来进行获知。其主要包括：角色分析、业务流程分析、核心功能分析、关键需求点分析、用例分析、数据流图分析、核心功能点的时序分析、需求文档编写、调研记录和需求变更记录等。

4. 在调研过程中，有的用户愿意配合，有的不愿意。对不配合的用户，应如何处理？

答：调研过程中，会遇到用户不愿意配合的情况。软件的开发与应用，会提升公司的整体工作水平，但也会给部分人带来额外的工作，甚至影响个别人员的利益。对于不愿意配合的用户，不应该把责任全部归结至用户，而应该理性思考问题。可以按如下4个方面来进行处理：

（1）自身寻找：自己的说话态度或者行为方式是否正确。

（2）换时调研：人的心情可能有其他原因，可能当时用户的心情特别不好，可以选择换个时间再来进行调研。

（3）与负责人交流：或许因某种原因，使双方交流困难，可以向负责人申请换另外一个人来对该部门进行调研工作。

（4）侧面了解：通过其他部门对该部分的业务来进行初步了解，然后展示原型直接对该业务负责人进行取证。

5. 在项目调研中，用户意见不统一也是常见的问题。如果遇到这样的情况，怎样解决？

答：根据用户提出的不同意见，制定相应的几种方案。在使得每个方案都切实可行的同时，给出各方案的优缺点，并制定出各方案需要的价格、工期等。然后，召集出现差异的用户群体和项目负责人，给用户进行详细的讲解，最后由用户自己定出最佳方案。

6. 需求调研前需要做哪些准备？

答：需求调研前的准备工作非常重要，它将直接导致此次调研结果的成败。在需求调研的过程中，被调研人员多是部门主管或助理，他们的日常工作本身就很繁重，过多地占用他们的时间会使得他们烦躁不安。建议在调研前，做好如下准备工作：

（1）自我学习，充分了解用户要求、业务流程和用户可能的关注点。

（2）和用户方负责人沟通，确定参与用户需求调研小组的成员。

（3）提前分析项目可能出现的难点，提前做好调查表。与用户交流时，及时做好记录。

（4）制定调研计划、调研的时间安排。

（5）准备好调研过程中需要使用的软件（例如记录工具）和硬件（例如录音设备等）。

7. 需求调研如何开展，将得到更好的效果？

答：需要调研过程中，需要获得较好的效果。需求分析师即使付出较多的汗水，或许还难以得到用户的认可，本人认为需要调研工作，可从以下9点进行：

（1）按调研计划，有步骤地完成调研工作。

（2）细心与用户交流并及时做好记录。

（3）需求调研要遵从"从易到难""从宏观到细节""从简单到复杂"的规律。

（4）挖掘原始需求（用户对业务的理解可能存在误差），而并非用户口头需求。

（5）引导用户找到潜在需求（无完整的软件规划时），并非局限于用户提供的需求。

（6）合理规避用户的需求，受到技术和时间限制需求不要简单应允。

（7）防止出现"个人版软件"（即针对个别人的需求），应使功能覆盖所有的软件用户。

（8）及时总结并整理调研报告，及时与用户进行反馈。

（9）及时处理需求变更要求，和做好需求变更记录。

8. 科学控制项目范围，是完成项目的必要保证。如何科学控制项目的范围？

答：通过项目范围的计划管理、项目范围确认等手段对项目范围进行科学控制，可以把握项目总体目标，有效控制需求变化，使项目的范围控制在合理、可行的范围之内。其主要的方式是控制用户需求变更的次数，做好以下4个方面，可以解决该问题：

（1）与用户进行有效的沟通，减少需求变更情况的发生。

（2）在用户群中产生差异时，制定多种方案。给出各种方案的优缺点、工期和成本等方面的比较结果，最后由用户方进行权衡。

（3）与用户的交流结果，需要全部以书面形式落实方案或协议中。

（4）制定最佳的需求方案和相关的补充协议，与用户方签订合同。

9. 需求分析师需要什么样的能力和条件？

答：出色的需求分析师，需要个人具备较强的综合能力，不仅包括专业能力，还需要许多综合技能，包括（但不限于）：

（1）快速的学习能力，能够在较短的时间内，较好地理解用户的业务，并能够快速抓住关键点，找到关键人。

（2）熟悉公司的技术能力，在进行需求调研时，能够迅速判断该项技术的难易程度和可行性。

（3）理解与反应能力，在与用户交流中能够迅速、准确地理解用户要表达的内容。

（4）良好的口头表达能力和成熟的思维力与分辨能力，能够用简单的方式让用户理解自己的想法，能够敏锐地觉察出用户不愿意说或委婉表达的"话语之外的意思"。

（5）细心的处事能力和良好的记录能力，善于观察用户的交流过程的所有细节，并且及时做好记录。

10. 如何应对用户多变的需求？

答："坚持不变""想变就变"是需求调研和需求处理的"大忌"。应该做的是，与用户充分沟通，使需求变化控制在一个合理的范围内，与用户一起寻求最优的方案。首先需求分析阶段应该从用户需求的本质，去解决用户的问题，而并不是去解决用户的表象问题。其次，对于用户提出的问题，先做好需求变更记录。在不影响项目进度的情况下，可以进行相应的修改。如果涉及关键需求修改，或者有明显影响项目进度的需求变更，应该及时向用户提出，商议解决办法，必要的时候需要变更收费数额、变更已经签订的合同。

11. 软件的需求分类？

答：解决用户问题或达到目标所需的条件或功能，称为软件需求。其中软件需求可以分为：业务需求、用户需求、功能需求、行业隐含需求和非功能性需求。业务需求是反映用户对系统、产品的高层次的要求；用户需求是软件所有涉及的用户所提出的要求；功能需求是开发人员必须实现的软件功能；行业隐含需求是该行业内基本的常识需求；非功能性需求是指为满足用户业务需求而必须具有除功能需求以外的特性，包括系统性能、可靠性、可维护性、易用性，以及对技术和对业务适应性等。所以在非功能性需求中，最容易产生需求变更。

12. 在需求分析中，针对业务的"5W"指什么？

答：在业务需求调研过程中，需求分析师应深入理解"5W"，这样才能掌握软件的实际需求。其中"5W"是指"What、Who、When、Why、How"。

What指业务内容是什么。

Who指业务过程会有哪些相关者。

When指业务过程什么时候发生，周期有多长。

Why指为什么会出现这样的问题。

How指为完成业务目标所采用的方法。

习 题 3

【基础启动】

一、单选题

1. 产品特性可以称为质量属性，在众多质量属性中，对于开发人员来说重要的属性有哪些_____。
   A. 有效性、效率、灵活性、互操作性
   B. 可维护性、可移植性、可重用性、可测试性
   C. 完整性、可靠性、健壮性、可用性
   D. 容错性、易用性、简洁性、正确性

2. 软件需求包括11个方面的内容，其中网络和操作系统的要求属于_____，如何隔离用户之间的数据属于_____，执行速度、相应时间及吞吐量属于_____，规定系统平均出错时间属于_____。
   A. 质量保证　　　B. 环境需求　　　C. 安全保密需求　　　D. 性能需求

3. 需求分析过程应该建立3种模型，它们分别是数据模型、功能模型、行为模型。以下几种图形中，_____属于功能模型，_____属于数据模型，_____属于行为模型。
   A. 实体—联系图（ERD）　　　　　　B. 数据流图（DFD）
   C. 状态转换图（STD）　　　　　　　D. 鱼骨图

4. 常用的需求分析方法有：面向数据流的结构化分析方法（SA），面向对象的分析方法（OOA），下列_____不是结构化分析方法的图形工具。
   A. 决策树　　　B. 数据流图　　　C. 数据字典　　　D. 快速原型

5. 软件开发中，原型是软件的一个早期可运行的版本，它反映最终系统的部分重要特性。其中，_____和_____用完就可以丢弃，而_____围绕原型修改、增加。
   A. 进化型　　　B. 探索型　　　C. 实验型　　　D. 改进型

6. 需求分析阶段的文档包括以下哪些_____。
   A. 软件需求规格说明书。　　　　　　B. 数据要求说明书。
   C. 初步的用户手册。　　　　　　　　D. 修改、完善与确定软件开发实施计划。
   E. 以上都是。

7. 需求验证应该从下述几个方面进行验证：_____。
   A. 可靠性、可用性、易用性、重用性
   B. 可维护性、可移植性、可重用性、可测试性
   C. 一致性、现实性、完整性、有效性
   D. 功能性、非功能性
8. 风险管理的要素包括哪项_____。
   A. 风险评价   B. 风险避免   C. 风险控制   D. 以上都是
9. 在软件系统中，一个模块应具有什么样的功能，这是由_____决定的。
   A. 总体设计   B. 需求分析   C. 详细设计   D. 程序设计
10. 顺序图由类角色，生命线，激活期和_____组成。
    A. 关系   B. 消息   C. 用例   D. 实体

二、问答题
1. 需求分析的基本任务是什么？
2. 用例图的作用是什么？
3. 活动图的作用是什么？

【能力提升】

三、设计题
1. 网上选课系统用户分为系统管理员和学生；用户登录成功才能进行选课；登录时忘记密码，可以找回密码；学生查询课程信息，可以按课程编号查询信息或按课程名查询；学生可以选择课程也可以删除已选课程；系统管理员可以维护课程信息。根据以上描述，设计网上选课系统的用例图。
2. 某教务系统用户登录过程是：启动系统，在登录窗口中输入用户名和密码，如果用户名或密码输入有错，则系统提示错误，要求用户重新输入，若连续输入3次用户名或密码均错，则系统拒绝登录。如果输入正确，则进入系统。用活动图描述操作员的登录过程。

项目 4　软件项目设计与实现

软件需求描述的是"做什么"的问题，而软件项目设计（简称软件设计）解决的是"怎么做"的问题。软件设计是将需求描述的目标和要求变为实施方案的创造性过程，使整个软件在逻辑上和物理上能够实现。软件设计是软件工程的核心部分，是最重要的开发活动，也是软件项目实现的关键。设计质量的高低直接决定了软件项目的成败，缺乏或者没有成熟软件设计过程会产生不稳定的甚至是失败的软件系统。

完成系统设计后，进入到系统实现阶段。系统实现阶段的主要任务是，根据软件需求说明书的内容编写程序代码。程序编码阶段的目标是，编写出满足软件需求功能要求的、正确的代码。下面，我们将从软件工程这个更广泛的范畴，讨论与程序设计语言及程序编码有关的概念，而不具体介绍如何编写程序。

【课程思政】

厚德载物

中华文明源远流长，孕育了中华民族的宝贵精神品格，培育了中国人民的崇高价值追求。加强公民道德建设、提高公民道德水平，是促进社会全面进步、个人的全面发展的必然要求。《新时代公民道德建设实施纲要》大力倡导以爱岗敬业、诚实守信、秉公办事、热情服务、奉献社会为主要内容的职业道德，鼓励人们在工作中做一个好建设者。

敬业是中华民族的传统美德。《礼记》中的"敬业乐群"，《论语》中的"敬事而信"，都是劝导人们做事要敬业。从"最美奋斗者"到"共和国勋章"获得者，无不在各自岗位上取得了非凡成就，为国家建立了不朽功勋。他们身上散发出来的职业之光，充分诠释出以爱岗敬业、诚实守信、办事公道、热情服务、奉献社会为主要内容的职业道德和奉献精神。作为担负中华民族伟大复兴大任的时代新人，要不忘初心、牢记使命，恪守职业道德，为国家和民众奉献自己的才智和能力，为祖国的繁荣富强贡献自己的力量。

【学习目标】

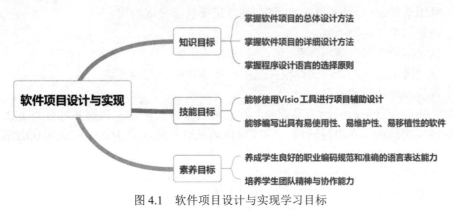

图 4.1　软件项目设计与实现学习目标

任务4.1 总 体 设 计

【任务描述】

对于任何工程项目,在施工之前,都要进行设计。本阶段的任务是依据软件需求规格说明书,合理、有效地实现其中定义的各项需求。总体设计是将软件产品分割成一些可以独立设计和实现的部分,保证软件的各个部分可以和谐地工作。总体设计主要进行框架设计、总体结构设计、数据库设计、接口设计、网络环境设计等。

【知识储备】

一、软件总体设计

1. 软件总体设计目标与步骤

根据软件设计的特性,明确软件设计要达到的目标,根据现有资源,选取合理的解决方案和处理办法,设计出最佳的软件模块化结构,有一个全面而精准的数据库设计;同时制订详细的测试计划,撰写相关的文档资料。

软件的基本模型框架一般由数据输入、数据输出、数据管理、空间分析4个部分组成;但根据具体软件项目的不同,在系统环境、控制结构和内容设计等方面会有很大的差异。因此,设计人员进行总体设计时,必须遵循正确的步骤。一般步骤如下:

(1)根据用户需求,确定要做哪些工作,形成系统的逻辑模型。

(2)将系统分解成一组模块,各个模块分别满足用户提出的需求。

(3)将分解的模块按照是否能满足需求进行分类。对不能满足需求的要进一步调查研究,以确定能否可以开始进行开发工作。

(4)制订工作计划,开发有关的模块,并对各模块进行一致性测试,并在最后软件系统全部完成时运行。

2. 软件总体设计任务

为了实现目标系统,必须设计出组成这个系统的所有程序结构和数据库文件。对于程序则首先进行结构设计,具体方法如下:

(1)采用某种设计方法,将一个复杂的系统按功能分成模块。

(2)确定每个模块的功能。

(3)确定模块之间的调用关系。

(4)确定模块之间的接口,即模块之间传递消息的规则及方法。

(5)评价模块结构的质量。

软件结构的设计是以模块为基础的。在软件需求分析阶段,通过某种分析方法把软件系统分解成层次结构。在设计阶段,应以软件需求分析的结果为依据,从实现的角度划分模块,并组成模块的层次结构。

软件结构设计是总体设计的关键一步,直接影响到后续的详细设计与编程工作。软件系统的质量及一些整体特性都取决于软件结构的设计。

对于进行大型数据处理的软件系统,除了软件的结构设计,数据结构与数据库设计也是软件设计工作的重要组成部分。数据结构的设计可采用逐步细化的方式，在需求分析阶段通过数据字典对数据的组成、操作约束和数据之间的关系等方面进行描述，确定数据的结构特性；在软件设计阶段要加以细化；在详细设计阶段则规定具体的实现细节。

3. 软件总体设计文档的内容

软件设计的每个阶段都需要撰写相应的文档，软件总体设计文档应包含如下内容：

（1）总体设计的说明书，具体包括：

① 引言：编写的目的、背景、定义、参考资料；

② 总体设计：需求规定、运行环境、基本设计概念、处理流程、软件结构；

③ 接口设计：用户接口、外部接口、内部接口；

④ 运行设计：运行模块组合、运行控制、运行时间；

⑤ 系统数据结构设计：逻辑结构、物理结构、数据结构及其与软件的关系；

⑥ 系统出错处理设计：出错信息、补救方法、系统恢复设计。

（2）数据库设计说明书。需要给出所使用的数据库管理系统（DBMS）简介，数据库概念模型、逻辑设计和结果。

（3）用户手册。对软件需求分析阶段的用户手册进行补充和修订。

（4）修订测试计划。对测试策略、方法和步骤提出明确要求。

软件总体设计最后一个阶段为评审，该阶段对设计部分是否完整实现了需求中规定的功能、安全性、易用性等方面要求，总体设计方案的可行性、关键问题的处理及接口定义的正确性、有效性，还需对各部分之间的一致性都要进行评审。

4. 软件总体设计准则

软件设计要覆盖软件需求分析的全部关键性需求，又要成为详细设计的依据，软件设计的具体实现还要遵循软件设计的基本准则。

软件设计的基本原则，内容如下：

（1）软件设计过程应该考虑各种可选方案，根据需求、资源情况、设计概念来决定具体的方案。

（2）软件设计应该可以跟踪需求分析模型。

（3）软件设计的资源是有限的。

（4）软件设计应该体现统一的风格。

（5）软件设计的结构应尽可能满足变更的要求。

（6）软件设计的结构应该能很友好地处理异常情况。

（7）软件设计不是编码；反之编码也不是软件设计。

（8）软件设计的质量评估应在设计过程中进行，而不是完成后再评估。

（9）在对软件设计进行评审的时候，应该关注一些概念性错误，而不是更多地关注细节问题。

软件设计的规范性很重要，在其中要尽可能保证软件设计与软件需求分析均遵守一致的规则，例如命名规则、文档写作风格和层次划分规则等等，保证软件需求分析、软件设计和后期的软件测试在一个系统的、规范的、一致的体系中完成。

软件工程技术强调规范化，为了使由许多人共同开发的软件系统能正确无误地工作，开发人员必须遵守相同的约束规范。这些规范要求有一个规范统一的命名规则，这样才能摆脱个人生产方式，保证软件项目的标准化、工程化的方式下进行。

二、结构化软件总体设计

结构化软件总体设计的关键思想是，通过划分独立的模块来减少软件设计的复杂性，并且增加软件的可重用性，以减少开发和维护软件的费用。采用这种方法构建的软件，其结构清晰、层次分明，便于分工和协作，而且容易调试和修改，是软件研发较为理想的方法。其中，模块是指在程序中的数据说明、可执行语句等程序对象的集合，如：高级程序语言中的过程、函数和子程序等便可视为"模块"。

结构化的设计方法主要有功能模块划分设计、数据流控制设计、输入/输出设计等。其中，使用最广泛使用的是功能模块划分设计，这种设计方法是将软件的整体功能进行分解，分解成合理的模块，设计者可从高层到低层逐层分解，每层都有一定的关联关系，每个模块都有特定的、明确的功能，每个模块的功能是相对独立的，同时也是可以集成的，这种方法在软件工程中已经被普遍接受。

三、面向对象的总体设计

面向对象设计（Object-Oriented Design，OOD）将用面向对象分析方法建立的需求分析模型转化为构造软件的设计模型。这里的对象是真实世界映射到软件领域的一个构件，当用软件实现对象时，对象由其数据结构和操作组成，操作可以合法地进行数据处理或改变数据结构。面向对象的设计方法可以表示出所有的对象类及其相互之间的关系。面向对象的设计是很重要的一个软件开发方法，它将问题和解决方案通过不同的对象集合在一起，包括对数据结构和响应操作方法的描述。

面向对象的设计的目标是产生大量的不同级别的模块，一个软件主系统级别的模块包含了很多的软件子系统级别的模块，这些模块共同构成了面向对象系统。另外，面向对象的设计还要对数据的属性和相关的操作进行详细的描述。

在软件总体设计阶段，主要重点放在解决软件系统高层次问题上，例如，将模型划分成子模块，选择构造和划分的策略等等，在面向对象的设计中把它称为"软件设计阶段"。之后，在详细设计阶段主要解决软件的一些细节问题，如类、关联、接口形式及实现算法等，在面向对象的设计中，把这个阶段称为"对象设计阶段"。

软件设计是把分析模型转变成软件设计模型。分析模型由功能模型、对象模型和动态模型组成。在UML中，功能模型用用例图表示，对象模型用类图表示，动态模型用顺序图表示。软件设计时将这些模型作为输入，将这些输入转变成包含系统内部结构信息的系统设计模型，或者更一般地说，转变成具体的实现模型。

【案例1】

赠品管理系统功能图

我们以顾客在商场购买商品，支付货款后领取赠品为例，完成软件的总体设计。在商场搞促销的时候，顾客购买商品达到一定金额后，便能领取赠品，通过需求调查知道，其处理过程是：顾客先购买商品，然后到收款台交款，由财务人员出具交款票据和发票，顾客凭交款票据和发票到会员中心登记,拿到赠品领取单,再到赠品兑付处领取赠品。

根据结构化的软件设计方法,使用层次图表示出设计出赠品管理系统的系统功能图,如图4.2所示。

层次图(或称H图)又称为模块层次图,用来描绘软件的层次结构。很适于在自顶向下软件设计的过程中使用。用此图表示自顶向下分解所得系统的模块层次结构。层次图中一个方形的方块代表一个模块,方块内可写出标识此模块的处理功能或模块名。

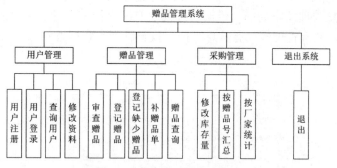

图4.2 赠品管理系统功能图

【案例2】

铁路购票系统结构化总体设计

下面以铁路购票业务为例,完成系统总体设计。该系统需要完成如下几件事情:
1. 购票人员在网上依据购票信息在车票库中选取符合要求票据。
2. 如果满足要求的票已经售空,则有相应提示,请购票者另行选择。
3. 购票人员在自助取票机上打印票据(以作报销之用),乘车。

其系统流程图如图4.3所示。

图4.3 铁路购票系统流程图

根据结构化的软件设计方法,使用层次图设计出铁路购票系统的系统功能图,如图4.4所示。

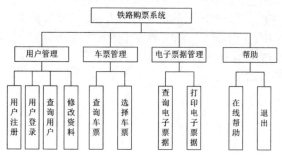

图4.4 铁路购票系统功能图

【任务实施】

图书管理系统总体设计

1. 结构化的软件设计

图书管理系统的功能包括图书管理、读者管理、借阅管理、系统管理四个模块，如图4.5所示。图书管理模块有图书类型管理和图书信息管理两个功能。读者管理模块有读者类型管理和读者信息管理两个功能。借阅管理模块有图书借书管理、图书还书管理和借书到期提醒三个功能。系统管理模块有信息维护、权限管理和数据备份三个功能。

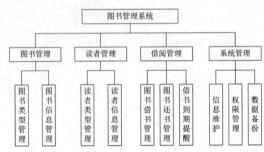

图 4.5　图书管理系统功能图

2. 面向对象的软件设计

根据UML的用例分析过程，完成图书馆管理系统的用例分析，该过程分为确定系统总体信息、确定系统参与者和确定系统用例三个步骤。

（1）确定系统总体信息

图书馆管理系统对图书借阅和读者信息进行统一管理，主要处理功能包括读者进行图书信息查询、借出图书、归还图书、预约图书、续借图书。图书管理员要处理借书、处理还书、处理续借、处理赔偿等工作。系统管理员进行系统管理，包括书籍信息维护、读者信息管理等。系统的总体信息确定之后可以进一步分析系统的参与者。

（2）确定系统参与者

确定参与者首先需要分析系统所涉及的问题域和系统运行的主要任务，这一步主要分析使用该系统的是哪些人？谁需要使用该系统？系统的管理和维护由谁来完成？

（3）确定系统用例

确定系统用例有两个切入点，最常用的方法是使用事件表。我们分析事件表的每一个事件，然后以系统支持事件的方式，初始化这个事件及其参与者，再分析由于这个事件而可能引发的其他用例。通常，每一个事件都是一个用例，但有时一个事件可能产生多个用例。

在图书馆管理系统中，有读者、图书管理员和系统管理员3个参与者，所以，在用例分析的过程中，可以把系统分为3个用例图分别加以考虑。

（1）读者请求服务的用例

读者请求服务的用例包括①登录系统；②查询个人信息；③更新个人信息；④查询图书信息；⑤借出图书；⑥归还图书；⑦预约图书；⑧续借图书；⑨逾期（缴纳）罚金。读者请求服务的用例图如图4.6所示。

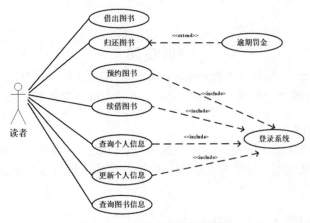

图 4.6 读者请求服务的用例图

（2）图书管理员处理服务的用例

图书管理员处理服务的用例包括：①处理借书；②处理还书；③处理续借；④处理图书罚款；⑤处理赔偿；⑥验证读者账号；⑦删除预约信息。图书管理员处理服务的用例图如图 4.7 所示。

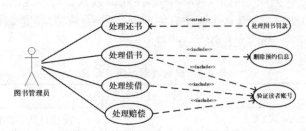

图 4.7 图书管理员处理服务的用例图

（3）系统管理员进行系统维护的用例

系统管理员进行系统维护的用例包括：①查询用户信息；②添加用户信息；③更新用户信息；④删除用户信息；⑤查询图书信息；⑥添加图书信息；⑦更新图书信息；⑧删除图书信息；⑨查询书目信息；⑩添加书目信息；⑪更新书目信息；⑫删除书目信息。系统管理员进行系统维护的用例图如图 4.8 所示。

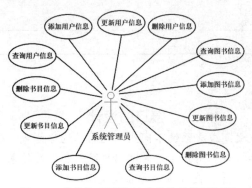

图 4.8 系统管理员进行系统维护的用例图

【任务拓展】

HIPO 图

HIPO图（Hierarchy plus Input-Processing-Output）是表示软件结构的一种图形，以模块分解的层次式表述以及模块内部输入、处理、输出三大基本部分为基础建立的，它由两部分组成：

1. H 图（层次图）

描述软件总的模块层次结构，矩形框表示一个模块，矩形框之间的直线表示模块之间的调用关系，它与结构图一样，未指明调用顺序。它的设计依据是系统的模块划分，主要由设计者决定。

2. IPO 图（输入、处理、输出图）

描述每个模块输入、处理、输出功能及模块调用的详细情况，相当于为每个模块写一份说明。IPO图的主体是算法说明部分（数据处理），可采用结构化语言、判定表、判定树，也可用N-S图、问题分析图和过程设计语言等工具进行描述，要准确而简明的描述模块的执行细节。在IPO图中，其输入/输出数据来源于数据字典，其中，全局数据项是指适用于所有的模块的数据；局部数据项是指个别模块内部使用的数据，与系统的其他部分无关，仅由本模块定义、存储和使用；注释是本模块有关问题的说明。根据数据流图、数据字典及H图，可以绘制具体的IPO图，表4.1是IPO的一种表现形式。

表 4.1 机房收费系统 IPO 图

系统名称：机房收费系统	
设计人：XXX	设计日期：2019.11.16
模块编号：M1	
模块名称：注册	
所属子系统：学生管理	
上层调用模块：	
模块描述：学生注册卡号	
输入数据：卡号 cardNo、学号 studentNo 等学生信息、 数据处理：if cardNo = 不存在 then studentNo = 不存在 then（"注册成功"） else（"该卡已注册)	
输出数据：无	
备注：	

【知识链接】

接口的设计

接口提供了不同系统之间或者系统不同组件之间的沟通方式。软件接口一般可分为：用户接口、外部接口和内部接口。用户接口管理用户操作和反馈结果等；外部接口管理硬件输入/输出方式、网络传输协议等；内部接口管理模块间参数传递、数据传输规范与方式等。

例如，图书管理系统中的用户接口，见表4.2所示。

表 4.2 用户接口

用户操作	软件回答
查询图书	匹配检索关键字的图书信息
修改用户资料	修改后的用户信息
借阅图书	借阅成功的图书信息
归还图书	归还成功的图书信息

【课后阅读】

软件设计与购买物品

张三和李四同时受雇于一家店铺，拿同样多的薪水。一段时间后，张三屡获升迁，李四却原地踏步。李四想不通，去问老板为何厚此薄彼？老板于是说："李四，你现在到集市上去一下，看看今天早上有卖土豆的吗？"一会儿，李四回来汇报："只有一个农民拉了一车土豆在卖。""有多少？"老板又问。李四没有问过，于是赶紧又跑到集上，然后回来告诉老板："一共 40 袋土豆。""价格呢？""您没有叫我打听价格。"李四委屈地说。老板又把张三叫来："张三，你现在到集市上去一下，看看今天早上有卖土豆的吗？"张三也很快就从集市上回来了，他一口气向老板汇报说："今天集市上只有一个农民卖土豆，一共 40 袋，价格是两毛五分钱一斤。我看了一下，这些土豆的质量不错，价格也便宜，于是顺便带回来一个让您看看。"张三边说边从提包里拿出土豆，"我想这么便宜的土豆一定可以挣钱，根据我们以往的销量，40 袋土豆在一个星期左右就可以全部卖掉。而且，咱们要是全部买下还可以得到优惠。所以，我把那个农民也带来了，他现在正在外面等您回话。"

这故事对软件设计活动有什么启发呢？

软件设计要具有前瞻性和大局观，做事要考虑全面，可以快速完成任务，还能提高效率、降低成本，保证软件设计的质量。

任务4.2 详细设计

【任务描述】

软件总体设计完成了各个模块的功能及模块间联系的设计，下一步就要考虑实现各个模块的功能了。从软件工程的开发过程来看，在使用程序设计语言编制具体程序以前，需要对所采用算法的逻辑关系进行分析，设计出全部必要的细节，并给出清晰的表达，使之成为编码的依据。

【知识储备】

一、详细设计的基本任务

在详细设计过程中，需要完成的工作主要是，确定软件各个组成部分的算法以及各部分的内部数据结构并确定各个组成部分之间的逻辑关系，此外，还要做以下工作。

1. 处理方式的设计

（1）数据结构的设计。对于软件需求分析和软件总体设计确定的数据类型进行确切的、具体的定义。

（2）算法设计。用某种图形、表格、语言工具将每个模块处理过程的详细算法描述出来，并为实现软件的功能需求确定所需的算法，评估算法的性能。

（3）性能设计。为满足软件系统的性能需求确定所需的算法和模块间的控制方式。

性能主要有以下4个指标。

① 周转时间。即一旦向计算机发出处理的请求后，从输入开始，经过处理，到得到输出结果为止，其整个时间称为周转时间。

② 响应时间。从用户发出操作请求到获得响应信号或结果回复的时间间隔。一般分为一般操作响应时间和特殊操作响应时间。

③ 吞吐量。在单位时间内能够处理的数据量称作吞吐量，这是系统性能和处理能力的指标之一。

④ 确定外部信号的接收/发送形式。

2. 物理设计

对数据库进行物理设计，也就是确定数据库的物理结构。物理结构主要是指数据库存储记录的格式、存储记录安排和存储方法，这些都依赖于具体使用的数据库系统。

3. 可靠性设计

可靠性设计也称质量设计。在使用计算机的过程中，可靠性是非常重要的。可靠性不高的软件会产生固定的或随机的故障而造成损失。软件可靠性是指程序和文档中的结果稳定、可信，不会产生随机错误，不会出现系统崩溃的软件严重故障。通常，软件使用得越久，可靠性就越高！但在运行过程中，为了适应环境的变化和用户的新需求，需要经常对软件进行升级或修正，这就是软件的维护。由于软件的维护经常产生新的故障，所以要求在软件开发期间就把工作做细，要在软件开发一开始就要明确其可靠性和其他质量标准。

4. 其他设计

根据软件系统的类型，还可能需要进行多种设计。

（1）代码设计。为了提高数据的输入、分类、存储及检索等操作的效率，以及节约内存空间，需要对数据库中的某些数据项的值进行代码设计。

（2）输入/输出格式设计。针对各个功能，根据界面设计风格，设计各类界面的式样。

（3）人机对话设计。对于一个实时系统，用户会与计算机频繁对话，因此要进行对话方式内容及格式的具体设计。

5. 编写详细的设计说明书

设计说明书应包含（但不限于）下列主要内容。

（1）引言。包括设计说明书编写目的、背景、定义和参考资料。

（2）程序系统的组织结构。

（3）程序1（标志符）设计说明。包括功能、性能、特点、输入、输出、算法、逻辑流程、接口。

（4）程序2（标志符）设计说明。（细节同上）
......
（5）程序N（标志符）设计说明。（细节同上）

6. 详细设计的评审

概要设计阶段是以比较抽象概括的方式提出解决问题的办法。详细设计阶段的任务是，将解决问题的办法进行具体化，详细设计只要是针对程序开发部分来说的，但这个阶段不是真正编写程序，而是设计出程序的详细规格说明。

详细设计是将概要设计的框架内容具体化、清晰化，将概要设计转化为可以操作的软件模型。主要包括模块描述、算法描述、数据描述。

（1）模块描述：描述模块的功能及其解决的问题，这个模块在什么时候可以被调用，为什么需要这个模块。

（2）算法描述：在确定模块存在的必要性之后，需要确定实现这个模块的算法，描述模块中的具体算法，包括公式、边界和特殊条件，甚至包括参考资料、引用材料的出处等。

（3）数据流描述：详细设计应该描述模块内部的数据流，对于面向对象编程方式，要描述对象之间的关系。

表达过程规格说明的工具称作详细设计工具，它可以分为如下三类。

（1）图形工具。把过程的细节用图形方式描述出来。

（2）表格工具。用一张或者多张表格来表达过程细节，表格中会列出各种可能的操作及其相应条件，也就是描述了输入、处理和输出之间的关联关系和处理方式。

（3）语言工具。用某种高级语言来描述过程细节。

二、传统的详细设计方法

传统的软件详细设计的工具主要包括图形绘制与编辑工具（程序流程图）、N-S图、程序设计语言（PDL）等。

1. 程序流程图

程序流程图（Flowchart）通过图形化的方式来表示一系列操作以及操作执行的顺序，又称程序框图。它也是软件开发者最熟悉的，最早出现和使用的算法表达工具之一。流程图的表示元素见表4.3。

表 4.3 流程图的表示元素

名 称	图 例	说 明
开始符号与终止符号	⬭	表示开始和结束
处理	▭	表示程序的处理过程或细节
判断	◇	表示判断或逻辑转移，在菱形框内写明判断条件
输入/输出	▱	获取输入信息，记录或显示输出信息
连线	→	连接其他符号，表示执行顺序或数据流向

使用上面的表示元素,可以描述常见的流程图结构如图4.9所示。

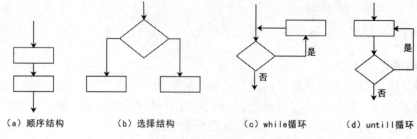

图4.9　常见流程结构图

2. N-S 图

N-S图（Nassi Shneiderman图）又称为盒图,它是以其发明人的名字命名的。用N-S图表示法,所有的程序结构均使用矩形框表示,N-S图可以清晰地表达结构中的嵌套调用及模块之间的层次关系,它是结构化编程中的一种可视化建模。在N-S图中,基本控制结构的表示符号如图4.10所示。

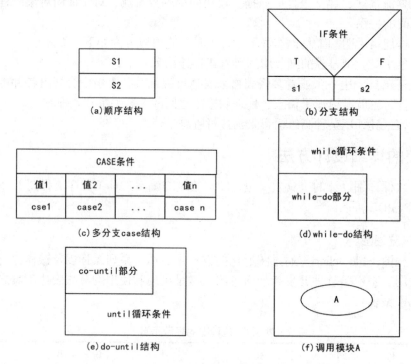

图4.10　N-S 图基本结构

3. PDL（程序设计语言）

PDL（Program Design Language,程序设计语言）是一种用于描述功能模块的算法设计和加工细节的语言,它不是计算机可以直接执行的语言,因此也被称为"伪语言"。PDL描述的总体结构和一般的程序很相似,包括数据说明部分和过程部分,也可以带有注释等成分。但它是一种非形式的语言,对于控制结构的描述是确定的,而控制结构内部的描述语法是不确定的,可以根据不同的应用领域和设计层次灵活选用具体的描述方式,也可以使用自然语言。

PDL书写的模块结构如下：

PROCEDURE <过程名> (<参数名>) <数据说明部分> <语句部分> END <过程名>

<数据说明部分>的形式如下：

<数据说明表>

数据说明表由一串说明项构成，每个说明项形如：

<数据项名 > as < 类型字或用户定义的类型名>

语句部分可以包括赋值语句、if-then-else语句、do-while语句、for语句、调用语句、返回语句等。与一般程序模块不同，其语句中除描述控制结构的关键字外，书写格式没有严格定义。

三、面向对象的详细设计

1. 面向对象设计的内容

面向对象的详细设计一般会从概要设计所描述的对象和类开始，对它们进行深入完善和修改，以使项目包含更多的信息项。详细设计阶段同时要说明每个对象的接口，规定每个操作的操作符号、对象的命名、每个对象的参数、方法的返回值。对象具有4个基本特征。

（1）抽象。面向对象方法不仅支持过程抽象而且还支持数据抽象。类实际上是一种抽象数据类型，它对外提供的公共接口构成了类的规格说明（即类的协议）。使用者无须知道类中的具体操作是如何实现的，也无须了解内部数据的具体表现形式，只要清楚它的规格说明，就可以通过接口定义的方式访问类，这种抽象被称作规格说明抽象。

（2）继承。继承是面向对象软件技术当中的一个概念。如果一个类A继承自另一个类B，就把这个A称为"B的子类"，而把B称为"A的父类"。继承可以使得子类具有父类的各种属性和方法，而不需要重复编写代码。通过继承，可以实现代码的重用。

（3）封装。封装是将一个完整的概念包装成一个独立的单元，然后通过一个名称来引用它。在系统的较高层次，可以将一些相关的应用问题封装在一个子系统中，对子系统的访问是通过访问该子系统的接口实现的；在系统的较低层次中，可以将具体对象的属性和操作封装在一个对象中，通过对象类的接口访问其属性。

（4）多态。多态（Polymorphic）按字面的意思就是"多种状态"。在面向对象语言中，接口的多种不同的实现方式即为多态。多态性是允许将父对象设置成为一个或更多的与它的子对象相同的技术，赋值之后，父对象就可以根据当前赋值给它的子对象的特性以不同的方式运作。

2. 面向对象设计的原则

在面向对象需求分析过程中给出了问题域的对象模型，为了便于系统的实现和优化，在设计过程中需要对这个模型进行扩展和重构。在设计时应该尽可能地考虑复用已有对象类，这是为了提高软件的复用度，尽量利用继承的优点。为了更好地进行对象设计，需要遵循以下4条原则：

（1）信息隐藏。在面向对象设计的方法中，信息隐藏是通过对象封装实现的。类的结构分离了接口和实现。对于类的使用者来说，属性的表示和操作的实现都是隐藏的。

（2）强内聚。对象设计中包括两种内聚：服务内聚，一个服务内聚完成且仅完成一个功能；类内聚，设计类的原则就是一个类的属性和操作全部都是完成某个任务所必需的。

（3）弱耦合。弱耦合是设计高质量软件的一个重要原则，因为它有助于隔离变化对系统其他元素的影响。在面向对象设计中，耦合主要指不同对象之间相互关联的程度。如果一个对象过多地依赖于其他对象来完成自己的工作（强耦合），那么会使该对象的可理解性下降，而且还会增加测试、修改的难度，同时降低了类的可复用性和可移植性。

（4）可复用性。软件复用是从设计阶段开始的，所有的设计工作都是为使系统完成预期的任务，提高工作效率、减少错误、降低成本。

3. 类图/对象图

（1）类的表示

在面向对象的软件需求分析阶段，用类图描述参与者与软件之间的关系以及软件的功能，但它并没有反映软件的内部视图。在设计阶段，需要进一步细化内部机制，这时需要用到类图，类图可以清晰地描述软件所涉及的事物及其属性的方法。一个软件可以看成是由一些不同类型的对象所组成的，对象以及类之间的关系反映了软件内部各种成分之间的静态结构。类图主要用来描述系统中各种类之间的静态结构。

类描述同类对象的属性和行为，在UML中，类用一个划分为三层的矩形表示。

第一层注明类的名字，类的名称应尽可量使用应用领域中的语言，表述明确，无歧义，以利于开发人员与用户之间的交流。

第二层，即中间层，为类的属性，类属性的语法格式如下：

可见性属性名：类型＝默认值{约束特性}

其中，"可见性"有3种。Public、Private和Protected，在UML中分别表示为+、－和#。"类型"表示该属性的数据类型，一段由所涉及的程序设计语言确定，"约束特性"是对该属性的一个约束说明，如（只读）属性。

第三层表示类的操作（即通过对属性值的操作或执行某些动作）。只能作用到该类的对象上。UML规定操作的语法格式如下：

操作名（参数表）：返回类型{约束特性}

（2）联系的表示

在类与类之间存在一定的联系（即关系），主要有关联、聚集、泛化和依赖。在图形表示上，把关系画成一条线，并用不同的线型来区别关系的种类，如图4.11所示。

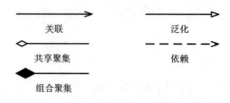

图 4.11 联系的表示

① **关联**表示类之间存在某种关系，最常见的关联可在两个类之间用一条直线连接，并在直线旁边写上关联名。在关联的两端可写上一个被称为"重数"的数值范围，表示该类有多少个对象与对方的一个或多个对象连接。该重数符号有：

1..1（或1）表示1个对象，重数的默认值为1；

0..1 表示0或1；

1..* 表示1或多；

0..*（或*）表示0或多。

② **聚集**是一种特殊形式的关联，表示类之间的关系是整体与部分的关系。共享聚集表示为空心菱形，组合聚集表示为实心菱形。

③ **泛化**用于描述类之间一般与特殊的关系。具有共同特性的元素抽象为一般类，并通过增加其内涵，进一步抽象为特殊类。具有泛化关系的两个类之间，特殊类继承了一般类的所有信息，称为子类，被继承类称为父类。类的继承关系可以是多层的。在UML中，泛化常表示为一端带空心三角箭头的连线，空心三角箭头紧挨着父类。

④ **依赖**描述的是两个模型元素（类、用例等）之间的连接关系。表现形式有：一个类使用另一个类的对象作为操作中的参数，一个类调用另一个类的操作等。UML中依赖关系常用带有箭头的虚线段来表示。

【案例1】

车间管理系统详细设计

为了了解车间设备的运行情况，掌握设备的状态，做好设备监测工作，保障设备运行安全，为生产提供安全可靠的生产环境，设计一个车间管理系统是必需的。整个系统主要对象为车间、设备和管理员。运用前面的知识，通过分析，车间和设备为该系统中的两个类，并且之间有联系。这两个类组成的类图如图4.12所示。

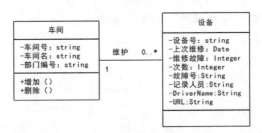

4.12 车间和设备类图

【案例2】

仓库管理系统详细设计

仓库是企业的物资管理和供应体系的重要部分，是企业各种物资周转和储备的环节，同时担负着物资管理的多项业务职能。它的主要任务是：保管好库存物资，做到数量准确，质量完好；确保物资安全，收发迅速；面向生产，服务周到，降低费用。应用现代管理技术，可不断提高仓库的综合管理水平。

进一步分析系统需求，来发现类与多个类之间的关系。系统中的对象有8个。

① 仓库主任

私有属性：姓名，年龄，性别，工作号，工作职务；

公有操作：评定：评定工作人员；考核：考核工作人员；查询：查询物料信息和工作人员信息；修改：修改个人信息，添加工作人员信息；删除：删除工作人员信息

② 仓库管理员

私有属性：姓名，年龄，性别，工作号，工作职务；

公有操作：查询：查询物料情况，查询个人信息；修改：修改仓库物料汇总表信息和个人信息；

③ 仓库采购员

私有属性：姓名，年龄，性别，工作号，工作职务；

公有操作：收集：收集各部门需求信息；查询：仓库物料汇总表信息和个人信息；修改：修改个人信息；

④ 库存物料汇总

私有属性：物料名称，物料型号，最大库存量，最小库存量，实际库存量；

公有操作：查询，修改，删除；

⑤ 物料

私有属性：物料名称，物料型号，最大库存数量，最小库存数量，实际库存数量；

公有操作：（无）

⑥ 物料采购

私有属性：物料名称，物料型号，采购数量，采购时间，采购员工作号，单价，总价；

公有操作：填写，查询，修改；

⑦ 入库单

私有属性：时间，管理员工作号，数量，总价；

公有操作：填写，查询，修改；

⑧ 领料单

私有属性：物料名称，物料型号，数量，时间，部门；

公有操作：填写，修改，查询；

系统类图如图 4.13 所示。

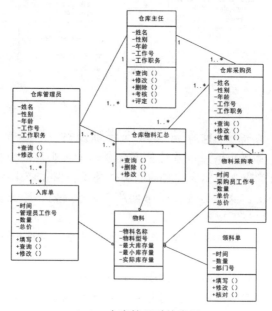

4.13　仓库管理系统类图

【任务实施】

图书管理系统类图

对于图书管理系统，经过初步分析，应包含如下几个实体类：用户（包括图书管理员、读者和系统管理员）、书目、图书及以及预约列表，如图4.14所示，该图表示出它们及其相关之间的关系。

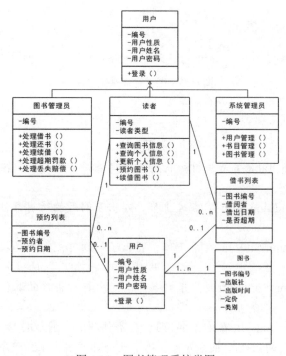

图 4.14 图书管理系统类图

【任务拓展】

包 图

包图是一种高层图，在概念上，它与结构化方法的系统流程图很相似。包图的作用是，标志一个完整系统的主要部分。在一个大的系统中，通常要把许多系统分成很多子系统，每个子系统的功能之间都是独立的。在包图中，只使用两个符号：一个标志框，一个虚线箭头。标志框用来标志子系统和主系统。将子系统包围在主系统中，表示它是主系统的一部分，子系统可以安排到任何一层，但不允许重叠。换句话说，一个子系统不能同时属于两个高层系统。虚线箭头表示系统间的依赖关系。箭头的尾部表示被依赖的包，而头部是独立的包。沿着箭头阅读包图是最简单的方法，结合前面的需求分析和总体设计，绘制图书管理系统中的包图。

一个包图的例子如图4.15所示。

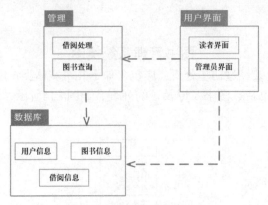

图 4.15 图书管理系统包图

【知识链接】

判定表

判定表（Decision Table）是分析和表达多逻辑条件下执行不同操作的情况的工具。由以下四个部分组成：

（1）条件桩（Condition Stub）：在左上部，列出了问题的所有条件。通常认为列出的条件的次序无关紧要。

（2）动作桩（Action Stub）：在左下部，列出了问题可能采取的操作。这些操作的排列顺序没有约束。

（3）条件项（Condition Entry）：在右上部，列出针对条件的取值。在所有可能情况下的真假值。

（4）动作项（Action Entry）：在右下部，列出在条件项的各种取值情况下应该采取的动作。

判定表能够将复杂的问题按照各种可能的情况全部列举出来，能够清晰地表示复杂的条件组合与相应的动作之间的对应关系。例如，表 4.2 用判定表表示了图书管理系统图书借阅情况。

表 4.2　图书管理系统图书借阅判定表

已借阅数量	1	2	3	4	5	>5
借阅	Y	Y	Y	Y	Y	N
归还	Y	Y	Y	Y	Y	Y
提醒	N	N	N	N	Y	

【课后阅读】

成败与细节

苏舜钦是北宋庆历年间宰相杜衍的女婿，平日负责监管各地方行政机构的驻京办事机构，他和另外十多位在京的高官，一起全力支持其岳父和范仲淹等人联手推行的改革，与保守派们进行了长期斗争，并且当时已经"胜利在望"。

这年中秋，苏舜钦想犒劳一下志同道合的同仁们，顺便给他们鼓鼓劲儿，便把他们邀请到官衙内聚餐，聚餐的费用大部分由苏舜钦自掏腰包，一小部分用了官衙卖掉的废旧纸张得来的钱。

不料，这却给反对改革的保守派留下了把柄。一直以来，保守派想去除范仲淹为首的改革派的官职并让他们远离京城，但一直苦于找不到机会，这次终于有机会了。北宋律法规定，官衙的废纸属于公家财产，如卖掉，所得的钱财必须交公。如私自挪用，则触犯了刑律，应受处罚。

保守派不断在宋仁宗面前挑拨离间，大肆渲染苏舜钦违反纲纪，要求一定要严办此事，以正视听。宋仁宗难辨真假，下令按律办事，将苏舜钦和参加聚会的人免官并流放到外地，且永不得回京城。范仲淹、杜衍等也因此受到了牵连，被降职外调，改革派的势力一落千丈，再也没能东山再起，一场社会变革也因此半途而废。

常言道"千里之堤溃于蚁穴"，毁掉千里之堤的，表面上是超大的洪水，但堤坝和河岸最先溃决的地方往往是一些很不起眼的蚁穴或疏松的空洞，小处的"管涌"酿成大堤的溃决，甚至冲垮"千里之堤"。因此，想成大事者，必须从细节做起，从点滴之事做起，特别留意处理不利于大事成功的细枝末节。

这故事给我们在软件设计活动中有什么启发呢？

常言道："细节决定成败！"软件设计时注重细节，就会减少许多出错的机会，保证软件设计的质量。

任务 4.3　数据管理设计

【任务描述】

数据是软件的根基，数据管理设计是软件设计的起点，它起着决定性的作用。数据管理设计的目的是，为特定的应用环境构造最优的数据库模式，建立数据库及其应用系统，使之能够有效地存储数据，满足各种用户的应用需求。

【知识储备】

一、数据库设计

数据库设计就是，根据业务系统的具体需求，结合所选用的数据库工具，建立好表结构，并确定表与表之间的关系，为这个业务系统构造出最优的数据存储模型。

良好的数据库设计能节省数据的存储空间，能够保证数据的完整性，方便进行数据库应用系统的开发。

二、数据库设计步骤

数据库设计主要包括：需求分析、概念模型设计、逻辑模型设计及物理模型设计。**需求分析**主要任务是，收集、分析、了解用户的数据需求和处理需求；**概念模型设计**主要任务是，构造概念模型；**逻辑模型设计**主要任务是，将概念模型转化为数据模型；**物理模型设计**主要任务是，选择最合适的物理结构。

1. 数据库设计的需求分析

需求分析是在用户调查的基础上，通过深入分析，明确用户对系统的需求，包括数据需求和围绕这些数据的业务处理需求。在需求分析中，可采用自顶向下、逐步分解的方法，分析数据库的处理需求，分析的结果一般采用数据流程图和数据字典进行描述。

（1）数据流图

数据流图是从数据传递和加工角度，以图形方式表示系统的逻辑功能、数据的逻辑流向和逻辑变换过程。例如：购物流程的数据流图如图4.16所示。

图 4.16　购物流程的数据流图

（2）数据字典

数据字典是对数据的数据项、数据结构、数据流、数据存储、处理逻辑、外部实体等进行描述和定义。例如，顾客的数据字典实例如表4.3所示。

表 4.3　顾客的数据字典实例

数据项名	数据项含义	别　　名	数据类型	取值范围
CustID	唯一标识每个顾客	顾客编号	Char(10)	
CustName		顾客姓名	Char (10)	
Tel		连线电话	Char(11)	每一位均为数字
Sex		性别	Char(2)	"男""女"
BirthDate		出生日期	Date	

2. 概念模型设计

对用户要求描述的现实世界（一个工厂、一个商店或一座学校等），通过对其中所处的分类、聚集和概括，建立抽象的概念数据模型。这个概念数据模型应能反映现实中各部门的数据结构，数据流动情况，数据间的互相制约关系以及各部门对数据储存、查询和加工的要求等。所建立的模型应避开数据库在计算机上的具体实现细节，用一种抽象的形式表示出来。例如，以扩充的"实体—联系模型"（E-R模型）方法为例：第一步先明确各部门所含的各种实体及其属性，明确各实体间的联系以及对信息的制约条件等，从而给出各部门内所用数据的局部描述（在数据库中称为用户局部视图）；第二步，将前面得到的多个用户局部视图合并分析，完成后续逻辑模型设计。

3. 逻辑模型设计

逻辑模型设计的任务是，把在概念结构设计中设计的E-R模型转换为具体的数据库管理系统支持的组织层数据模型，也就是导出为特定的DBMS（数据库管理系统）可以处理的数据库逻辑结构（数据库的模式和外模式），这些模式在结构、性能、完整性和一致性等方面必须满足用户的基本要求。

E-R模型向关系模型的转换要解决的问题，是如何将实体以及实体间的联系转换为关系，并且确定这些关系的属性和主键。转换的一般规则如下：

一个实体转换为一个关系模式。实体的属性作为关系的属性，实体的标识属性作为关系的主键。

不同类型的联系转换方式不一样，有以下不同的情况：

（1）1:1联系。实体之间的最简单关系，1个实体对应1端。

（2）1:n联系。1个实体与n端对应的关系模式。（n及后续的m均为非零正整数）

（3）m:n联系。m个实体与n端对应的关系模式。需要将其转换为一个独立的关系模式。

4. 物理模型设计

数据库的物理结构设计是对已经确定的数据库逻辑模型，利用数据库管理系统提供的方法、技术，以优化后的存储结构、数据存取路径、合理的数据存储位置以及存储分配，设计出一个高效的、可实现的数据库结构。

由于不同的数据库管理系统的硬件环境要求和存储结构、存取方法不同，提供给数据库设计者的系统参数以及变化范围不同，因此，数据库的结构设计一般没有一个通用的准则，它只能提供一个技术和方法供参考。数据库的物理结构设计通常分为两步：

（1）确定数据库的实际结构。在关系数据库中，主要指数据存储结构及其访问方法。

（2）对数据库结构进行评价。其评价的重点是时间效率和空间效率。如果评价结果可以满足数据库的设计要求，则可以进入到数据库实施阶段；否则，需要重新设计或修改设计的结构，有时甚至要返回到逻辑设计阶段修改数据模式。

【案例1】

学生管理系统数据库设计

根据数据管理设计的步骤，对学生管理系统进行数据库设计，学生管理系统主要包括的实体可以抽象为：学生、教师、课程、学院。并且实体间由于学生选修课程，从而产生联系，整个系统从局部E-R图（即E-R模型图）到全局E-R图，最后形成优化后的E-R图。

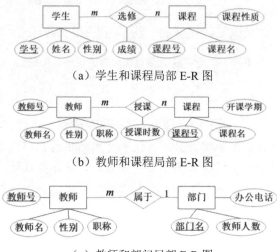

（a）学生和课程局部E-R图

（b）教师和课程局部E-R图

（c）教师和部门局部E-R图

(d) 学生和系的局部 E-R 图

图 4.17 学生管理系统局部 E-R 图

把局部 E-R 图集成为全局 E-R 图时，可以采用一次将所有的 E-R 图集成，或者逐步集成；集成时需要消除各分 E-R 图合并时产生的冲突。学生管理系统合成后的全局 E-R 图如图 4.18 所示。

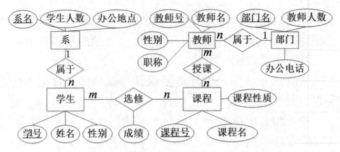

图 4.18 学生管理全局 E-R 图

一个好的全局 E-R 图应满足如下条件：①实体个数可能少；②实体所包含的属性尽可能少；③实体间联系无冗余。对上面的 E-R 图优化后得到如下优化后的学生管理系统的全局 E-R 图，如图 4.19 所示。

图 4.19 学生管理系统优化后的全局 E-R 图

【案例2】

员工管理系统数据库设计

创建企业用于管理的员工管理数据库，包含员工的信息，部门信息，还包括员工的收入信息。为了满足系统需求，根据数据库设计方法，为该系统设计三个数据表存放数据信息，并且结合对象的属性，完成表的字段设计。

表 4.4 员工信息表

列 名	数据类型	长 度	是否允许空值	说 明
employeeID	char	6	否	员工编号，主键
name	char	12	否	姓名
education	char	4	否	学历
birthday	date	16	否	出生日期
sex	char	2	否	性别
workyear	int	1	是	工作时间
address	varchar	20	是	地址
phonenumber	char	12	是	电话
departmentID	char	3	否	员工部门号，外键

表 4.5 部门信息表

列 名	数据类型	长 度	是否允许空值	说 明
departmentID	char	3	否	部门编号，主键，标识列
departmentName	char	20	否	部门名
note	text	16	是	备注

表 4.6 薪资表

列 名	数据类型	长 度	是否允许空值	说 明
employeeID	char	6	否	员工编号，主键
Income	float	8	否	收入
Outcome	float	8	否	支出

【任务实施】

图书管理系统数据库设计

根据图书管理系统的需求分析，以及前期的总体设计和详细设计，在本阶段的数据管理设计，完成系统的数据库创建，系统数据存储到如下数据表中。

(a) 读者信息表

列名	数据类型	允许 Null 值
name	varchar(10)	☐
sex	varchar(2)	☐
age	int	☐
identityCard	varchar(30)	☐
date	datetime	☐
maxNum	int	☐
tel	varchar(50)	☐
keepMoney	decimal(18, 2)	☐
zj	int	☐
zy	varchar(50)	☐
🔑 ISBN	varchar(13)	☐
bztime	datetime	☐

(b) 图书管理员表

列名	数据类型	允许 Null 值
🔑 id	int	☐
name	varchar(12)	☐
sex	varchar(2)	☐
age	int	☐
identityCard	varchar(30)	☐
workdate	datetime	☐
tel	varchar(50)	☐
admin	bit	☐
password	varchar(10)	☐

(c) 借阅表

列名	数据类型	允许 Null 值
🔑 id	int	☐
bookISBN	varchar(13)	☑
operatorId	int	☑
readerISBN	varchar(13)	☑
isback	int	☐
borrowDate	datetime	☐
backDate	datetime	☑
		☐

DESKTOP-B85L6P...dbo.tb_bookType

列名	数据类型	允许 Null 值
id	int	☐
typeName	varchar(20)	☐
days	int	☑
fk	float	☑
		☐

（d）图书类型表

DESKTOP-B85L6P...dbo.tb_bookInfo

列名	数据类型	允许 Null 值
ISBN	varchar(13)	☐
typeId	int	☐
bookname	varchar(40)	☐
writer	varchar(21)	☐
translator	varchar(30)	☑
publisher	varchar(50)	☐
date	smalldatetime	☐
price	decimal(18, 2)	☐
		☐

（e）图书信息表

图 4.20　图书管理系统数据库表结构图

【任务拓展】

使用 SQL 语句创建表

根据案例2设计的表结构，基于SQL完成数据库的表的创建。其中员工表的创建SQL代码如下：

```
CREATE TABLE IF NOT EXISTS Employees(
  employeeID CHAR(6) PRIMARY KEY,
  NAME CHAR(10) NOT NULL,
  education CHAR(4) NOT NULL,
  birthday DATE NOT NULL,
  sex CHAR(2) NOT NULL,
  workyear TINYINT(1),
  address VARCHAR(20),
  phonenumber CHAR(12),
  departmentID INT(3) NOT NULL,
  FOREIGN KEY(departmentID) REFERENCES Departments(DepartmentID)
);
```

请参照员工表的代码，完成其他两张表的创建。

【知识链接】

常见的数据库管理软件

数据库的应用已越来越广泛。从小型的单项业务处理系统，到大型复杂的信息系统，均可使用先进的数据库技术来确保系统中数据的整体性、一致性和共享性。国民经济各个领域都离不开数据库技术。一个国家的数据库建设规模（指数据库的个数、种类）、数据库信息量的大小和使用频度已成为衡量这个国家信息化程度的重要标志之一。

常用的数据库管理软件有 SQL Server、MySQL、Oracle、DB2 等等。SQL Server 是由微软公司开发的数据库管理系统，是 Web 上最流行的用于存储数据的数据库之一，它已广泛用于电子商务、银行、保险、电力等大规模广地域的数据库应用领域。MySQL 是最受欢迎的开源 SQL 数据库管理系统之一。Oracle 是很早便支持 SQL 语言的商业数据库，服务于大型综合数据库系统，多作为集群式服务器系统、大型分布式系统或云计算系统的数据库工具。DB2 是 IBM 公司的产品，是一个多媒体、Web 关系型数据库管理系统，其功能足以满足大中型公司的数据库处理需要，并可灵活地服务于大中型电子商务解决方案。

【课后阅读】

锁定目标

有一位父亲带着他的三个孩子去打猎。他们来到了森林里。

"你看到了什么呢？"父亲问老大。

"我看到了猎枪、猎物，还有无边的树林。"老大回答。

"不对。"父亲摇摇头说。

父亲以相同的问题问老二。

"我看到了爸爸、大哥、弟弟，猎枪、猎物还有无边的树林。"老二回答。

"不对。"父亲又摇摇头说。

父亲又以相同的问题问老三。

"我只看到了猎物。"老三回答。

"答对了。"父亲高兴地点点头说。

这故事给我们在软件设计活动中有什么启发呢？

软件设计要明确一个目标，专注一个目标，在软件设计时就可以取得事半功倍的效果。

任务4.4　软件项目实现

【任务描述】

完成软件设计后，便可进入到软件项目实现（简称软件实现）阶段。软件实现阶段的主要任务是，根据软件设计说明书的内容编写程序代码，所以这个阶段称为编码（实现）。编码就是把软件设计阶段的成果（主要是软件设计说明书）转成某种程序设计语言编写的代码。即将"软件设计"变换成计算机能够"理解和执行"的形式。本项目将从软件工程这个广泛范围讨论与程序设计语言及编码有关的问题，但不具体介绍如何编写程序。

【知识储备】

一、结构化程序设计

1. 结构化程序的提出

结构化程序的概念是针对以往编程过程中"无限制地使用转移语句"现象而提出的。结构化程序设计的特征主要有以下几点：

（1）以三种基本结构的组合来描述程序；

（2）整个程序采用模块化结构；

（3）有限制地使用转移语句，即使在非用不可的情况下，也要十分谨慎，并且只限于在一个模块内部跳转，不允许从一个模块跳到另一个模块，这样可缩小程序的静态结构与动态执行结构之间的差异，使人们能正确理解程序的功能；

（4）以控制结构为单位，每个结构只有一个入口，一个出口，各结构之间接口简单，逻辑清晰；

（5）采用模块化程序设计语言编写程序，并采用一定的书写格式使程序结构清晰，易于阅读。

现在用到的C、FORTRAN、PASCAL、COBOL等语言都属于结构化程序设计语言。

2. 结构化程序的三种基本结构

（1）顺序结构

顺序结构表示程序中的各操作是按照它们出现的先后顺序执行的，其流程如图4.21所示。图中的S1和S2表示两个处理步骤，例如在图书管理系统中S1可代表增加学生记录、S2代表标记学生学号、S3代表确定学生就读的院系等。这些处理步骤可以是一个非转移序列或多个非转移操作序列，甚至可以是空操作序列，也可以是三种序列的组合。整个顺序结构只有一个入口点a和一个出口点b。

这种结构的特点是：程序从入口a点开始，按顺序执行所有操作，直到出口b点，所以称为顺序结构。事实上，不论程序中包含了什么样的结构，而程序总流程都是顺序执行的。

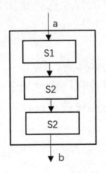

图4.21 顺序结构

（2）选择结构

选择结构表示程序的处理步骤出现了分支，它需要根据某一特定的条件选择其中的一个分支执行。选择结构有单选择结构、双选择结构和多选择三种结构（如图4.22所示）。

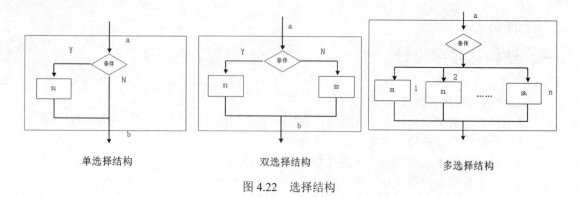

图 4.22 选择结构

（3）循环结构

循环结构表示程序反复执行某个或某些操作，直到某条件为假（或为真）时才可终止循环。在循环结构中最主要的是：什么情况下执行循环？哪些操作需要循环执行？循环结构的基本形式有两种：当型循环结构和直到型循环结构。

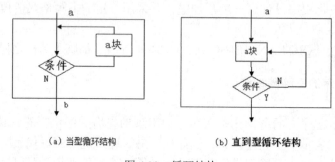

图 4.23 循环结构

3. 结构化程序设计方法

结构化程序设计方法是公认的面向过程编程应遵循的基本方法和基本原则。结构化程序设计方法主要包括：

（1）只采用上述介绍的三种基本的程序选择结构来编制程序，从而使程序具备良好的结构；

（2）程序设计自顶而下进行；

（3）用结构化程序设计流程图表示算法。

结构化程序设计方法作为面向过程程序设计的主流，被人们广泛地接受和应用，其主要原因在于，结构化程序设计能提高程序的可读性和可靠性，便于程序的测试和维护，有效地保证了程序质量。

二、面向对象程序设计

面向对象程序设计（OOP）技术继承了结构化程序设计的思想，并将这种思想与新程序设计理念相结合，从而给程序设计工作提供了一种全新的方法。在面向对象的程序设计风格中，通常会将一个问题分解为一些相互关联的子集，每个子集内部都包含了相关的数据和函数。同时，再以某种方式将这些子集分为不同等级。

面向对象程序设计的特性包括：
（1）程序设计的重点在于数据而不是过程；
（2）程序被划分为所谓的对象，数据结构是为表现对象的特性而设计的；
（3）函数作为对某个对象数据的操作，与数据结构紧密结合在一起；
（4）数据被隐藏起来，不能被外部函数访问；
（5）对象之间可以通过函数沟通；
（6）新的数据和函数可以在需要的时候添加进来。

三、程序设计语言的选择原则

为某个特定开发项目选择程序设计语言时，既要从技术角度、工程角度、心理学角度评价和比较各种语言的适用情况，又要考虑现实可能性。有实践经验的软件开发人员往往有这样的体会，在他们进行决策时经常面临的是"矛盾的选择"。例如，所有的技术人员都同意采用某种高级程序设计语言，但所选择的计算机系统平台却不支持这种语言，因此，选择就不切实际了，不得不做出某种合理的"折中"。

在选择与评价语言时，首先要从软件需求入手，确定主要需求是什么？这些需求的相对重要性如何？再根据这些需求和相对重要性来衡量能采用的语言。通常考虑的因素有：
（1）软件的应用范围；
（2）软件需要的算法及其复杂性；
（3）软件执行的环境；
（4）软件性能上的考虑与实现的条件；
（5）数据结构的复杂性；
（6）软件开发人员的知识水平和心理因素等。

其中，软件的应用范围是最关键的因素。

新的更强大的编程语言，虽然对于软件开发者有很强的吸引力，但是现有的编程语言常常已经积累了大量的久经使用的程序代码，具有完整的资料、支撑软件和软件开发工具，程序设计人员比较熟悉，而且有过类似软件的开发经验和成功的先例，因此，程序开发人员往往愿意选用熟悉的编程语言。所以，如果确实有必要，一定经过完整的分析、对比、综合和判断，再选择新的编程语言，而且一旦选定，就不要轻易更换。

四、程序复杂性度量

程序复杂性主要指模块内程序的复杂性，它直接关联到软件开发的难易程度和开发费用的多少，关系到开发周期的长短和软件内部潜藏错误的多寡，同时它也是软件可理解性的另一种度量。

减少程序复杂性，可提高软件的简洁性和可理解性，并使软件开发费用减少，开发周期缩短，软件内部潜藏错误减少。

为了度量程序复杂性，要求复杂性度量满足以下3个假设：
（1）它可以用来计算任何一个程序的复杂性；
（2）对于不合理的程序，例如长度会动态增长的程序或者难以排错的程序，不应当使用它进行复杂性度量；

(3)如果程序中指令条数增加、存储容量扩大、计算时间增长,不会明显增加程序的复杂性。

【案例】

用户信息类

例如,用面向对象程序设计方法来开发学校图书管理系统的时候,可以将系统分为几个不同的子系统,每个子系统都会涉及用户类,可以使用如下的用户类。

编号:G-01

实体名:用户信息

职责:该类存放用户的基本信息

属性:读者编号、账号、读者姓名、密码、邮件、电话、状态、可借阅天数、最大可借阅量

用户当中的某一个人就是用户类的一个对象,譬如用户张三就是一个对象,如下所示表示用户信息对象。

编号:G-01

对象名:张三

职责:描述张三的属性信息

属性: 读者编号:0000000

账号:zhangsan0001

读者姓名:张三

密码:12345678

邮件:123456@126.com

电话:13300000000

状态:1

可借阅天数:30

最大可借阅量:5

【任务实施】

图书管理系统的实现

1. 图书管理系统要实现的功能概述

(1)用户登录。管理员或会员根据用户名和密码进行身份验证,然后登录系统。

(2)图书管理。根据图书编号、图书名称查询图书基本信息,添加、修改、删除图书信息。

(3)读者管理。根据账号、读者姓名查询读者基本信息;添加、修改、删除读者信息。

(4)图书分类管理。根据分类名称查询图书分类信息。添加、修改、删除图书分类。

(5)图书借阅。显示所有正在借阅图书的信息。

(6)图书还书。显示所有已归还图书的信息。

(7)修改和查询个人信息。

2. 图书管理系统实现所用的编程语言、系统平台及工具

（1）Java语言。

（2）SQL Server数据库。

（3）Windows 10操作系统。

（4）JavaEE平台。

（5）Eclipse工具。

3. 需求分析

本项目开发的主要目的是，实现一个图书管理系统。系统有两类用户分别为图书管理员及读者（普通用户）。图书管理员输入管理员账户名和密码后可登录后，图书管理员可完成系统的管理和维护，包括管理图书和管理读者。读者登录后，可完成查询图书、修改个人资料、查询个人借阅信息、借阅图书、归还图书等功能，操作完成后可以退出系统。

4. 系统功能模块划分

（1）系统总体功能模块划分

（2）用户登录模块

当普通用户输入用户名和密码后，系统自动进行验证，如果用户名和密码其中有一个不正确，则不能登录，并有相应的提示。如果用户没有账号，可以在登录页面进行注册。普通用户可以进行个人资料的查询、修改和修改密码。普通用户可以查询图书信息，借阅和归还图书，在首页页面上会展示图书借阅信息和借阅历史信息。

管理员输入用户名和密码后，进行验证，如果用户名和密码两者中有一个不正确，则不能登录，并有相应的信息提示。管理员登录成功后，可以进行个人资料的查询、修改或修改密码，管理员可以对图书信息、读者信息、借阅信息进行查看和管理，对图书进行分类。

（3）图书信息管理模块

管理员对图书的数量、图书编号、图书类型、图书名称等进行添加、修改、删除等管理，如果普通用户完成借书操作，图书总数会自动减少。

（4）用户管理模块

管理员对用户信息可以进行修改、删除，并且可以主动添加新用户，该模块显示用户借阅天数，天数会自动变化；管理员可以查看用户（读者）借阅天数，如果有借阅图书到期未还者，该用户账号会显示提示信息，且不能再借阅其他图书。

（5）图书分类管理模块

管理员在线对图书进行管理，对图书分类进行查阅、增加、修改、删除操作。

（6）图书借阅信息模块

管理员可以在线管理借阅信息，可以处理帮用户还书。

（7）图书还书信息管理模块

显示归还图书的详细信息。

（8）图书查询模块

用户访问图书查询模块时，显示当前可以借阅图书，有按图书名称等查询图书信息的功能，可以进行借书操作。

（9）图书借阅信息模块

普通用户登录后，可显示本人借阅的所有图书的图书编号、图书名称、借阅日期、还

书日期、用户账号、用户名等信息。可以进行还书操作，还书是否成功有相应的提示。

（10）借阅历史模块

显示当前登录用户的图书借阅记录。

5. 数据库设计

（1）数据库的E-R图

（2）数据库数据结构设计

6. 系统详细设计和实现

（1）用户登录

用户登录：在登录界面中实现身份验证。用户输入用户名和密码后，验证用户名是否存在以及密码是否正确。如果系统验证通过，则进入主界面；如果验证失败，则登录界面返回错误信息，例如用户名为空、密码为空、用户名或密码错误、用户名或密码不匹配，等并请重新输入。登录界面对于图书管理员和普通用户的处理是一样的，通过查询数据库状态来判断用户属于哪一种，从而进入不同的功能模块。

（2）图书查询

管理员可以通过根据图书编号、图书名称、作者名等查询图书信息。

（3）添加图书

（4）图书信息修改

（5）图书删除

【任务拓展】

在软件工程项目开发中的注意事项

在不同的软件工程项目开发过程中，可能使用不同的编程语言。每种编程语言都有不同的规则，软件工程项目开发团队由很多人组成，这些人所执行的编码规则应该是一样的，而且必须一样，为了以后的维护工作能够正常进行，就必须制定统一的编码规则，下面以"企业设备管理系统"为例，说明在软件工程项目开发中应该注意的事项。

1. 程序员素质的要求

（1）团队合作意识

软件工程项目是一个团队的工作，所以，要求每位工作人员都要具有团队精神和协作能力。如果有高水平程序员想做"独行侠"，个人完成整个项目，这是不切实际的——任何个人的力量都是有限的，个人很难完成一个中大规模的软件工程项目。所以，软件开发人员要有团队合作意识，不允许单打独斗。

（2）培养模块化思维能力

编程过程中，程序员的很多工作都是重复性的，会浪费很多人力、物力，应该提倡程序的模块化工作，将重复性工作独立做成模块，这样，以后再用到类似的功能模块时，就可以重复使用了。如果在每个工程项目都能考虑到这些问题，就能节省大量的时间。在软件工程项目做升级修改时，尽可能只修改必须升级的部分，并尽可能减少其他部分的修改，这也是高效软件开发所必须注意的。

（3）培养测试习惯

有人认为，项目组中的测试人员是专门做测试的，所有的测试工作都是他们的事。于是把多数测试工作推给测试组,这种思想和做法都是错误的。一个问题越早解决,它的代价就越低,所以,程序员要保证自己写的代码是正确、无误的才可以交付。即自己写的代码必须自己先做测试——"自测"!只有"自测"通过的代码才能提交。

"自测"一般考虑两个方面的工作:一方面是正常功能的测试,就是看程序在使用环境下能否运行正常;另一方面是异常测试,这是关键的一步,程序员在编写代码过程中,对异常的处理是很清楚的,所以在"自测"时进行异常测试,效果好于其他测试场景。

2. 规范编码习惯

本项目引用的案例是使用Java语言编写的,下面了解一些有关利用Java语言来进行编码的规范。

(1)命名规范

定义规范的目的是,让项目组中的所有文档完整、规范,即具有一定的标准,从而增加代码的可读性,减少软件工程项目因技术人员岗位的变动而带来的损失。

- Package(包)的命名。包的名字由一些全小写的英文单词组成。
- Class(类)的命名。类的名字首字母大写,如果类名由多个单词组成,每个单词的首字母都要大写。
- 类的变量和方法的命名。类的变量名和方法名要首字母小写,如果名称由多个单词组成,每个单词的首字母都要大写。
- 参数的命名。参数的名称应与变量的命名规范一致。
- 常量的命名。常量名的自有字母全部大写。

(2)Java源文件样式

所有的Java源文件(*.java)须遵守如下的样式规则:

- 版权信息。版权信息必须在(*.java)文件的开头。
- Package/Import。Package行要在Import行之前,Import中标准的包名要在本地的包名之前,而且按照字母顺序排列。如果Import行中包含了同一个包中的不同子目录,则应该用*来处理。
- 关于Class(类)。

第一部分:类的注释,一般是用来解释类的。

第二部分:类的定义,包含了在不同的行的extends和implements。

第三部分:类的成员变量,public的成员变量必须生成文档(JavaDoc)。protected、private和package定义的成员变量如果名字含义明确,可以没有注释。

第四部分:存取方法,主要指类变量的存取方法。如果它只是简单地用来将类的变量赋值或取值,可写在一行上。

第五部分:构造函数,构造函数时应使用递增的方式书写,参数多者可写在后面。

第六部分:main方法。如果main(String[])方法已经定义了,那么它应该写在类的底部。

【知识链接】

程序设计语言分类

程序设计语言是用于编写计算机程序的语言。自20世纪60年代以来,世界上公布的程序设计语言已超过千种。

一、按发展历程划分

从发展历程来看,程序设计语言可以分为4代。

1. 第一代机器语言

机器语言是由二进制0、1代码和指令构成,不同的CPU具有不同的指令系统。机器语言程序"难编写、难调试、难修改、难维护",需要用户直接对存储空间进行分配,编程效率极低。这种语言已经被淘汰了。

2. 第二代汇编语言

汇编语言指令是机器指令的符号化,与机器指令存在着直接的对应关系,所以汇编语言同样存在着"难学难用、容易出错、维护困难"等缺点。但是汇编语言也有自己的优点:可直接访问系统接口,汇编程序翻译成的机器语言程序的效率很高。从软件工程角度来看,在高级语言不能满足设计要求,或不具备支持某种特定功能时,例如实时性要求极高,直接操作硬件输入/输出接口,或对硬件设备(如特定内存单元)的直接访问等,仍然会使用汇编语言。

3. 第三代高级语言

高级语言是面向用户的,其多数是独立于计算机种类和结构的语言。它最大的优点是,形式上接近于算术语言和英语自然语言,概念上接近于人们通常使用的概念。高级语言的一个命令可以代替几条、几十条甚至几百条汇编语言指令。因此,高级语言易学易用,通用性强,应用广泛。高级语言的种类繁多,可以从应用特点和对客观系统的描述两个方面对其进一步分类。

4. 第四代非过程化语言

第四代语言(Fourth Generation Language,简称4GL)是非过程化语言,编码时只需说明"做什么",不需描述算法细节。

二、按描述客观系统的方式划分

从描述客观系统的方式来看,程序设计语言可以分为面向过程语言和面向对象语言。

1. 面向过程语言

以"数据结构+算法"程序设计范式构成的程序设计语言,称为面向过程语言。前面介绍的程序设计语言大多为面向过程语言,例如早期的C、FORTRAN、PASCAL、COBOL语言等。

2. 面向对象语言

以"对象+消息"程序设计范式构成的程序设计语言,称为面向对象语言。比较流行的面向对象语言有Java、C++、Visual Basic等。

【课后阅读】

"McCabe度量法"由来

McCabe度量法是由托马斯·麦克凯提出的一种基于程序控制流的复杂性度量方法。McCabe复杂性度量又称环路度量。他认为,程序的复杂性很大程度上取决于程序图的复杂性;单一的顺序结构最为简单,"循环"和"选择"所构成的程序执行路径越多,程序就越复杂。McCabe度量法以图论为工具,先画出程序图,然后用该图的环路数作为程序复杂性的度量值。程序图是"退化的"程序流程图。也就是说,把程序流程图的每一个处理符号都退化成一个节点,原来连接不同处理符号的流线变成连接不同节点的有向弧线,这样得到的有向图被称作程序图。也就是说,把程序流程图的每一个处理符号都退化成一个节点,原来连接不同处理符号的流线变成连接不同节点的有向弧线,这样得到的有向图被称作程序图。

项目实训 4——在线购物系统设计方案

一、实训目的
(1)掌握面向对象的分析、设计方法,建立功能模型和数据模型。
(2)熟悉UML中常用的模型符号的使用方法。

二、实训环境或工具
(1)操作系统平台:Microsoft Windows 10。
(2)软件工具:Microsoft Word 2016、Microsoft Visio 2016。

三、实训内容与要求
(1)使用Visio绘制软件功能结构图。
(2)使用Visio绘制类图。
(3)使用Visio绘制E-R图。
(4)书写在线购物系统设计方案。

四、实训结果
以项目小组为单位,形成一份在线购物系统设计方案。

五、实训总结
进行个人总结:通过本项目的实训学习,我掌握了哪些知识,有哪些收获和注意事项,等等。

六、成绩评定
实训成绩分A、B、C、D、E五个等级。

项目小结

本项目介绍了软件设计与软件实现,软件设计分为两个设计阶段:一个是总体设计阶段(又称概要设计阶段);另一个是详细设计阶段。总体设计是从需求出发,描绘了总体上系统架构应该包含的组成要素。详细设计主要描述实现各个模块的算法和数据结构以及用特定计算机语言实现的初步描述。

软件实现就是把详细设计的结果用选定的编程语言书写成源程序。程序的质量主要由设计的质量决定。严格的编码规则和良好的编程习惯会造就优秀的软件项目——功能满足需求,程序代码规范、编程风格一致,具有细致、完整的文档说明,真正做到了好用、好懂、好测试、好维护。从编程人员角度,在编程阶段,要注意积累编程经验,学习和养成良好的编程习惯,生产出高质量的软件项目或软件产品。

岗位简介——软件设计师

【岗位职责】
（1）负责软件的需求分析和软件系统设计；
（2）指导程序员的开发和编程工作；
（3）负责软件测试工作，记录测试结果；
（4）对软件进行修改和完善；
（5）编写软件设计说明书等文档。

【岗位要求】
（1）计算机、通信、电子及相关专业毕业；
（2）掌握软件工程行业标准、基础理论和实现方法，熟悉通信网络的协议，掌握网络分组交换技术的基本工作原理；
（3）了解软件项目相关的开发、测试、实施等流程和文档标准；
（4）能够熟练使用项目相关开发工具和管理工具；
（5）具有独立分析新业务领域资料的能力，并能提出完善的软件设计方案；
（6）具有良好的学习、组织、分析、协调和沟通能力，能够承受较大的工作压力。

软件设计师常见面试题

1. 什么是设计模式？你是否在你的代码里面使用过任何设计模式？

答：设计模式是世界上各种各样程序员用来解决特定设计问题的尝试和测试的方法。设计模式是代码可用性的延伸。

2. 你可以说出几个在JDK库中使用的设计模式吗？

答：装饰器设计模式（Decorator Design Pattern）被用于多个Java IO类中。单例模式（Singleton Pattern）用于Runtime、Calendar和其他的一些类中。工厂模式（Factory Pattern）被用于各种不可变的类，如Boolean。观察者模式（Observer Pattern）被用于Swing和很多的事件监听中。

3. 什么是Java的单例模式？

答：单例模式重点在于，在整个系统上共享一些创建时耗费资源较多的对象。整个系统中只维护单独一个特定类实例，它被所有组件共同使用。

4、现在有个程序，发现在Windows系统上运行得很慢，怎么判别是程序存在问题还是软硬件系统存在问题？

答：（1）检查系统是否有中毒的特征；
（2）检查软件/硬件的配置是否符合软件的推荐标准；
（3）确认当前的系统是否是独立，即没有对外提供什么消耗 CPU 或主存资源的服务；

（4）如果采用的是 C/S 或者 B/S 结构的软件，需要检查是不是因为与服务器的连接有问题，或者访问方式有问题造成的；

（5）在系统没有任何负载的情况下，查看性能监视器，确认应用程序对 CPU 及内存的访问情况。

习　题　4

【基础启动】

一、单选题

1. 在面向数据流的软件设计方法中，一般将信息流分为＿＿＿＿＿。
   A. 变换流和事务流　　　　　　　　　B. 变换流和控制流
   C. 事务流和控制流　　　　　　　　　D. 数据流和控制流
2. 如果一个模块访问另一个模块的内部数据，则模块间的耦合属于＿＿＿＿＿。
   A. 数据耦合　　　B. 外部耦合　　　C. 公共耦合　　　D. 内容耦合
3. 下列语言中，属于面向对象语言的是＿＿＿＿＿。
   A. C 语言　　　　B. Java 语言　　　C. SQL 查询语言　D. COBOL 语言
4. 下列选项中，不属于结构化程序设计的图形语言机制的是＿＿＿＿＿。
   A. 判定表　　　　B. E－R 图　　　　C. PDL 语言　　　D. N－S 图
5. 下列耦合种类中，耦合程度最低的是＿＿＿＿＿。
   A. 内部耦合　　　B. 外部耦合　　　C. 非直接耦合　　D. 公共耦合
6. 下列有关人机界面的四个设计模型中，哪一个是由终端用户提出的＿＿＿＿＿。
   A. 假想模型　　　B. 用户模型　　　C. 映像模型　　　D. 设计模型
7. 选择程序设计语言不应该考虑的是＿＿＿＿＿。
   A. 用户的知识水平　　　　　　　　　B. 软件的运行环境
   C. 应用领域　　　　　　　　　　　　D. 开发人员的熟悉程度
8. 软件重用的概念是指，在软件开发过程中，重复使用相同或相似＿＿＿＿＿的过程。
   A. 子程序　　　　B. 软件元素　　　C. 函数　　　　　D. 过程
9. 下列选项中，不属于软件设计的主要内容的是＿＿＿＿＿。
   A. 数据设计　　　B. 过程设计　　　C. 文件设计　　　D. 总体结构设计
10. 下列内聚种类中，内聚程度最高的是＿＿＿＿＿。
    A. 功能内聚　　　B. 偶然内聚　　　C. 过程内聚　　　D. 逻辑内聚
11. 在人机界面的设计过程中，不需要考虑的问题是＿＿＿＿＿。
    A. 系统响应时间　B. 错误信息处理　C. 用户求助机制　D. 输入输出数据
12. 与编程风格有关的因素不包括＿＿＿＿＿。
    A. 源程序文档化　　　　　　　　　　B. 软件的运行环境
    C. 坚持使用程序注释　　　　　　　　D. 编制单入口单出口的代码

二、填空题

1. 在继承关系下，方法向超类方向集中，而数据向＿＿＿＿＿方向集中。
2. 在一个抽象有不同实现时，Bridge 模式最为有用，它可以使抽象和＿＿＿＿＿相互独立地进行变化。

3. 封装性好的代码更容易测试，因为它与其他代码没有_____。
4. Abstract Factory 模式强调的是，为创建多个相互依赖的对象提供一个_____。
5. 为了提高内聚和_____，我们经常会抽象出一些类的公共接口以形成抽象基类或者接口。

三、名词解释
1. 面向对象设计。
2. 结构化设计。
3. 结构化分析。

四、问答题
1. Factory Method（工厂方法）模式意图是什么？ 效果是什么？
2. 什么情况下适合使用 Factory Method（工厂方法）模式？

【能力提升】

五、论述题
1. 说明结构化程序设计的主要思想是什么？
2. OOA（面向对象的分析）和 OOD（面向对象的设计）与结构化分析和设计之间的区别是什么？

项目5 软件测试与维护

软件测试是程序的一种执行过程,其目的是,发现并改正被测试软件中存在的错误,提高软件的正确性和可靠性。它是软件生命周期中非常重要且非常复杂的一环,对软件的质量保证具有极其重要的意义。在目前形式化方法和程序正确性证明技术还无望成为实用性方法的情况下,软件测试在相当一段时间内仍然是软件质量保证的有效方法。

软件维护是软件生命周期中的最后一个重要阶段,该阶段的主要任务是,保证软件在一个相当长的时期能够正常运行。软件工程的其中一个目的就是,要提高软件的可维护性,减少软件维护花费的时间和工作量,降低软件系统的总成本。

【课程思政】

成败细节

《厉害了,我的国》大型纪录片记录了近几年我国在社会主义现代化建设中取得的伟大成就,关注中国发展,聚焦发展瞬间。纪录片中展示了我国高科技突飞猛进:人类历史上最大的射电望远镜FAST、大型海上钻井平台"蓝鲸2号""墨子号"量子通信卫星、C919大飞机等一系列大工程。这些国家重点工程都需要科研人员经过反复研究、反复试验、精心设计、精心建造、严格测试、严格验收,之后才能正式使用、运行。大工程中任何中一个细小的问题都可能导致严重的后果。这也说明了,事无大小,"细节决定成败",它告诉我们,工作中要养成认真严谨、求真务实、吃苦耐劳的工作作风,养成良好的职业精神、职业习惯和职业素养。

【学习目标】

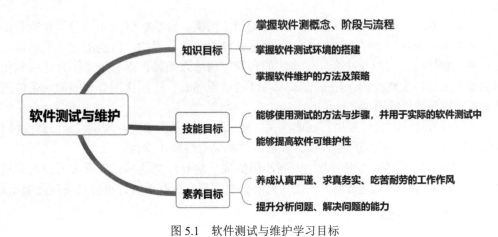

图5.1 软件测试与维护学习目标

任务 5.1　软件测试基础知识

【任务描述】

软件编程完成以后,需要对软件进行测试,保证软件的质量。本任务要求掌握软件测试的概念、软件测试的阶段、软件测试的需求分析、软件测试环境的搭建,并了解软件测试的模型。

【知识储备】

一、软件测试概念

软件测试是软件生命期中的一个重要阶段,是软件开发过程中不可缺少的一环,是软件质量保证的关键步骤。

软件测试是为了发现错误而执行程序的过程。具体地说,软件测试是根据软件开发各阶段的规格说明和程序的内部结构而精心构建出一批测试用例,并利用测试用例来运行软件,以发现软件错误的过程。

软件测试的目的是,在尽可能少的时间内,准确找出软件中存在的各种缺陷和问题。根据测试目的,软件测试的基本原则有以下5点:

(1)在尽可能早的时间,多次进行软件测试。软件的复杂性和抽象性,软件开发各个阶段工作的多样性,以及开发过程中多人配合、协同工作等因素,导致开发的各个环节都有可能产生错误。所以不应把软件测试仅仅看成软件开发的一个独立阶段,而应当把它贯穿到软件开发的各个阶段中,坚持在软件开发的各个阶段进行"自测"或"自评",这样有助于在开发过程中尽早发现和预防错误,杜绝隐患,提高软件质量。

(2)设计测试用例时,要给出测试的预期结果。测试用例主要用来检验软件运行的情况,因此不但需要测试输入数据,而且需要有针对性地测试其输出结果,看其是否与预期结果相吻合。

(3)要故意设计具有"非法输入"条件的测试用例。合理的输入条件是指,能验证程序正确性的输入条件;而"非法输入"条件是指异常的、临界的、可能引起异常的输入条件。在测试软件时,人们往往会考虑合法的和期望的输入条件,而忽视了不合法的和预想不到的输入条件。实践证明,用非法输入条件测试程序时,往往比用合理的输入条件进行测试更容易发现软件的错误。

(4)在对软件修改之后要进行回归测试。软件修改后要重新进行测试,确认修改没有引入新的错误或导致其他代码产生错误,保证修改的完整性和正确性。

(5)开发小组和测试小组分开。开发小组的成员对软件功能的错误理解而引入的错误很难发现,如果由测试人员来测试软件,可能会更客观、更有效,并更容易发现此类错误。

二、软件测试阶段

软件测试按照执行过程一般分为5个阶段:单元测试、集成测试、确认测试、系统测试、验收测试。

1. 单元测试

单元测试又称模块测试,单元测试的对象是软件设计的最小单位——模块。单元测试是指,对软件模块或功能模块进行测试。其目的在于,检验软件各模块中是否存在错误;是否能正确实现其功能,满足其性能和接口要求。单元测试应为模块内所有重要的控制路径设计测试用例,以便发现模块内部的错误。单元测试多采用"白盒测试"技术,系统内多个模块可以进行并行测试。

2. 集成测试

集成测试又称组装测试,是将软件产品的各个模块组装起来,以检验软件接口是否正确,以及组装后的整体功能和性能是否正常。

常用的集成测试方法有两种。一种方法是,先分别测试每个模块,再把所有模块按设计要求放在一起结合成所要的软件,这种方法称为非渐增式测试;另一种方法是,把下一个要测试的模块同已经测试好的那些模块结合起来进行测试,测试完以后再把下一个应该测试的模块结合进来测试。这种每次增加一个模块的方法称为渐增式测试,这种方法实际上同时完成了单元测试和集成测试。

3. 确认测试

确认测试又称为有效性测试,有效性测试是在模拟的环境下,运用"黑盒测试"的方法,验证被测软件是否满足需求软件需求规格说明书列出的所有需求。测试的目标是,验证软件的功能、性能及其他特性是否与已确定的需求一致。

4. 系统测试

系统测试是对已经集成好的软件系统与系统中其他部分(如数据库、硬件和操作系统)结合起来,在实际运行环境中,对计算机系统进行的一系列严格的测试,以验证软件系统的正确性和性能等满足需求,以便发现软件问题,保证系统的正常运行。因此,系统测试应该按照测试计划进行,其输入、输出和其他动态运行行为应该与软件需求规格说明书进行逐项对比。

5. 验收测试

验收测试是部署软件之前的最后一项测试工作,也是技术测试的最后阶段,测试合格的软件便可交付、投入使用,所以验收测试也称为交付测试。验收测试的目的是,确保软件已经准备就绪,并且可以投入使用。通常,验收测试以用户为主,软件开发人员和质量保障人员参加。验收测试是向未来的用户表明,系统能够像软件需求规格说明书要求那样工作。

【案例】

软件测试流程

软件测试和软件开发一样,是一个比较复杂的工作过程,为了使测试工作标准化、规范化,并且能快速、高效、高质量地完成测试工作,需要制定完整且具体的测试流程。下面以:"学生成绩管理系统"的测试为例,介绍软件测试的五个步骤。

步骤1：测试需求分析

根据学生成绩管理系统的需求规格说明书，整理出测试需求，需要了解被测软件的设计、功能规格说明、用户场景以及软件模块的结构。

步骤2：制订测试计划

根据学生成绩管理系统的测试需求制订测试计划，测试计划内容包括测试范围、进度的安排，资源的分配，整体测试策略和计划的制订，还包括对风险的评估。

步骤3：设计测试用例

根据测试计划、任务分配、功能点划分，设计合理的测试用例。对于测试用例，要求做到：内容描述清晰，语言准确，要求包含输入和预期输出的结果。在测试过程中，如果发现测试用例考虑不周或准确性不足，需要对测试用例进行修改完善。新的测试用例编写完成后，需要在使用前进行评审。

步骤4：测试执行

测试执行阶段，首先搭建测试环境，准备测试数据，执行预测，预测通过之后，按照测试用例正式开始测试，遇到问题或缺陷（Bug），将其提交到缺陷管理平台，并在以后对缺陷进行跟踪，直到所有测试均已通过，测试才告结束。

步骤5：测试评估

通过多次测试和连续追踪，直到被测软件达到需求规格说明书的要求，给出测试报告，对整个测试的过程和软件质量做一个详细的评估，写出报告并请测试参与者签字确认，确认软件测试完成，可以上线投入使用。

【任务实施】

图书管理系统功能测试需求分析

图书管理系统的主要功能模块有登录模块、图书管理模块、读者管理模块、图书借阅管理模块、系统管理模块等。针对这些功能模块进行测试需求分析。

1. 登录模块测试

进入系统，输入用户名和密码，根据用户身份的不同，显示不同的操作菜单，一般用户只能查看图书信息和个人信息，并可以查询自己的借阅图书的历史记录；图书管理员可以对图书信息、读者信息以及借阅信息进行查看和管理。当输入错误的用户名或密码时显示错误信息并自动返回登录窗口。

2. 图书管理模块测试

图书管理员进入系统图书管理模块后，可对图书进行添加、修改、删除、查询等操作。

（1）添加图书信息，填写图书基本信息，点击"确定"按钮，如果添加成功，择跳转到成功页面并提示添加成功，之后可继续添加；如果添加失败，跳转到失败页面并提示添加失败，允许重新添加。当填写的信息不完全时，将根据没有填写的信息给出提示。

（2）修改图书信息，选择待修改的图书信息，修改成功或失败跳转到相应提示页面。

（3）删除图书信息，选择待删除的图书，删除成功或失败跳转到相应提示页面。

（4）查询图书信息，输入图书名称或图书编号查询图书信息，查询成功则返回图书列表，失败跳转到相应提示页面。

3. 读者管理模块测试

图书管理员进入读者管理模块后，可对读者进行添加、修改、删除、查询等操作。

（1）添加读者信息，填写读者基本信息，点击"确定"按钮，添加成功后跳转到成功页面并提示添加成功，可继续添加；添加失败时，跳转到失败页面并提示添加失败，允许重新添加。当填写的信息不完整时，点击"确定"按钮，给出错误提示。

（2）修改读者信息，先选择要修改的读者，并修改相应信息。修改成功或失败跳转到相应提示页面。

（3）删除读者信息，选择要删除的读者，之后选择"删除"→"确定"按钮，删除成功或失败跳转到相应提示页面。

（4）查询读者信息，输入读者姓名或读者编号查询读者信息，查询成功则显示读者信息页面，失败跳转到错误提示页面。

4. 图书借阅管理模块测试

图书管理员进入借阅管理模块后，可对借阅信息进行管理操作。

（1）借书办理，根据读者编号和图书编号办理图书借阅，如果可借阅图书剩余数量为0，则提示"图书数量不足，不能借阅"；如果此读者已经借阅此图书，则提示"不能借阅相同的图书"；如果读者借书量达到最大借书量，则提示"借书数量已达上限，不能再借阅图书"；如果借阅成功，则显示图书借阅成功界面。

（2）归还图书，根据读者编号和图书编号办理图书还书，图书归还成功后删除读者借阅信息，该读者的可借阅图书数量加1，若有图书借阅超期等情况，计算罚款值，并显示相应的返款和后续手续提示信息。

（3）查看借阅信息，能够根据图书编号、读者编号、图书类别或读者分类等条件查询图书的借阅情况。

5. 系统管理模块

图书管理员进入系统管理模块后，可对系统信息进行查看和管理操作。

（1）添加管理员信息，填写管理员基本信息，点击"确定"按钮，如果添加成功，则跳转到成功页面并提示添加成功。如果添加失败，则跳转到失败页面并提示添加失败，允许重新添加。当填写的信息不完整时，将根据实际情况给出错误提示信息提示。

（2）修改管理员信息，根据管理员的用户名，可修改的管理员信息，修改成功或失败跳转到相应提示页面。

（3）删除管理员信息，选择要删除的管理员，之后选择"删除"→"确定"按钮，删除成功或失败跳转到相应提示页面。

（4）查询管理员信息，输入管理员用户名，可查询和显示管理员信息，查询成功则返回读者信息，失败跳转到相应提示页面。

（5）数据备份与恢复，首先选择要备份的数据类型或数据规模，然后选择备份的存储设备，之后完成备份操作。利用已备份的数据，试验将其恢复到系统，并检查恢复的数据是否可以正常使用。

【任务拓展】

软件测试环境的搭建

软件测试环境是指，用来运行软件并进行测试的环境。如何搭建测试环境呢？测试环境可从硬件环境、软件环境、网络环境、数据准备及测试工具等5个方面考虑。

硬件环境，主要是指PC机、笔记本计算机、服务器、可移动终端等。例如，现要测试Word 2016这款软件，那么是在PC机上测试还是在笔记本计算机上测试？如果在PC机上测试，可测出CPU是Intel 酷睿i5 3340M，还是AMD 速龙II X4 640或其他型号。内存容量是4GB、16GB或更高。不同的计算机类型，不同的计算机配置，会有不同的反应速度，因此测试一款软件时一定要考虑硬件配置。

软件环境，主要考虑软件运行的操作系统。比如将Word 文档文件在Windows 7下检测，在Windows 10下检测，或在Linux下测试，其结果不一定相同，其原因是操作系统有差别，且可能存在不同系统的兼容性问题。

网络环境，主要是指进行测试的计算机的联网环境，测试的软件使用的是C/S结构还是B/S结构等环境因素。例如，要测试Outlook 2016这一款软件，那么是在局域网环境还是在互联网环境进行测试？如果在局域网中进行测试，那么网速是100Mbit/s的还是500Mbit/s的？不同的网络类型，不同的传输速度，必然会导致不同的收发速度，因此测试一款软件时也不能忽视网络环境的影响。

数据准备，主要指的是测试数据的准备。测试数据的准备应考虑数据量和真实性，即尽量使用真实数据，且数据量可以保证软件性能测试得到较为真实的测试结果，这里的数据应既包括正确的数据，也包括错误的数据。当无法取得真实数据，或数据量难以满足测试要求时，应设法生成数量满足要求且较为接近真实数据的测试数据。

测试工具，目前市场上的测试工具有很多种，例如：静态测试工具，动态测试工具，黑盒测试工具，白盒测试工具，测试执行和评估工具，测试管理工具等，因此，对测试工具的选择是一个需要引起足够重视的问题，应根据测试需求和实际条件来选择已有的测试工具，市场上购买的测试工具，或者自行开发的测试工具。

除了上面讲的5个方面，搭建软件测试环境时还应注意：尽量模拟用户的真实使用环境；测试环境中尽量不要安装与被测软件无关的其他软件，但最好安装防病毒、防黑客攻击类软件，以确保系统测试活动中没有病毒或网络攻击等方面的干扰。理想的情况，应使测试环境与开发环境分开，即尽量不要以开发环境作为测试环境，因为这样不利于全面发现软件存在的缺陷或问题。

【知识链接】

软件测试模型

1. V模型

在软件测试模型方面，V模型是最广为人知的模型，如图5.2。V模型已存在很长时间了，和瀑布开发模型有着一些共同的特性，因此也和瀑布模型一样地受到了许多的批评和质疑。V模型中的过程从左到右，描述了基本的开发过程和测试行为。V模型的价值在于，它非常明确地标明了测试过程中存在的不同级别，并且清楚地描述了这些测试阶段和开发期间各阶段的对应关系。

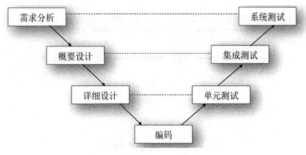

图 5.2 V 模型

V 模型局限性：把测试作为编码（即编程）之后的最后一个活动，需求分析等前期产生的错误直到后期的验收测试才能发现。

2. W 模型

V 模型的局限性在于没有明确地要求早期测试，无法体现"尽早地和连续地进行软件测试"的原则。在 V 模型中增加软件各开发阶段应同步进行的测试，演化为 W 模型，如图 5.3。在模型中不难看出，开发是一个"V"模型，测试是与之并行的另一个"V"模型。

W 模型由 Evolutif 公司提出，相对于 V 模型，W 模型更科学。W 模型是 V 模型的扩展，强调的是测试伴随着整个软件开发周期，而且测试的对象不仅仅是软件，需求、功能和设计同样也要测试。测试与开发是同步进行的，从而有利于尽早地发现问题。

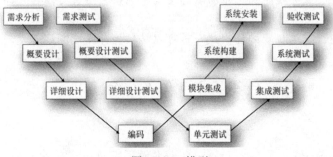

图 5.3 W 模型

W 模型也有局限性。W 模型和 V 模型都把软件的开发视为需求分析、设计、编码等一系列串行的活动，无法支持迭代、自发性以及变更调整。

3. H 模型

H 模型中，软件测试过程活动完全独立，贯穿于整个产品的周期，与其他流程并发地进行，某个测试点准备就绪时，就可以从测试准备阶段进行到测试执行阶段。软件测试可以提早进行，并且可以根据被测物的不同而分层次进行。

图 5.4 演示了在整个生产周期中某个层次上的一次测试"微循环"。图中标注的其他流程可以是任意的开发流程，例如设计流程或者编码流程。也就是说，只要测试条件成熟了，测试准备完成了，便可以执行测试了。

H 模型揭示了一个原理：软件测试可以是一个独立的流程，甚至可以贯穿软件产品整个软件生命周期，与其他流程并发地进行。H 模型指出软件测试要尽早准备，尽早执行。不同的测试活动可以是按照某个次序先后进行的，但也可能是反复进行的，只要某个测试达到准备就绪点，测试执行活动就可以开展了。

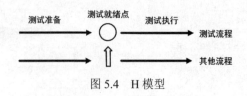

图 5.4　H 模型

【课后阅读】

软件测试职业规划

不论从事哪个行业，都需要了解该行业的发展历程，并制定属于自己的职业规划。软件测试职业可以规划以下 4 条职业路线：

（1）技术型

大部分测试人员都是从功能测试入职，若干年后，可以转为自动化测试工程师、性能测试工程师或安全测试工程师。从初级测试员到中级测试工程师、高级测试工程师、资深测试工程师。

（2）管理型

管理路线从初级软件测试员做起，到测试组长、测试项目经理，最终成长为一名合格的测试总监。

（3）产品和市场型

如果测试人员的业务技能强、市场敏感度高、洞察力厉害可以转产品和市场运营方向。

（4）开发型

对开发感兴趣，有编程基础的测试人员可以转软件开发或测试开发。

任务 5.2　软 件 维 护

【任务描述】

软件上市后期需要对软件进行维护。本任务学习软件维护的基本概念；掌握软件维护的种类、影响软件维护效果的因素并熟悉软件维护的特点。掌握软件维护的过程，并提高软件的可维护性。

【知识储备】

一、软件维护基础

1. 软件维护定义

在软件工程中，软件维护是指软件产品交付之后，为了修改错误、改进性能或其他属性、使产品适应变化的环境而对其进行的修改。软件维护是软件生命周期中非常重要的一个阶段。

2. 软件维护的目的

在软件运行中发现在测试阶段未能发现的潜在错误或设计缺陷；根据实际情况改进软

件设计，增强软件的功能，提高软件的性能。

3. 软件维护的类型
（1）纠错性维护

对在测试阶段未能发现的，在软件投入使用后才逐渐显露出来的错误，进行测试、诊断、定位、纠错以及验证的过程被称为纠错性维护或称回归测试。据有关统计信息表明，纠错性维护占整个维护工作的约21%。

（2）适应性维护

适应性维护是为了适应计算技术的飞速发展，使软件适应外部新的硬件或软件、软件环境或者数据环境（数据库、数据格式、数据输入/输出方式、数据存储介质）发生的变化，而修改软件的过程也属于软件维护的范畴。适应性维护约占整个维护工作的25%。

（3）完善性维护

在软件的使用过程中，用户往往会对软件提出新的功能与性能需求。为了满足这些需求，需要修改或再开发软件，以扩充软件功能、提高软件性能、改变工作流程、提高软件的可维护性等等。这种情况下进行的维护活动称为完善性维护。

（4）预防性维护

预防性维护是为了提高软件的可维护性和可靠性，采用先进的软件工程方法对软件整体或软件中的某一部分重新进行设计、编程和测试，为以后进一步维护和运行打好基础。也就是软件开发组织选择在最近的将来可能变更的软件，做好变更它们的准备。

二、软件维护的方法

1. 建立明确的软件质量验收标准
（1）设计标准

① 软件应设计成分层的模块结构。每个模块应完成唯一的功能，并达到高内聚、低耦合的要求。

② 通过一些已知预期变化的实例，验证软件的可扩充性、可缩减性和可适应性。

（2）源代码标准

① 尽可能使用程序设计语言的标准版本。

② 所有的代码都应具有良好的结构。

③ 所有的代码都应建立了很完备的文档，在注释中说明它的输入、输出，以及便于测试/再测试的一些特点与风格。

（3）文档标准

文档中应说明软件的输入/输出、使用的方法/算法、故障恢复方法、所有参数的范围、默认条件等。

2. 使用先进的软件开发技术和工具

软件开发技术更新很快，越先进的开发工具开发的软件越简单，功能实现也越容易，维护起来也更方便。所以需要去使用先进的软件开发技术和工具，提升软件的实用性，改善用户体验，简化软件维护工作。

3. 改进软件的文档

软件文档是对软件总目标、软件各组成部分之间关系、软件设计策略、软件实现过程的历史数据等的说明和补充。软件文档对提高软件的可理解性十分重要。在软件维护阶段，利用历史文档，可以大大简化维护工作。

4. 周期性地维护审查

软件在运行期间，必须对软件做周期性的维护审查，以跟踪软件质量的变化。周期性维护审查实际上是开发阶段检查点复查的继续，并且采用的检查方法、检查内容也是相似的。

三、软件维护的策略

1. 纠错性维护的策略

通过使用新技术，可大大提高软件的可靠性，减少纠错性维护的需求。这些技术包括：数据库管理系统、软件开发环境、软件自动生成系统、较高级（第四代）的编程语言。

2. 适应性维护的策略

在软件设计时，把硬件设备、操作系统和其他相关环境因素的可能变化考虑在内，可以减少某些适应性维护的工作量。

把与硬件设备、操作系统和其他外围设备有关的软件归到特定的软件模块中。可把因环境变化而必须修改的软件模块局限于较小的范围之内。

使用内部软件列表、外部文件以及处理的例行软件包，可为维护时修改软件提供方便。

3. 完善性维护的策略

利用前两类维护中列举的方法，也可以减少完善性维护的工作量。特别是数据库管理系统、软件生成器、应用软件包等，可减少对软件的维护需求。

【案例】

学生成绩管理系统维护

以"学生成绩管理系统"为例，说明如何进行软件代码、数据库和硬件设备的维护。

1. 软件维护及代码维护

软件维护是学生成绩管理系统维护的最主要的内容。业务发生变化或软件出现问题时，必须对系统中的相应代码进行修改，甚至编写新的代码。对于学生成绩管理系统而言，系统维护的主要活动就是对软件进行维护。

2. 数据库维护

数据库是支撑业务运作的基础平台，需要定期检查学生成绩管理系统的运行状态。业务处理对数据库的需求是不断发生变化的，除软件中主要数据库的定期更新外，还有一些数据需要不定期地更新，或随环境或业务的变化而调整。此外，对学生成绩管理系统的数据库进行备份与恢复等，都是数据库维护需要做的工作。

3. 硬件设备维护

硬件设备维护主要就是对主机及外设的日常维护和管理，如对硬件设备的外部清洁、设备故障的检修、易损部件的更换等，这些工作都应定期进行，以保证系统正常运行。

【任务实施】

图书管理系统维护

图书管理系统需要从数据备份、权限管理、病毒的防范、硬件等方面进行维护。

1. 数据备份

图书管理系统全天候对读者开放，所以数据库是随时变动的，这种情况最好的一个办法，就是进行定期的数据备份，设置相关的备份服务器来进行工作。

2. 权限管理维护

避免人为地对系统进行破坏，在系统中一般都有明确的权限管理要求。对于计算机应用系统，通常管理员拥有最高级的权限，在这种权限下，管理员可以对所有的参数进行修改，还可以设置和管理普通用户的权限。

3. 病毒的防范

随着互联网技术的快速发展，计算机病毒和黑客攻击也时有发生，从过去攻击或传染系统启动文件，到后来置入木马程序、盗窃数据、锁定文件等，因此需要为系统安装防护软件，设置软件或硬件防火墙，保障系统安全。在遭到意外攻击后，数据备份和系统备份也可作为恢复系统功能的紧急维护手段。

4. 硬件维护

对计算机的硬件设备，要做好防潮、防尘及防静电等预防工作。对于有些有特殊要求的硬件设备和电气设施，例如配电箱、不间断电源和服务器等，要按照设备使用要求安装在合适的位置和环境中，并定期进行检查和保养。对于电源要做好接地处理。在遇到恶劣或极端天气时，可暂停系统服务关闭系统，防止对计算机系统造成严重危害。

【任务拓展】

软件维护工具

软件维护工具指的是进行软件维护过程中使用的软件工具，它帮助维护人员对硬件、软件、数据库及其文档进行各种维护活动。

常见的软件维护工具主要有三类：版本控制工具、文档分析工具、配置管理工具。

1. 版本控制工具

版本控制软件提供完备的软件版本管理功能，用于存储、追踪目录（文件夹）和文件的修改历史，是软件开发者的必备工具，也是软件公司"标配工具"。例如，CVS（Concurrent Version System，并发版本系统）是一款开源版本管理工具，也是当前最流行的版本控制系统。

2. 文档分析工具

文档分析工具用来对软件开发过程中形成的文档进行分析，给出软件维护活动所需要的维护信息。例如，WordStat是一个灵活且易于使用的文本分析软件，无论是作为文本挖掘工具来快速提取主题词和变化情况，还是使用新的定量内容分析工具进行仔细和准确的文档内容分析，都有良好的表现。

3. 配置管理工具

配置管理工具使管理员能够按照既定的策略，自动进行规模化的被指管理工作。例如，Chef是一个自动化配置管理工具软件，提供了一种配置和管理基础结构的方法。在此工具中，配置管理可通过编码实现，而无需手工方式进行配置。Chef现在有一套配置管理和自动化工具，有助于使任何规模的组织能够采用策略驱动的部署方法。

【知识链接】

软件维护的费用

软件维护费用与软件生命周期中的整体费用比值一直在增加。最初，20世纪70年代占35%~40%，随后80年代上升至40%~60%，到90年代上升到70%~80%，进入21世纪其比值依然在增长。软件维护费用不断上升，这还只是软件维护的有形费用支出，无形的代价还包括更多相关的人力投入、机会成本与时间成本。并且，在维护时对软件的改动，还可能带来新的潜在的故障，从而降低了软件的质量。

用于软件维护工作的活动可分为生产性活动和非生产性活动两种。生产性活动包括分析评价、修改设计和编写软件代码等。非生产性活动包括理解软件代码功能，解释数据结构，理解软件接口特点约束条件。维护活动可由下式表示：

$$M = P + K * EXP(C-D)$$

其中：M表示维护工作的总工作量；P表示生产性活动工作量；K表示经验常数；C表示复杂性程度；D表示维护人员对软件的熟悉程度，$EXP()$为幂函数。

上式表明，若C增大或D越减小，那么维护工作量将呈指数增加。C增加表示软件因未用软件工程方法开发，或软件为非结构化设计，或者软件缺少关键文档，因而造成软件复杂性程度增高；D减小表示维护人员不是原来的开发人员，对软件熟悉程度低；或者维护人员能力不足，重新理解软件花费很多时间。

【课后阅读】

数据库维护

数据库试运行测试通过后，数据库开发工作就基本完成了。但是，由于应用环境在变化，数据库运行过程中物理存储设备也可能发生变化，对数据库设计进行评价、调整、修改等维护工作是一个长期存在的任务。数据库维护主要有软件系统及数据库备份与恢复，监视系统和数据库的运行状况，保证系统及数据库的安全等。

1. 备份数据库系统

SQL Server提供了两类不同类型的备份/恢复机制：一类是系统自动完成的备份/恢复操作，这种措施在每次系统启动时都自动进行，保证了在系统瘫痪前完成的事务处理操作均写到数据库设备上，而未完成的事务都可以执行"回退"操作；另一类是人工完成的备份/恢复，即通过DUMP和LOAD或类似的命令来完成人工备份和恢复工作。两类备份/恢复方式需要同时采用，不要偏废。因此，定期备份事务日志和数据库是一项十分重要的日常维护工作。

2. 恢复数据库系统

如果数据库存储设备失效，使得数据库被破坏或不可访问，需要检查硬件设备是否正常，如果硬件设备正常，则可装入最新的数据库备份，来恢复数据库系统；如果硬件系统出现问题，或受到病毒传染、黑客攻击，则须优先保证硬件设备和系统平台完全正常后，才可再行恢复数据库系统（恢复方法同于前）。

3. 监视系统运行状况

系统管理员的另一项日常工作是监视系统运行情况，及时处理系统错误。

日常要监视的主要目标有：用户数据库、数据库日志表及计费原始数据表等。如果发现占用空间过大，对日志表要进行转储；对其他目标则应扩充空间或清除垃圾数据。

4. 保证系统数据安全

为保证系统数据的安全，系统管理员必须依据系统的实际情况，执行一系列的安全保障措施。其中，周期性的更改用户密码是比较常用且十分有效的措施。还有，病毒防护软件、防火墙系统及安全防范软件的定时更新也十分重要。

项目实训5——在线购物系统软件维护

一、实训目的
（1）熟悉软件的日常维护技术。
（2）能够制定软件维护方案。

二、实训环境或工具
（1）操作系统平台：Microsoft Windows 10。
（2）软件工具：Microsoft Word 2016。

三、实训内容与要求
（1）准备参考资料和阅读相关的软件维护文档。
（2）根据提供的课题需求和条件，写出在线购物系统软件维护方案。

四、实训结果
以项目小组为单位，形成一份规范的在线购物系统维护方案。

五、实训总结
进行个人总结：通过本项目的实训学习，我掌握了哪些知识，有哪些收获和注意事项，等等。

六、成绩评定
实训成绩分A、B、C、D、E五个等级。

项目小结

本项目主要介绍了软件测试及软件维护的相关概念,重点讲解软件测试过程与维护的方法。软件测试阶段是软件质量保证的关键阶段,是为了发现软件中的错误而执行测试和分析软件的过程。软件维护的主要目的是,保证软件在一个相当长的时期内正常、稳定地运行。本项目以图书管理系统为例,讲解如何根据软件项目需求提取测试需求,制订软件维护方案。

岗位简介——软件测试师

【岗位职责】

（1）能够根据项目计划制定相应的测试计划,搭建测试环境;
（2）依据需求文档及设计文档,编写软件测试方案,设计测试用例;
（3）能够站在用户角度完成系统测试,包括功能测试、性能测试等并输出测试报告;
（4）参与产品升级讨论、为产品提供适用及易用性建议;
（5）跟踪缺陷（Bug）的处理与变更过程,做好文档记录;
（6）编写并发布文档,实施产品发布工作。

【岗位要求】

（1）计算机、软件工程等相关专业毕业;
（2）掌握基本的软件测试理论,熟悉软件测试的基本方法、流程和规范;
（3）熟练掌握一门或者几门程序编程语言;
（4）熟悉Windows操作系统,了解Linux,可以搭建测试环境;
（5）掌握性能测试工具（如 LoadRunner）;
（6）熟悉数据库管理软件,可以使用基本的SQL查询语句,辅助完成软件测试;
（7）具有良好的沟通协调能力及团队协作精神,责任心强,不断追求创新。

软件测试工程师常见面试题

1. 你进行过哪些测试,擅长什么?

答：我主要从事Web测试,搭建测试环境,对软件进行集成测试、系统测试、回归测试。还有,曾经撰写测试用例、使用手册、功能测试等文档。进行过单元测试,即完成测试软件系统的基本单元模块。

2. 软件项目从什么时候开始测试,为什么?

答：软件测试越早开始越好,一般是从需求分析阶段就要进行软件测试。软件测试不仅是功能测试,对于需求文档一类的也要进行测试。尽早找出缺陷或问题,可以明显减少后续开发人员修改软件的次数,并且可以降低成本。如果等整个软件开发接近完成了,突然发现一个致命错误,这时通常需要花费很多时间和人力进行测试和修改。如果该致命错误在出现之初就被发现的话,解决的成本要低许多。

3. 软件验收测试是如何做的？

答：软件验收测试以用户为主，软件测试人员为辅，双方一起共同设计测试用例，对软件的功能、性能，以及可移植性、兼容性、可维护性、错误恢复等功能进行确认。软件验收测试主要运用黑盒测试方法，验证所测试的软件是否满足需求规格说明书列出的要求。

4. 你的职业规划是什么？

答：巩固测试基础知识，提高理解需求能力。学习自动化测试，并且实际动手运用。技术到位后学习带领测试团队。最后争取达到测试经理水平。

5. 什么是软件测试？软件测试目的是什么？

答：软件测试是使用人工或自动化手段运行软件进行测试，从而发现软件的缺陷的过程。测试目的是以最少的人力、物力、时间找到软件中的缺陷或错误并排除和修改，从而保障软件正确、可靠地运行。

习 题 5

【基础启动】

一、单选题

1. 软件测试时为了_____而执行软件的过程。
   A. 纠正错误　　　　B. 发现错误　　　　C. 避免错误　　　　D. 证明错误
2. 软件测试的目的是_____
   A. 避免软件开发中出现的错误。
   B. 发现软件开发中出现的错误。
   C. 尽可能发现并排除软件中潜藏的错误，提高软件的可靠性。
   D. 修改软件中出现的错误。
3. 为了提高测试的效率，正确的做法是_____
   A. 选择发现错误可能性大的数据作为测试用例。
   B. 在完成软件的编码之后再制定软件的测试计划。
   C. 随机选取测试用例。
   D. 使用测试用例测试是为了检查软件是否做了应该做的事。
4. 下面有关测试原则的说法正确的是_____
   A. 测试用例应由测试的输入数据和预期的输出结果组成。
   B. 测试用例只需选取合理的输入数据。
   C. 软件最好由编写该软件的程序员自己来测试。
   D. 使用测试用例进行测试是为了检查软件是否做了它该做的事。
5. 下列可以作为软件测试对象的是_____
   A. 需求规格说明书。　　　　　　　　B. 软件设计规格说明书。
   C. 源程序。　　　　　　　　　　　　D. 以上全部。
6. 下列软件属性中，软件产品首要满足的应该是_____
   A. 功能需求。　　　　　　　　　　　B. 性能需求。
   C. 可扩展性和灵活性。　　　　　　　D. 容错纠错能力。

7. 坚持在软件的各个阶段实施下列哪种质量保障措施，能在开发过程中尽早发现和预防错误，把出现的错误克服在早期_____阶段。

  A．技术评审   B．软件测试   C．改正软件错误   D．管理评审

8. 软件生命周期过程中，修改错误最好的阶段是_____

  A．需求阶段。   B．设计阶段。   C．编程阶段。   D．发布运行阶段。

9. 关于软件测试的目的，下列说法哪个是错误的_____

  A．测试是软件的运行过程，目的在于发现错误。

  B．一个好的测试用例在于能够发现至今未发现的错误。

  C．一个成功的测试是发现了至今未发现的错误的测试。

  D．测试的目标是以最少的时间和人力改正软件中潜在的所有错误和缺陷。

10. 下列项目中不属于测试文档的是_____

  A．测试计划。   B．测试用例。   C．软件流程图。   D．测试报告。

二、问答题

1. 软件测试应该划分几个阶段?简述各个阶段应重点测试的点?各个阶段的含义?
2. 简述软件测试与软件调试的区别。

【能力提升】

三、论述题

1. 目前，大多数公司的项目的时间进度紧张、人员较少、需求文档根本没有或者很不规范，你认为在这种情况下怎样保证软件的质量?
2. 一个测试工程师应该具备哪些素质和技能?

项目6 软件项目管理

随着软件行业的快速发展，企业基本业务需求不断增长，软件的功能变得越来越强，过去个人"软件作坊"式开发已无法适应市场的需要。现代软件项目开发都是靠团队合作完成，构建并管理好开发团队，是软件开发取得成功的重要前提，软件项目管理是软件管理工作的重要业务管理部分。软件项目管理的对象是软件工程项目，它所涉及的范围覆盖了整个软件工程的开发过程。

软件项目开发的成功不仅仅依赖于关键技术的研发和应用，更离不开管理工作的有效推进。我们除使用多年的实践经验和管理方法外，还可以使用软件项目管理工具来辅助管理。使用软件项目管理工具能帮助用户建立一套完整的项目进度管理、项目分配管理、成本控制管理以及风险管理等等，可以使项目管理者更好地完成项目的管理与控制工作。

【课程思政】

培养法律意识，遵法守法经营

近年来，随着信息网络技术的发展，网络应用大规模普及，也发生了很多利用高科技技术进行犯罪的案例，网络犯罪是指利用代码攻击、数据加密、网络盗窃等技术在网络上实施犯罪破坏他人的信息资源、获取非法利益的行为。网络犯罪属于高技术犯罪，也是国家重点防范和打击的犯罪行为。例如，某公司利用"爬虫技术"非法从互联网抓取用户信息，然后将信息打包作为商品出售，侵犯了用户的个人信息隐私权，属于非法获取信息和非法销售获利，该公司的违法行为被公安部门发现，涉案的程序员和公司负责人被批捕、判刑，公司也无法继续经营。

软件开发必须遵守国家的法律法规，必须尊重知识产权，同时注意运用法律工具保护公民的个人隐私和相关资产。我们需要提升自己的法律意识，同时提升用法律工具保护自身利益，保护自己开发软件的知识产权的意识。如果企业如果法律意识不强，缺乏依法办事、合法经营意识，不能对存在的法律风险的经营行为进行有效管控，不仅可能造成企业的经济损失，企业的形象也可能受到影响，甚至触犯刑律受到法律的制裁。

【学习目标】

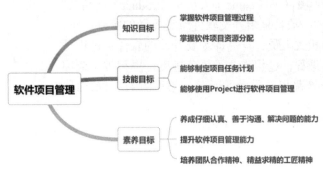

图 6.1 软件项目管理学习目标

任务 6.1　软件项目管理

【任务描述】

软件项目管理贯穿整个软件生命周期，实现项目需求、项目规划、项目任务、项目质量全程跟踪，统一管理，确保软件项目低成本、高质量完成。本任务要求掌握软件项目管理的概念，掌握软件项目管理的过程，能够制定项目工作任务分配。

【知识储备】

一、软件项目管理相关概念

1. 项目与软件项目

项目涉及的范围很广，定义也有很多种，本书仅讨论软件项目（如果不加特殊说明，本书中的项目是指软件项目）。针对软件项目，它的定义仍有多种。项目广义的定义是：在一定的时间、资源等约束条件下，具有明确目标的一次性任务。通俗的解释是，项目是根据用户的需求，在一定的时间内开发出用户所需的软件。

2. 项目管理与软件项目管理

项目管理是一系列伴随着项目的进行而进行的、目的是为了确保项目能够达到期望的结果的一系列管理行为。

软件项目管理是为了使软件项目能够按照预定的成本、进度、质量顺利完成，而对成本、人员、进度、质量、风险等进行分析和管理的活动。

软件项目管理和其他的项目管理相比存在一些特殊性。比如，软件开发的进度和质量很难评估和把握，生产效率也难以预测和度量。其次，软件系统的复杂性也导致了开发过程中各种风险的难以预见和把控。例如：Windows 10操作系统有大约5000万行的代码，有数千个程序员在进行开发。这样庞大的系统如果没有高质量的管理，其软件质量是难以保证的。

3. 软件项目管理的"4P"

软件项目管理对于整个软件项目起着至关重要的作用，甚至有可能决定软件项目的成败。一项调查显示，近半数的项目失败不是因为技术实力不够，而是由于管理不善引起的。

在软件项目管理当中，有4个重要因素影响着整个项目的进程，它们是Project（项目）、People（人员）、Product（产品）、Process（过程）。其中，项目是指开发软件所需要做的所有工作；人员是参与项目的相关人员；产品即为要开发的软件；过程是指软件项目的活动进程，过程包含了任务进度、里程碑（或称重要事件点）、工作产品以及质量保证点。这四个因素有被简称为"4P"，如图6.2所示。

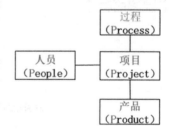

图 6.2　软件项目管理 "4P"

二、软件项目管理过程

软件项目（下简称项目）管理广泛应用于软件开发行业，完整的项目管理过程包含五个阶段，分别是：项目启动、项目规划、项目执行、项目监控、项目收尾。

（1）项目启动阶段

项目启动阶段是一个项目的开始，工作内容有：确定项目范围、制定项目章程、任命项目经理，确定约束条件和假设条件。

（2）项目规划阶段

一般在项目启动或者项目立项后，项目团队都会根据各个公司实际情况制定一份项目计划，项目计划中包括需求分析规划、概要设计、详细设计、编码计划、测试计划等工作内容，可以借助Project项目管理软件把各个阶段的完成时间点和任务设置成里程碑。概括起来，项目计划包括确认项目的范围，完成任务分解和资源分析。

（3）项目执行阶段

项目计划制定完成并得到项目组评审和确认后，项目组要按照计划中安排的任务、时间和人员去具体落实执行。解释虽然简单，但是却是项目中花费时间多，任务繁巨的阶段。

（4）项目监控阶段

项目管理人员需要对计划执行情况进行监控，比如按日汇报进度，每周检查任务完成情况，每个里程碑点检查阶段性任务的完成情况。

监控的结果可能会在项目进度规划表中刷新任务完成进度情况，以便处于非里程碑任务时间点时也可以查看项目进度。

（5）项目收尾阶段

当项目开发结束时，需要做好收尾工作。项目收尾工作是项目最后一个重要的工作环节，要完成项目的各项收尾工作，保存项目资产，移交工作成果、进行项目总结与评价，并最终释放项目资源。

三、项目项目进度规划表

项目管理者的任务是，定义全部项目任务，识别出关键任务，跟踪关键任务的进展状况，以保证能及时发现进度拖延等"异常"情况。为达到上述目标，项目管理者应制定一个足够详细的进度规划表，以便监督项目进度并控制整个项目，有很多图形化工具可以协助高效完成项目进度规划表，并更方便、更高效地管理好项目进度。常用的图形化工具有甘特图、WBS图。

1. 甘特图

甘特图又称为进度图、条状图，如图6.3所示，它是一款历史悠久、应用广泛的制定和管理计划进度的工具。它通过条状图来显示项目、进度和其他时间相关的系统进展的内在关系及其随着时间进展的情况。

甘特图通过任务活动列表和时间刻度来表示出特定任务的进度状况与持续时间，其横轴表示时间，纵轴表示任务，横条表示计划和实际完成情况。直观地表明计划何时进行，进展与要求的对比。便于管理者弄清任务的剩余任务，评估工作进度。

甘特图突出了生产管理中最重要的时间因素，优点是：图形化显示，效果直观明确，易于理解。不足的是：尽管能够通过项目管理软件描绘出任务活动的内在关系，但是如果关系过多，纷繁芜杂的线条必将增加甘特图的阅读难度。

图 6.3　甘特图

2. WBS 图

WBS 是一个工作分解的结构图，如图 6.4 所示，通过把项目分解成能有效安排的组成部分，有助于把工作可视化。WBS 是一种树形结构，总任务（项目）在上方，往下分解为分子项目（或子任务），然后进一步分解为独立的任务线。WBS 与流程图相似，各组成部分逻辑连接。任务的组成部分用文字或形状解释。

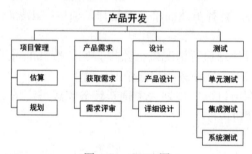

图 6.4　WBS 图

【案例】

用甘特图绘制进度计划

假设教室要进行大扫除，学生们对教室进行打扫，如：扫地、擦窗户、擦桌椅、倒垃圾、拖地。我们知道，有些工作可以同时进行，擦窗户、擦桌椅以及拖地可以分别安排不同的同学同时进行。假设安排了 6 位同学大扫除，每位同学都要有活干，现有 2 把扫把，2 把拖把，4 块抹布，1 个垃圾桶，要求每项工作均有 2 名同学一起做。我们可以先安排 2 位同学扫地；再安排 2 位同学擦窗，2 位同学擦桌椅，2 位同学拖地，2 名同学倒垃圾。每个过程估计需要时间，分别为：1 位同学扫地需要 20 分钟，1 位同学拖地需要 20 分钟，1 位同学擦完所有的窗户需要 40 分钟，1 位同学擦完所有桌椅需要 20 分钟，倒垃圾 2 人一起需要 10 分钟。使用甘特图表示大扫除的进度安排，如图 6.5 所示。

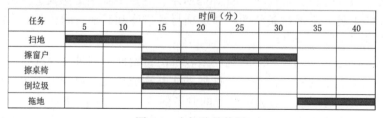

图 6.5　大扫除甘特图

【任务实施】

图书管理系统工作任务制定

对于图书管理系统的项目管理，首先制定图书管理系统项目计划，再使用Microsoft Project软件将根据我们所提供的信息（包括预计完成的任务、执行这些任务的人员、用来完成任务的设备和材料以及相关的成本）计算并建立一个工作计划。

步骤1：确定项目组织结构。

图6.6 项目组织结构

步骤2：制定工作任务，设定里程碑，见表6.1。

表6.1 工作任务

序 号	里程碑名称	任务名称
1	项目启动	编制立项通知书
2	可行性研究	2.1 市场可行性研究
		2.2 经济可行性研究
		2.3 技术可行性研究
		2.4 操作可行性研究
		2.5 法律可行性研究
3	项目策划	编制项目计划
4	项目准备	4.1 项目人员安排
		4.2 项目资源配置
5	需求分析	5.1 需求探索
		5.2 需求规格说明书
6	总体设计	6.1 功能设计
		6.2 数据库设计
		6.3 接口设计
7	详细设计	7.1 模块设计
		7.2 界面设计
8	系统实现	8.1 代码设计
		8.2 代码调试
9	系统测试	9.1 单元测试
		9.2 集成测试
		9.3 系统测试
		9.4 缺陷跟踪

(续表)

序　号	里程碑名称	任务名称
10	系统验收	10.1 验收测试
		10.2 编制用户手册
		10.3 项目发布
11	项目完成	项目开发总结

【任务拓展】

敏捷项目管理

随着软件行业的发展，传统的项目管理模式已经不适应当前互联网行业快速迭代、快速开发的需求，从而衍生出了"敏捷项目管理"。

敏捷项目管理作为项目管理模式的"后起之秀"，简化了传统项目管理的复杂流程和众多文档。敏捷管理思想起源于软件开发领域；是一种以人为核心，迭代、循序渐进的开发方式。敏捷管理能更好地满足用户需求，交付周期短，创造更高价值。

传统的项目管理是先确定产品的需求，再根据项目需求去规划和评估所需要的资源。这就要求在项目开发时，项目需求要足够明确、文档足够规范。这样的优势在于，可以根据制定好的项目需求、人力分配和开发时间来估算成本，查看进度，有效规避或减少项目开发风险。缺点就是，一旦需求变更频繁，会直接影响到项目的交付质量。

敏捷项目管理与传统项目管理具有明显的不同，敏捷项目管理追求简单快捷，用户需求常常是不固定的，项目团队会优先开发有价值的、需求紧迫的功能特性，这种管理模式，由于在需求阶段节省了大量的时间和人力，项目的执行效率较高，耗时较短。所以深受许多软件企业的欢迎，甚至出现了"敏捷管理热潮"，并且长期热度不减。

【知识链接】

项目管理的知识领域

在资源有限的约束下，项目管理者要运用项目管理的观点、方法和理论，对项目的全部工作进行有效的管理。项目管理是项目经理必须掌握的重要知识，这些知识领域涉及很多管理工具和技术，具体有如下 9 个方面。

1. 集成管理

集成管理是项目管理 9 个知识领域中的第一个，与其他 8 个知识领域相比，这个领域的内容比较特殊，它并没有提供具体的知识点和具体的操作方法，而是反复强调围绕项目的全局观，在项目内部各个部分之间、在项目内部与外部之间，对各种部分进行系统化集成，使各个相关方面形成有机的整体，保持管理上的一致性。这个知识领域的内容对于项目经理们来说可能感觉比较空泛，但对于企业的项目管理体系建设来说，却是具有指导意义的。

下面是项目管理中集成管理方面的关注的 5 个问题：

（1）将项目计划中各个管理领域的子计划综合进行综合，形成整体的项目计划。例如在整体项目计划中，要包括范围管理计划、时间管理计划、成本管理计划、质量管理计划、人力资源计划、沟通计划、风险管理计划、采购计划等，将这些不同的管理计划有机地结合起来，使整体项目计划能够有效涵盖项目管理的各个领域，并始终保持一致。

（2）将项目的各个过程有机地集成起来。在后面我们会提到项目的五个过程——启动、计划、执行、控制、收尾。这些过程在整个项目之中，或者在项目的各个阶段之中，都可以根据管理的需要灵活运用，但是各个过程之间的关系仍然要符合基本的关系要求，这五个过程之间的关系会在后面的章节中进行介绍。

（3）项目范围与产品范围的集成。当一个产品由不同的部分组成时，每个部分可以单独生产时，就一定存在着项目范围与产品范围集成的要求。例如在汽车装配厂，需要从许多不同的加工厂采购不同的零部件来进行装配，对于零部件加工厂来说，设计、改进零部件的创新项目，不能孤立实施，而是要考虑该零部件与其他相关部分的配合关系，考虑对整车的影响。如果把整车涉及的全部零部件看作是产品范围，针对某个零部件的改进就是单个项目的项目范围，那么项目范围就应该与产品范围进行有效的集成。

（4）不同部门的成果的集成。当一个项目涉及企业内外多个部门和单位时，特别是当项目在企业中处于职能式或矩阵式组织结构时，通常会出现各个部门分头完成自己所分管部分的任务，将各自的成果提交给项目，那么在项目中就必须将这些成果集成在一起，形成项目的整体成果。

（5）项目中不同约束条件的集成。不同的利益相关人可能会对项目提出不同要求，各种各样的外部因素会对项目形成不同的约束条件，例如，外部法律法规的强制性要求、企业内部的管理要求、上级领导或部门领导给出的限制性要求、内部资源自身的特殊要求、项目发起者对项目本身的具体要求等，为项目管理勾画出了项目的"边界"，这个"边界"就是各个方面的约束条件的集成结果。

项目并不是孤立存在的，它受到来自项目内部和外部的多方面的影响，要管理好项目，就必须有很强的全局观。

2. 范围管理

项目的范围管理，是面向项目交付成果的，通过对项目交付成果的计划、跟踪、控制和获取，保证项目中的所有活动始终是围绕所要求的项目交付成果开展的，而且保证全部的应交付成果都已完成。可以说，范围管理是具体描述项目目标的。

3. 时间管理

项目的时间管理也称为进度管理，直接关系到项目的完成进度、资源的时间安排等最基本的管理内容。项目的时间管理是围绕项目活动的，项目活动的时间要求，决定了项目整体的时间进度安排，项目活动是时间管理的基础内容。在此基础上，在项目计划过程中要形成时间进度计划表，在项目执行和控制过程当中，要对时间进度进行跟踪和控制。

4. 成本管理

项目的成本管理是项目管理中核心管理内容之一，甚至直接影响到项目的成败。如果项目中出现资金链断裂，会造成项目的现金流出现问题，会严重影响项目的实施，甚至可能出现"烂尾项目"的现象。同时，企业通过项目获得收益，项目的成本管理直接关系到企业的盈亏。因此，项目的成本管理是项目、企业共同关注的内容。另一方面，项目的成本管理指标，也是项目管理的重要指标，它同时还可以反映项目进度情况，从一个侧面反映项目的完成度，并可以根据当前项目成本、进度的偏差，对项目后期的情况进行预测。

5. 质量管理

项目的质量管理是指，为了达到用户所规定的质量要求而实施的一系列管理过程，在质量管理这一领域中，包含着质量计划、质量保证和质量控制三方面的内容。质量管理的效果直接关系到用户满意度，关系到企业的赢利能力。

6. 人力资源管理

人力资源管理是项目管理中非常重要的内容，找到合适的人，做适当的事，这是企业管理者和项目管理者都非常重视的问题。在项目中会遇到各种各样的工作需要完成，有组织协调的工作，有专业的技术工作，有复杂的决策工作，也有简单重复的操作性工作，在一个项目团队中，需要不同角色的成员来分担不同性质的工作，因此就需要考虑到项目成员特点的组合。

7. 沟通管理

项目的沟通管理是为了确保项目信息的合理收集、传递所实施的管理过程，包括沟通机制、信息传送和进度报告等。而作为一个典型的项目经理，通常有75%~90%的时间要用于沟通，沟通是项目经理最主要的工作职责。同时为了保证各个项目中相关各方的密切沟通，提高员工和用户满意度，企业也会不断积累经验，对项目中所需的沟通形成制度，提高项目管理的水平。

8. 风险管理

项目的风险管理涉及项目可能遇到的各种不确定因素，包括风险的识别、量化、控制和制定相应对策等。如在项目的内部和外部，都大量存在着不确定因素，被承诺的项目资源不一定都能按要求、按时间准备就绪，项目中的任务未必能按照工作标准按时完成，项目中的技术问题不一定能全部顺利解决，用户的需求可能会不断调整，外部的市场环境很可能会突然发生变化，相关的法律法规或行业管理规定可能会调整……只要项目中存在尚未完成的任务，就存在着对未来的预测和假设，就存在着未知因素，就存在着不确定性，所以必然需要进行风险管理。

9. 采购管理

项目的采购管理是为了从项目实施组织之外获得所需资源或服务而进行的管理工作，包括采购计划、采购和征购、资源的选择和合同的管理等。做好采购管理的关键是，要分析清楚采购的目的、内容和要求，采购来的部分如何与项目的其他部分很好的集成起来，满足企业的需要。

【课后阅读】

国际软件基准组织

国际软件基准组织（International Software Benchmarking Standards Group，ISBSG）是一家非营利性机构，并且向一些软件用户提供非常有效的服务。

国际软件基准组织为软件编写过程和软件编写质量搜集基准数据。它现在提供的工程基准数据的规模已经超过6000个，并且以每年新增几百个的速度增加。ISBSG提供的基准数据涵盖了各个行业各种类型的软件。超过20个国家已经提供了最新的基准数据。

国际上，软件产业发展较好的国家（如中国、美国、印度、芬兰、荷兰、日本、韩国等）都已经建立了国家级或行业级软件过程基准数据库。与此同时，很多国际基准比对标准组织从20世纪90年代就开始收集软件历史项目数据。在国内，随着《软件研发成本度量规范》标准的编制完成及应用推广，"基于基准数据的软件项目成本评估技术"已经得到广泛认可及应用。

任务 6.2　项目管理软件——Project 的使用

【任务描述】

项目开发工作中有很多事项需要计划、控制和管理，为了项目管理工作更加便捷、高效，可以使用相应的工具来帮助完成项目管理工作。本任务便是介绍，如何使用 Microsoft Project 2016 进行项目管理。

【知识储备】

一、Microsoft Project 2016 介绍

Microsoft Project 2016（简称 Project）是微软公司开发的一款项目管理软件，它是一个功能强大而且可以灵活运用的项目管理工具，我们可以利用 Project 来控制各种简单或复杂的项目。它可以用来安排和追踪所有的活动，让灵活有效地进行项目管理。

Project 具有内置模板、甘特条形图、日程表、现成的报表、资源规划等功能，它还具有自动日程安排工具，可以同时科学地安排多个日程表，更轻松地对复杂的日程，并可以可视化地显示日程安排。同时，Project 的资源管理工具可帮助用户构建项目团队、请求所需的资源，还可以创建更加高效的计划。

二、使用 Project 进行项目管理

制作一个项目首先要制定项目计划，Project 可以根据我们所提供的信息（包括预计完成的任务、执行这些任务的人员、用来完成任务的设备和材料以及相关的成本）计算并建立一个工作计划。

从空白项目开始制作，操作步骤：

步骤 1：启动 Project，创建空白项目，如图 6.7 所示。

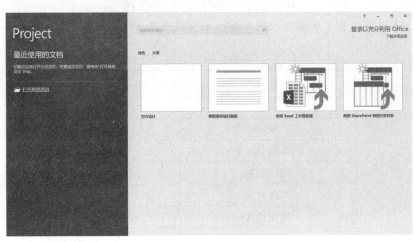

图 6.7　空白项目

步骤 2：打开 Project 项目，显示的界面如图 6.8 所示。
步骤 3：设立项目开始时间。点击项目信息，设立项目开始时间，如图 6.9 所示。

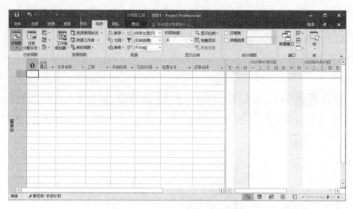

图 6.8 Project 项目界面

图 6.9 项目信息

步骤4：输入项目任务和所需的时间。

【案例】

mp4 新产品开发项目管理

这个 mp4 新产品开发任务及工期包含以下内容，见表 6.5 所示。

表 6.5 工作任务

任务名称	工期（工作日）
立项	7
策划	5
研发和工程化	25
模具开发	25
PCB 开发	15
软件开发	15
质量评测	10
量产	10
产品上市	2

使用 Project 软件，从空白项目开始制作。
步骤 1：开启 Project 软件，创建空白项目。
步骤 2：录入项目任务和所需的时间，此时在画面右方的甘特图便会自动变长，如图 6.10 所示。

图 6.10　MP4 开发项目增加任务

步骤 3：接着选择任务 4~6，按〔降级〕方式显示，使整个项目的结构更易看清，如图 6.11 所示。

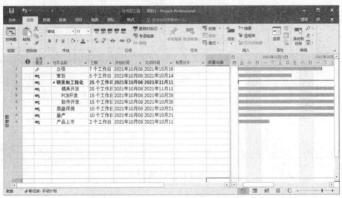

图 6.11　任务降级设置

步骤 4：设置项目的整体情况，在菜单中选择"格式"下面选择"项目摘要任务"，如图 6.12 所示。

图 6.12　项目摘要任务

步骤 5：找到"显示项目摘要任务"，然后将其勾选上，得到了项目的情况总览，如图 6.13 所示。
步骤 6：由于开发 mp4 新产品，首先要做的是立项，进行初步市场研究等，然后才进行项目具体行动的策划工作，因此，我们选择"立项"以及"策划"两项任务，单击工具栏中的"连接任务"图标。

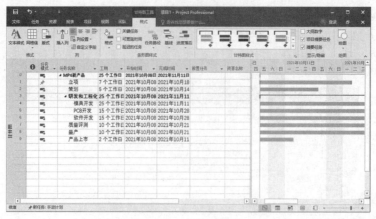

图 6.13　项目情况总览

步骤 7：此时在甘特图中出现一个连接线代表所选择的第一个任务完毕后才会进行第二选取的任务，同时，这两个项目的时间也会相应地进行自动调整，如图 6.14 所示。

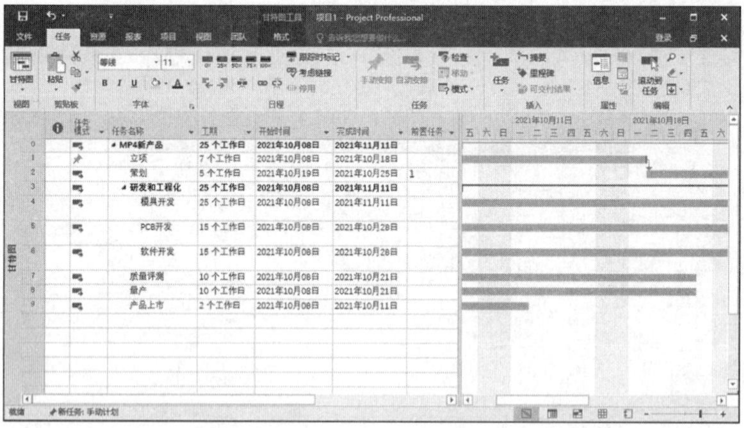

图 6.14　连接任务

步骤 8：重复步骤，包括项目的总工期，完成时间也被自动计算出来了，如图 6.15 所示。

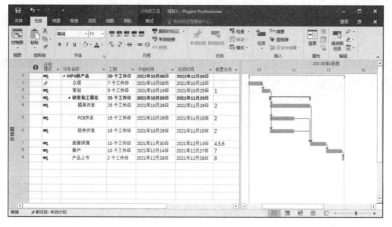

图 6.15　任务完成

【任务实施】

使用 Project 制定图书管理系统的甘特图

甘特图是以图示的方式直观地表示每一个工作任务的持续时间，还会显示任务的"前置任务"等，便于管理者追踪项目进度。

使用Project录入图书管理系统工作任务，并且定义项目的开始时间、工作时间等，再将工作任务列表转换为甘特图。

步骤1：打开Project 2016，创建空白项目。

步骤2：在菜单中选择"项目"下面的"项目信息"，设置项目开始时间为"2021年10月10日"，项目各个任务的完成时间是自动计算的。

步骤3：根据图书管理系统工作任务，在项目"甘特图"的"任务名称"录入项目任务和所需的时间。

步骤4：选择子任务按下降级，调整整个项目结构。

步骤5：设置项目的整体情况，在菜单中选择"格式"下面的"项目摘要任务"，找到"显示项目摘要任务"，然后将其勾选上，录入"图书管理系统"，显示项目的摘要信息。

步骤6：创建资源。选择"视图"下面的"资源工作表"，在"资源名称"栏录入项目组相关成员信息，如图所示6.16。

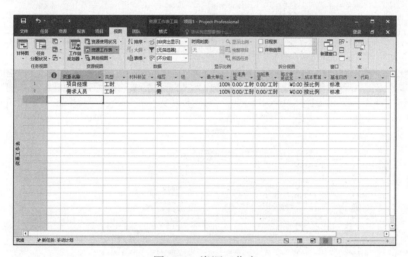

图 6.16　资源工作表

步骤7：设置各任务的资源名称，如图6.17所示。

步骤8：将工作任务列表转换为甘特图。查看甘特图，如图6.18所示。

任务名称	工期	开始时间	完成时间	前置任务	资源名称
图书管理系统	82 个工作日	2021年10月10日	2022年02月01日		
1 项目启动	1 个工作日	2021年10月10日	2021年10月10日		项目经理
2 可行性研究	21 个工作日	2021年10月11日	2021年11月08日		
2.1 市场可行性研究	5 个工作日	2021年10月11日	2021年10月15日	1	需求人员
2.2 经济可行性研究	7 个工作日	2021年10月11日	2021年11月08日	1	系统分析师
2.3 技术可行性研究	3 个工作日	2021年10月11日	2021年10月13日	1	系统设计员
2.4 操作可行性研究	2 个工作日	2021年10月11日	2021年10月12日	1	系统分析员
2.5 法律可行性研究	1 个工作日	2021年10月11日	2021年10月11日	1	项目经理
3 项目策划	1 个工作日	2021年11月09日	2021年11月09日	3,4,5,6,7	项目经理
4 项目准备	1 个工作日	2021年11月10日	2021年11月10日		
4.1 项目人员安排	1 个工作日	2021年11月10日	2021年11月10日	8	项目经理
4.2 项目资源配置	1 个工作日	2021年11月10日	2021年11月10日	8	项目经理
5 需求分析	8 个工作日	2021年11月11日	2021年11月22日		
5.1 需求探索	5 个工作日	2021年11月11日	2021年11月17日	9	需求人员
5.2 需求规格说明书	3 个工作日	2021年11月18日	2021年11月22日	13	需求人员
6 总体设计	8 个工作日	2021年11月23日	2021年12月02日		
6.1 功能设计	5 个工作日	2021年11月23日	2021年11月29日	14	系统设计员
6.2 数据库设计	3 个工作日	2021年11月23日	2021年11月25日	14	系统设计员
6.3 接口设计	3 个工作日	2021年11月30日	2021年12月02日	16	系统设计员
7 详细设计	3 个工作日	2021年12月03日	2021年12月07日		
7.1 模块设计	3 个工作日	2021年12月03日	2021年12月07日	18	模块设计员
7.2 界面设计	3 个工作日	2021年12月03日	2021年12月07日	18	UI设计师
8 系统实现	13 个工作日	2021年12月08日	2021年12月24日		
8.1 代码设计	10 个工作日	2021年12月08日	2021年12月21日	19	程序员
8.2 代码调试	3 个工作日	2021年12月22日	2021年12月24日	23	程序员
9 系统测试	15 个工作日	2021年12月27日	2022年01月14日		
9.1 单元测试	6 个工作日	2021年12月27日	2022年01月03日	24	软件测试员
9.2 集成测试	4 个工作日	2022年01月04日	2022年01月07日	26	软件测试员
9.3 系统测试	3 个工作日	2022年01月10日	2022年01月12日	27	软件测试员
9.4 缺陷跟踪	2 个工作日	2022年01月13日	2022年01月14日	28	软件测试员
10 系统验收	11 个工作日	2022年01月17日	2022年01月31日		
10.1 验收测试	5 个工作日	2022年01月17日	2022年01月21日	29	软件测试员,用户
10.2 编制用户手册	4 个工作日	2022年01月24日	2022年01月27日	31	系统设计员
10.3 项目发布	2 个工作日	2022年01月28日	2022年01月31日	32	项目经理
11 项目完成	1 个工作日	2022年02月01日	2022年02月01日	33	项目经理

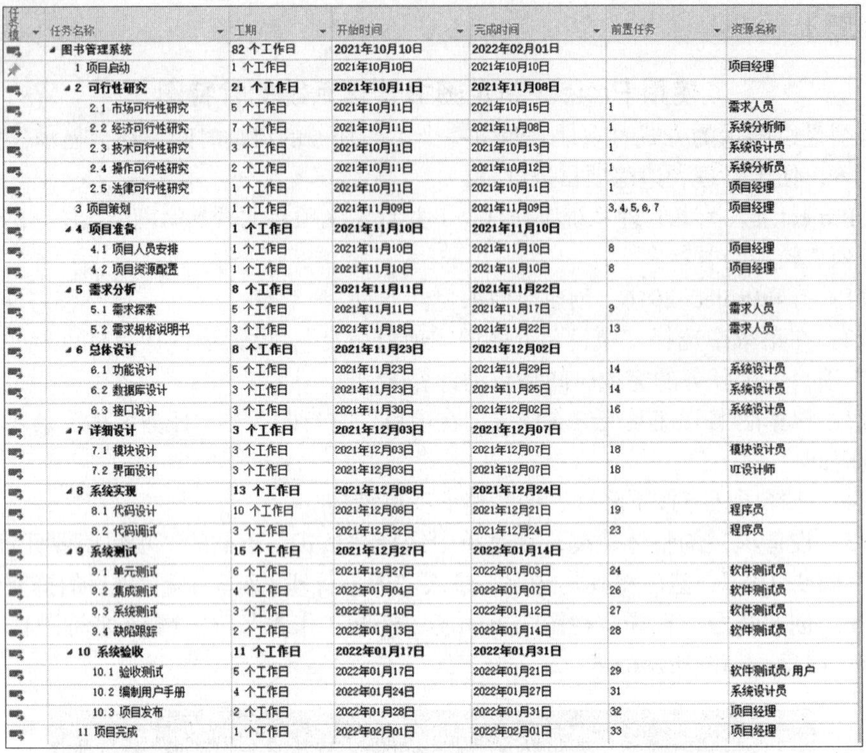

图 6.17　图书管理系统项目任务

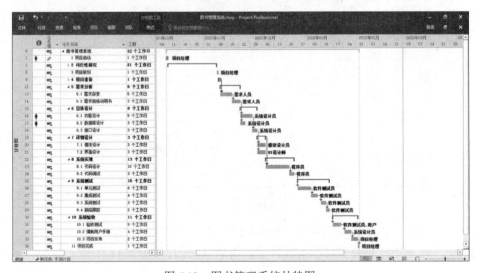

图 6.18　图书管理系统甘特图

【任务拓展】

使用"禅道"管理软件，进行项目管理

"禅道"是一款国产的优秀开源项目管理软件，其官网首页如图6.19所示。它集产品管理、项目管理、质量管理、文档管理、组织管理和事务管理于一体，是一款功能完备的项目管理软件，完美地覆盖了项目管理的核心流程。

项目6　软件项目管理

图6.19　禅道官网首页

禅道软件基于ZenTaoPHP框架，框架遵循MVC（模型—试图—控制）设计模式，使代码更容易编写和维护，内置的插件扩展机制极大地方便了定制开发。另外，禅道项目管理软件代码完全开源，开发者完全可以通过阅读ZenTaoPMS自身的代码，轻松学习禅道插件的开发。

禅道软件主要管理思想基于应用很广泛的敏捷开发方法Scrum，同时又增加了Bug管理、测试用例管理、发布管理、文档管理等必需功能，覆盖了研发类项目管理的核心流程，为IT企业或正在进行信息化的企业提供了一个一体化的集成管理工具。

禅道的功能有以下10个部分：

（1）产品管理：包括产品、需求、计划、发布、路线图等功能。

（2）项目管理：包括项目、任务、团队、build、燃尽图等功能。

（3）质量管理：包括Bug、测试用例、测试任务、测试结果等功能。

（4）文档管理：包括产品文档库、项目文档库、自定义文档库等功能。

（5）事务管理：包括ToDo管理、我的任务、我的Bug、我的需求、我的项目等个人事务管理功能。

（6）组织管理：包括部门、用户、分组、权限等功能。

（7）统计功能：丰富的统计表。

（8）搜索功能：强大的搜索，帮助你找到相应的数据。

（9）灵活的扩展机制，几乎可以对禅道的任何地方进行扩展。

（10）强大的API机制，方便与其他系统集成。

【知识链接】

软件项目管理工具 Worktile

Worktile 是一款企业级级软件项目管理工具，由北京易成星光科技有限公司开发。Worktile 工具的目标是，提升企业员工工作效率，加强团队成员之间协作与沟通，进而提升软件开发效率，提高软件质量、增强企业核心竞争力。

Worktile 可以解决 30～1000 人规模公司的协作、办公和管理痛点，帮助企业实施项目管理、规范流程、搭建知识库以及辅助管理决策。主要功能包括：项目管理、消息、任务、日历、网盘、工作汇报、审批、目标管理、CRM 等应用。工作界面如图 6.20 所示。

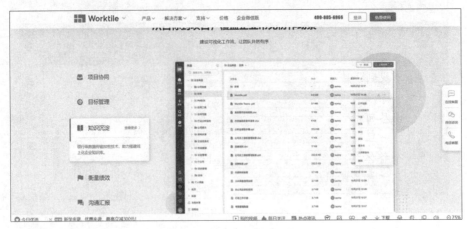

图 6.20　Worktile 界面

Worktile 主要功能特性如下：
1. 业务场景

Worktile 集协作、即时沟通和移动办公等功能于一体，提供企业 IM、任务管理、日程安排、企业网盘，工作简报等应用。

2. 敏捷开发

本书写作时，Worktile 已推出至 7.4 版本，它可以适配整个敏捷开发周期。通过需求管理、迭代规划、进度管理、缺陷追踪进行管理。

3. 即时沟通

专为工作场景打造的企业即时沟通工具，成员之间保持联系，协调工作。

4. 项目管理

业务场景模板，敏捷开发、缺陷管理等，管理项目进度与质量。所有成员均可在工作台规划安排自己负责的任务，待办事项。在任务详情中，可以设置负责人、项目开始/截止时间等基本信息；还可以进行子任务创建、任务分享等操作；对日常事务进行管理。

5. 办公管理

提供简报、公告、审批应用，办公事务跟踪，进度掌控。

6. OKR

突出主要目标，量化关键结果，帮助企业管理者实现企业内高效的沟通协作。

7. 管理后台

企业管理后台，帮助企业管理员在企业内部推广落地协作平台。

8. 看板

通过看板的形式，对任务进行展示。匹配多场景的项目模板，以积木化的思维配置出的项目模板，匹配互联网、电商、制造、建筑等不同行业产研、市场、运营等不同部门的项目管理需求。

【课后阅读】

项目管理的三要素

项目管理在企业中占有很重要的位置,那么怎么做才能有效地进行项目管理呢?所有项目管理有三个必须考虑的要素:时间、成本和质量。三者的关系密不可分,但三个要素又互相制约,必须找到一个平衡点,才能让三者平衡,从而达到项目管理的目标。

三个要素在一个项目管理进行中也经常发生冲突。一般来讲,人们总希望其产品在非常短的时间内,以尽可能低的成本获得最好的质量。然而,这三种要素中的任何一个都可能成为重中之重,一旦确定其中一个,那么另外两个就需要相应进行调整。

项目作为一个整体,要使各方面的资源能够协调一致,除了要考虑对项目直接成果的要求,还要考虑与之相关的在人力资源管理、质量管理、沟通管理、风险管理等方面的工作要求。

项目实训6——在线购物系统软件项目管理

一、实训目的

(1)熟练运用Microsoft Project 2016项目管理软件。
(2)掌握基本的甘特图、网络图、资源图的绘制。

二、实训环境或工具

(1)操作系统平台:Microsoft Windows 10。
(2)软件工具:Microsoft Project 2016。

三、实训内容与要求

(1)根据项目计划的具体要求使用Project绘制软件项目管理甘特图。
(2)甘特图生成完成后,须分别输入资源数量。

四、实训结果

以项目小组为单位,绘制甘特图,另存为png格式后上交。

五、实训总结

进行个人总结:通过本项目的实训学习,我掌握了哪些知识,有哪些收获和注意事项,等等。

六、成绩评定

实训成绩分A、B、C、D、E五个等级。

项目小结

能否开发出高质量、高效率的软件项目,不仅取决于所采用的技术、方法和工具,还取决于项目计划和管理水平。项目管理是指项目管理者在资源有限的情况下,运用项目管理的理论、方法和工具,对软件项目的分析、设计、编码、测试、发布、维护等全部工作进行有效的管理。软件项目管理的主要任务就是,制订任务计划,进行资源分配和进度的管理。

  许多企业使用Project软件来计划和管理项目,Project是一款集实用性、功能性和灵活性于一体的强大项目管理工具。为了更加合理、有效地规划和管理项目,提高工作效率,选择优秀的项目管理软件工具是非常重要的。使用Project软件来计划和管理项目,可以有效组织、跟踪任务和资源,控制项目进度并按计划工期和预算运行。

岗位简介——信息系统项目管理师

【岗位职责】

  (1)具备管理大型、复杂信息系统项目和多项目的经验和能力;
  (2)根据需求组织制订可行的项目管理计划;
  (3)组织项目实施,对项目的人员资金、设备、进度和质量等进行管理,并能根据实际情况及时做出调整,系统地监督项目实施过程的绩效,保证项目在一定的约束条件下达到既定的项目目标;
  (4)分析和评估项目管理计划和成果。

【岗位要求】

  (1)掌握信息系统知识;
  (2)掌握信息系统项目管理知识和方法;
  (3)掌握大型、复杂项目管理和多项目管理的知识和方法;
  (4)掌握项目整体绩效评估方法;
  (5)熟悉知识管理和战略管理;
  (6)掌握常用项目管理工具;
  (7)熟悉过程管理;
  (8)熟悉业务流程管理知识;
  (9)熟悉信息化知识和管理科学基础知识;
  (10)熟悉信息系统工程监理方面的知识;
  (11)熟悉信息安全知识;
  (12)熟悉信息系统有关法律法规、技术标准与规范;
  (13)熟悉项目管理师职业道德要求;
  (14)熟练阅读并准确理解相关领域的英文文献。

信息系统项目管理师常见面试题

  1. 工期和工作量之间的差异是什么?
  答:工期是人们通常所说的天数(也可能用月数或年数为单位),与人数和工作量无关。

工作量是与日历天数不直接相关的人的工作成果。例如：一天的工作量对于一位只花50%的时间在工作上面的人来说，他的工期就是两天。如果两个人全职工作，工期是1天，而工作量是两个人的日累计工作量。

2. 你怎样将人的工作步调与计划结合？

答：根据组织使用的具体的工具，可以将资源拆成更小的资源，或者可以将任务拆成更小的任务。

3. 为什么需要制订项目计划？

答：项目计划是项目成功的路线图。它提供了一种手段来告诉项目成员需要做什么，以及什么时间点完成任务。它也能帮助项目经理了解项目状态，能及时地调整特殊的资源。当实况报告与计划联系起来后，项目计划为今后项目的任务划分和估算提供了有用的信息。

4. 你怎样在计划中运用新技术？

答：在增加任务的同时要扩大工作量，缩小每个工作单元。在评价新技术在开发中的影响的过程中加上额外的检查点。

5. 你将如何解决团队中的个人冲突？

答：理解人的不同性格。分别向员工表述每种性格的价值。当出现冲突时，应了解双方的冲突原因，并在处理时保持客观的态度。

习 题 6

【基础启动】

一、单选题

1. 项目范围是否完成和产品范围是否完成分别以_____作为衡量标准。
   A．项目管理计划，产品需求　　　　　B．范围说明书，WBS
   C．范围基线，范围定义　　　　　　　D．合同，工作说明书

2. 新项目与过去成功开发过的一个项目类似，但规模更大，这时应该使用_____进行项目开发设计工作。
   A．原型法　　　B．变换模型　　　C．瀑布模型　　　D．螺旋模型

3. 以下哪一项最能表现某个项目的特征_____
   A．运用进度计划技巧。　　　　　　　B．整合范围与成本。
   C．确定期限。　　　　　　　　　　　D．利用网络进行跟踪。

4. _____就是将知识、技能、工具和技术应用到项目活动，以达到组织的要求。
   A．项目管理　　　B．项目组管理　　　C．项目组合管理　　　D．需求管理

二、判断题

1. (　) 软件质量就是代码的正确程度。

2. (　) 软件项目系统中的响应时间属于功能性需求。

3. (　) 项目具有目标性、相关性、临时性、独特性、资源约束性与不确定性。

4. (　) 在项目进行的过程中，关键路径是不变的。

5. (　) 项目约有80%以上的时间用于沟通管理，但网络沟通不是项目沟通方式之一。

6. (　) 质量保证的主要任务是对项目执行过程和项目产品进行检查。

7. （　）为了加快项目进度，可以跟用户沟通，适当降低质量标准。
8. （　）项目开发过程中可以无限制地使用资源。
9. （　）"上课"这项活动是项目。
10. （　）"开发操作系统"这项活动是项目。

三、问答题
1. 项目管理的过程包括哪些？
2. 软件项目管理的"4P"具体指什么？

【能力提升】

四、论述题

阅读以下说明，根据要求回答问题。

系统集成商 B 公司中标了某电子商务 A 企业的信息系统硬件扩容项目，项目内容为采购用户指定型号的服务器、交换机设备、存储设备若干台，并保证系统与原有设备对接，最后实现 A 企业的多个应用系统迁移，公司领导指定小周为该项目的项目经理。

小周担任过多款应用软件开发项目的项目经理，但没有负责过硬件集成项目。小周主持召开了项目启动会，对项目进行了分解，并为每位项目成员分别分配了任务。接下来，安排负责技术的小组长先编制项目技术方案，同时小周根据合同中规定的时间编制了项目的进度计划并发送给每位项目组成员，进度计划中确定了几个里程碑时点：

- ◇ 集成技术方案完成；
- ◇ 设备到货；
- ◇ 安装调试完成；
- ◇ 应用系统迁移完成。

由于该项目需要采购多种硬件设备，小周将进度计划发送给了采购部经理，并与采购部经理进行了电话沟通。技术方案完成后通过了项目组的内部评审。随后，项目组按照技术方案开始进行设备调试的准备工作，小周找到采购部经理确认设备的到货时间，结果得到的答复是，服务器可以按时到场，但存储设备由于运输的原因，要晚一周到货。由于存储设备晚到的原因，安装调试工作比计划延误了一周时间，在系统调试的过程中，项目组发现技术方案中存在一处错误，又重新改进了技术方案，造成实际进度比计划延误了两周，A 企业得知系统完成时间要延后，非常不满意，并到 B 公司高层领导那里进行了投诉。

【问题1】请分析该项目执行过程中存在哪些问题？
【问题2】项目的整体管理计划还应该包括哪些子计划？
【问题3】小周应该采取哪些措施来保证采购设备按时到货？

第二篇　软件测试技术

项目 7　白盒测试技术

如果已知软件产品的内部结构及其工作原理，要测试这样的软件产品，则可以对其内部功能和操作进行逐项测试，看是它否符合设计要求，这种方法就是白盒测试。白盒测试技术是基于代码的测试，使用这种测试技术能较早地发现问题，其测试效果也是最好的。

【课程思政】

三心二意

"一心一意诸事成，三心二意失良机。"这句话告诉大家做事不要马虎，更不能三心二意，否则会一事无成。但是，软件测试员的职业素质却可表为"三心、二意、一能力"，这里的"三心"指的是细心、耐心、责任心；"二意"指的是服务意识和团队合作意识；"一能力"指的是沟通能力。

在软件测试工作中，人的因素起了决定性的作用，一个好的测试团队能够在软件质量保障中起到重要的作用。因此，测试工程师的综合素质显得尤为重要。"三心"中的责任心在任何工作中都是必备的职业素质，在测试工作中尤为重要，只有那些具有强烈责任心的人，才能使自己成为出色的测试工程师。

【学习目标】

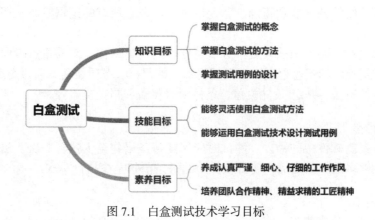

图 7.1　白盒测试技术学习目标

任务 7.1　逻辑覆盖法

【任务描述】

软件测试的方法主要有白盒测试和黑盒测试，它们运用在不同的测试环境和测试要求下。白盒测试需要测试人员具有一定的编程知识和代码阅读能力，本任务使用逻辑覆盖法进行软件测试。

【知识储备】

一、白盒测试

白盒测试又称结构测试，它将软件看作是一个透明的盒子，如图7.2所示，也就是说测试人员基本了解软件的内部结构和处理过程。所以，在测试时，将按照软件内部的逻辑和功能进行测试，会检验软件中的每条通路是否都能按软件需求规格说明书的要求正确工作。

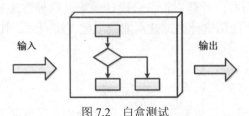

图 7.2　白盒测试

根据测试所用的具体方法，白盒测试可以分为静态白盒测试和动态白盒测试。静态白盒测试是指，在不执行软件的条件下，按部就班地审查软件设计、体系结构和程序代码，从而找出软件缺陷。动态白盒测试是指，在软件运行中进行测试，同时结合查看程序代码，了解其功能和实现方式，从而确定哪些需要测试，如何开展测试。动态白盒测试常用的测试方法有逻辑覆盖测试法和基本路径测试法等。

二、逻辑覆盖测试法

逻辑覆盖测试法的具体做法是，以软件内部逻辑结构为基础，提前设计测试用例，然后逐个测试逻辑结构的性能和正确性，保证测试能覆盖所有的逻辑模块。逻辑覆盖测试法属于白盒测试。

逻辑覆盖测试法要求测试人员十分清楚软件的逻辑结构，需要重点考虑的是测试用例对软件内部逻辑模块的覆盖程度。根据逻辑覆盖的目标，逻辑覆盖又可以分为：语句覆盖、判定覆盖、条件覆盖、判定/条件覆盖、条件组合覆盖和路径覆盖等。

1. 语句覆盖

为了充分暴露软件中的错误，测试时应保证每条语句至少执行一次。语句覆盖的含义是，设计出足够多的调试用例，使得软件中的每条语句至少执行一次。

2. 判定覆盖

判定覆盖又叫分支覆盖，它的含义是，不仅每条语句必须至少执行一次，而且每个判定节点的每种可能选择都应该至少执行一次，也就是每个判定的每个分支都至少执行一次。

3. 条件覆盖

条件覆盖的含义是，不仅每条语句至少执行一次，而且使判定表达式中的每个条件都能至少出现一次，并得到正确的结果。条件覆盖的测试要求通常比判定覆盖的测试要求要强许多，因为它要覆盖判定表达式中的每个条件，而判定覆盖却只关心整个判定表达式的值。

4. 判定/条件覆盖

有一点需要注意，判定覆盖不一定包含条件覆盖。同样地，条件覆盖也不一定包含判定覆盖。人们自然会想到，能否有一种测试，同时覆盖这两种测试——答案就是判定/条件覆盖。它的含义是，选取足够多的测试用例和测试数据，使得判定表达式中的每个条件都取到所有可能的值，而且每个判定表达式也都取到各种可能的结果。

5. 条件组合覆盖

条件组合覆盖是更强的逻辑覆盖标准，它要求选取足够多的测试数据，使得每个判定表达式中条件的各种可能组合都至少出现一次。

6. 路径覆盖

路径覆盖是选取足够多测试数据，使软件的每条可能路径都至少执行一次。

三、软件流程图的绘制

白盒测试以检查软件内部结构和逻辑为基础，测试人员依据软件内部逻辑结构的文档或程序代码来设计测试用例。为了更好地设计测试用例，必须对代码结构进行分析。一般情况下，图形表示通常比文字表述更直观、更容易理解，因此，白盒测试常常需要先为被测代码绘制软件流程图，去分析和理解软件的结构与功能，进而设计出高质量的测试用例。这其中，软件流程图是重要的工具和手段。

软件流程图由流程框、判定框（也称判断框、菱形框）、开始/结束框、连接点、流程线、数据框等构成，流程框具有处理功能；判定框具有条件判断功能；开始/结束框表示软件的开始或结束；连接点可将流程线连接起来；流程线表示流程的路径和方向；数据框表示流程图中输入/输出。

常用表示软件流程图的符号如图7.3所示。

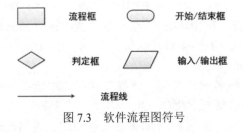

图7.3 软件流程图符号

【案例1】

逻辑覆盖

有一段代码如下所示，请使用逻辑覆盖方法为其设计测试用例。

```
if (A>1) and (B = 0)
then x = x/A;
if(A = 2) or (x>1)
then x = x+1;
```

步骤1：画出软件流程图，结果如图7.4所示。

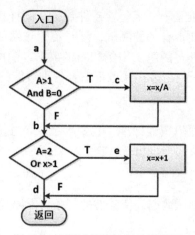

图7.4 被测试模块的软件流程图

步骤2：语句覆盖测试

语句覆盖测试设计足够的调试用例，使得软件代码中的每个语句至少执行一次。图7.10程序段中共有4条路径：P1(ace)、P2(abd)、P3(abe)、P4(acd)。

P1正好满足语句覆盖的条件。可以设计如下的输入数据：A=2，B=0，x=4。

需要注意，语句覆盖不能发现判断中的逻辑运算中的错误。在第一个判断中，如果逻辑运算符"&&"若错写成了"||"，则利用上面的输入数据，无法直接检查出这个错误。

步骤3：判定覆盖测试

在进行判定覆盖测试时，软件中的每个判断的"取真分支"和"取假的分支"均保证至少经历一次。满足判定覆盖的测试用例一定满足语句覆盖。

路径P1(ace)、P2(abd)正好满足判断覆盖的条件。相应的两组输入数据如下：

P1输入数据：A=2，B=0，x=4；P2输入数据：A=1，B=1，x=1。

也可以选择路径P3(abe)和P4(acd)进行判断覆盖测试。相应的两组输入数据如下，P3输入数据：A=2，B=1，x=1；P4输入数据：A=4，B=0，x=4。

步骤4：条件覆盖测试

条件覆盖就是设计足够的测试用例，使得软件判定中的每个条件能获得各种可能的结果。每个条件的可能判定路径至少执行一次。

条件有A>1，B=0，A=2，x>1。需要有足够的测试用例使得上述四个条件都能有满足和不满足的情况。条件全真或全假，这两组输入数据能满足这些要求：

P1(ace)输入数据：A=2，B=0，x=4（全真：A=2，B=0，x>1）

P2(abd)输入数据：A=1，B=1，x=1（全假：A≠2，B≠0，x≤1）

这两组数据不仅满足条件覆盖的要求，而且也满足判定覆盖的要求。但并不是所有的满足条件覆盖要求的数据都满足判定覆盖要求。下面的两组数据满足条件覆盖的要求（条件半真、半假）。

选择半真、半假条件：A=2，B≠0，x≤1，输入数据为：A=1，B=0，x=3，符合P3(abe)路径；再选择半真、半假条件：A≠2，B=0，x>1，输入数据为：A=2，B=1，x=1，也符合P3(abe)路径。

步骤 5：判定/条件覆盖测试

判定/条件覆盖就是要设计足够多的测试用例，使得判定中的每个条件都取到各种可能的值，而且每个判定表达式也都能取到各种可能的结果。

对于上面的例子，条件全真或全假，这两组输入数据能满足判定与条件覆盖，P1 输入数据：A = 2，B = 0，x = 4；P2 输入数据：A = 1，B = 1，x = 1。

步骤 6：条件组合覆盖

条件组合覆盖就是要设计足够多的测试用例，使得每个判定中的条件的各种可能组合都至少出现一次。

可能的条件组合：
（1）A > 1，B = 0   （2）A > 1，B≠0
（3）A≤1，B = 0   （4）A≤1，B≠0
（5）A = 2，x > 1   （6）A = 2，x≤1
（7）A≠2，x > 1   （8）A≠2，x≤1

相应的输入数据：
①A = 2，B = 0，x = 4 满足（1）和（5），符合 P1(ace) 路径；
②A = 2，B = 1，x = 1 满足（2）和（6），符合 P3(abe) 路径；
③A = 1，B = 0，x = 2 满足（3）和（7），符合 P3(abe) 路径；
④A = 1，B = 1，x = 1 满足（4）和（8），符合 P2(abd) 路径。

步骤 7：路径覆盖

路径覆盖就是要设计足够多的测试用例，使得程序中的每个路径至少执行一次。程序段中共有 4 条路径：P1(ace)、P2(abd)、P3(abe)、P4(acd)。

可以设计如下的输入数据：
①A = 2，B = 0，x = 4，符合 P1(ace) 路径；
②A = 1，B = 1，x = 1，符合 P2(abd) 路径；
③A = 2，B = 1，x = 1，符合 P3(abe) 路径；
④A = 4，B = 0，x = 4，符合 P4(acd) 路径。

【案例 2】

路径覆盖测试案例

对用户输入的分数进行评级，具体的标准为：90～100 分为优秀，80～89 分为良好，70～79 分为中等，60～69 分为及格，60 分以下为不及格。输入分数要求必须是正整数或 0。使用路径覆盖方法，根据下面的代码进行如操作：

（1）画出软件流程图；
（2）设计出需要的测试用例；
（3）给出测试用例的预期输出结果；
（4）运行测试用例查看实际输出结果；
（5）将预期结果与实际结果进行比对。

如果测试的结果与预期结果相同，则测试通过；如果结果不同，则测试失败，修改代码或测试用例，再重新执行步骤（3）～（5）。

Java 代码如下：

```java
import java.util.Scanner;
public class Cj2 {
    private static Scanner s;
    public static void main(String[] args) {
        System.out.print( "请输入一个成绩: ");
        s = new Scanner(System.in);
        String str = s.nextLine();
        int chengji= Integer.valueOf(str);
        if (chengji>100 || chengji<0 ){
        System.out.println("等级为：无效成绩");
        }
        else if (90<=chengji && chengji <= 100){
            System.out.println("等级为：优秀");
        }
        else if (chengji >= 80 && chengji < 90){
            System.out.println("等级为：良好");
        }
        else if (chengji >= 70 && chengji < 80){
            System.out.println("等级为：中等");
        }
        else if (chengji >= 60 && chengji < 70){
            System.out.println("等级为：及格");
        }
        else {
            System.out.println("等级为：不及格");
        }
    }
}
```

步骤1：画出的程序流程图如图7.5所示。

项目 7 白盒测试技术

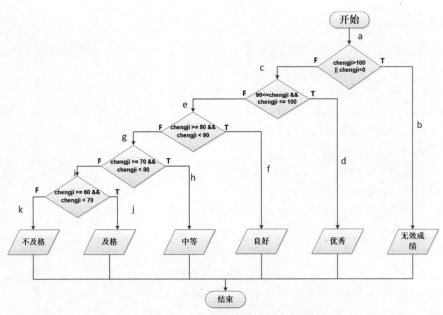

图 7.5 案例 2 程序流程图

步骤 2：根据程序流程图，写出测试路径。

测试路径如下：

  P1：acegik

  P2：acegij

  P3：acegh

  P4：acef

  P5：acd

  P6：ab

步骤 3：根据路径，设计测试用例，见表 7.1。

表 7.1 测试用例表

序号	路径编号	测试用例	预期结果	实际结果	是否通过
1	P1	0	不及格	不及格	通过
2	P2	60	及格	及格	通过
3	P3	79	中等	中等	通过
4	P4	89	良好	良好	通过
5	P5	90	优秀	优秀	通过
6	P6	120	无效	无效	通过

【任务实施】

对图书借阅管理中的借书功能进行测试。使用路径覆盖方法，根据下面的代码画出程序流程图并设计好测试用例，给出预期输出结果。

Java代码如下:

```java
public void keyTyped(KeyEvent e) {
 if (readerISBN.getText().trim().length()!=0
    && bookISBN.getText().trim().length()!=0) {
  String ISBNs = bookISBN.getText().trim();
  List list = Dao.selectBookInfo(ISBNs);
  String days = "0";
  List list2 = Dao.selectBookCategory(bookType.getText()
      .trim());
  String readerISBNs = readerISBN.getText().trim();
  List list5 = Dao.selectReader(readerISBNs);
//此读者是否在tb_reader表中
  List list4 = Dao.selectBookInfo(ISBNs);
//此书是否在tb_bookInfo表中
    if (!readerISBNs.isEmpty() && list5.isEmpty()) {
      JOptionPane.showMessageDialog(null,
        "此读者编号没有注册,输入的读者编号是否有误?");
    }
    if (list4.isEmpty() && !ISBNs.isEmpty()) {
      JOptionPane.showMessageDialog(null,
        "本图书馆没有此书,输入的图书编号是否有误?");
    }
    if (Integer.parseInt(number.getText().trim()) <= 0) {
      JOptionPane.showMessageDialog(null, "借书量已超过最大借书量!");
      }
    add();
    number.setText(String.valueOf(Integer.parseInt(number
       .getText().trim()) - 1));
  }
  else
    JOptionPane.showMessageDialog(null, "请输入读者编号及图书编号!");
  }
```

步骤1:画出的程序流程图如图7.6所示。

项目 7 白盒测试技术

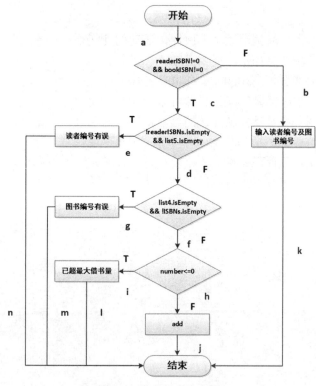

图 7.6 借书程序流程图

步骤 2：根据程序流程图，写出测试路径。

测试路径如下：

P1：abk

P2：acdfhj

P3：acen

P4：acdgm

P5：acdfil

步骤 3：根据路径，设计测试用例，见表 7.2。

表 7.2 测试用例表

序号	路径编号	测试用例	预期结果	实际结果	是否通过
1	P1	读者编号：X202000001 图书编号：空	输入读者编号及图书编号	输入读者编号及图书编号	通过
2	P2	读者编号：X202000001 图书编号：Sj000001	添加借书信息	添加借书信息	通过
3	P3	读者编号：X202200001 图书编号：Sj000002	读者编号有误	读者编号有误	通过
4	P4	读者编号：X202000001 图书编号：Sj004	图书编号有误	图书编号有误	通过
5	P5	读者编号：X202000001 图书编号：Sj000005	超过最大借书量	超过最大借书量	通过

【任务拓展】

某超市推出会员优惠促销活动，本次促销活动的规则是：

（1）只有会员才能够参加本次促销活动；

（2）会员单次消费金额满1000元，即可享受10元返现；

（3）会员单次消费金额满2000元，即可享受20元返现；

（4）会员单次消费金额满3000元，即可享受30元返现；

（5）会员单次消费金额满5000元，即可享受50元返现；

（6）每次消费交易仅返现一次，不重复计算，1000元以下不返现。

要求：使用路径覆盖方法进行测试用例设计。

Java代码如下：

```java
public static void queryscore(String moneyStr){
try {
float money = Float.valueOf(moneyStr);
if ( money<0 ){
   textField_1.setText("无效数据");
}
else if (5000<=money ){
   textField_1.setText("返现50元");
}
else if (money >= 3000 && money < 5000){
   textField_1.setText("返现30元");
}
else if (money >= 2000 && money < 3000){
   textField_1.setText("返现20元");
}
else if (money >= 1000 && money < 2000){
   textField_1.setText("返现10元");
}
else {
   textField_1.setText("不返现");
}
} catch (NumberFormatException e) {
   textField_1.setText("无效输入");
}
}
```

【任务提示】：

（1）画出的程序流程图如图7.7所示。

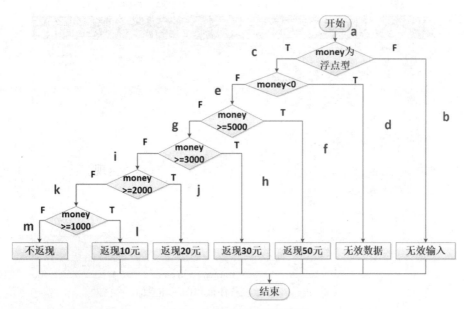

图 7.7 任务拓展程序流程图

（2）根据程序流程图，写出路径。
（3）根据路径，设计测试用例。

【知识链接】

使用 Visio 绘制程序流程图

使用 Visio 绘制程序流程图。

步骤 1：启动 Microsoft Visio，进入"新建"窗口。用 Visio 创建"基本流程图"界面如图 7.8 所示。

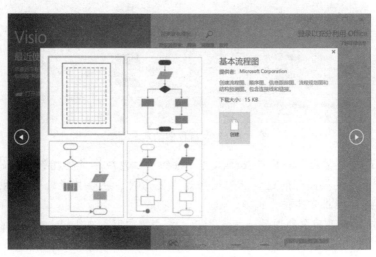

图 7.8 用 Visio 创建"基本流程图"界面

步骤 2：选择"选择绘图类型"→"类别"→"流程图"→"基本流程图"模板，Visio 自动启动相关模板，并生成新的空白绘图页，如图 7.9 所示。

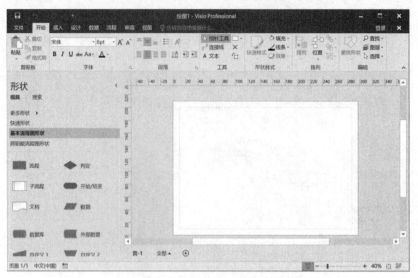

图 7.9　Visio 绘制程序流程图工作界面

步骤 3：在左侧"模具"标签中选中一个图件，将其拖放到右侧绘图页面上的合适位置。

步骤 4：重复上述拖动步骤，将"流程""判定""数据""开始/结束"等图件拖入页面并排列好，如图 7.10 所示。

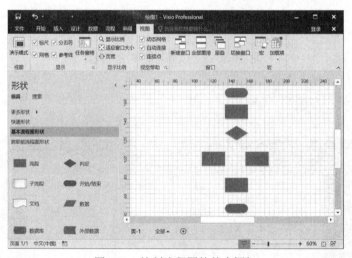

图 7.10　绘制流程图的基本框架

步骤 5：选择"常用"→"连接线工具"按钮（注意观察鼠标指针形状的变化），将鼠标移动到第一个要连接图形的连接点处，当连上图形时，在连接点处会显示为红色，表示连接线和连接点已经正常连接。

步骤 6：将所有页面中的图件连接完毕后，单击"常用"工具栏上的"指向工具"按钮，退出连接状态，鼠标指针恢复到选取状态。

步骤 7：在第一个图件上双击鼠标，进入文字编辑模式，输入文字"开始"。如果对文字的字体和大小不满意，可以先选中文字，然后选择"格式"→"字体"→"字号"选项，进行设置，如图 7.11 所示。

步骤8：重复上述步骤，在其他图件中输入相应文字。为了显得更加美观和专业，还可以为页面加上背景以及页眉和页脚等。

步骤9：最后，保存文件。

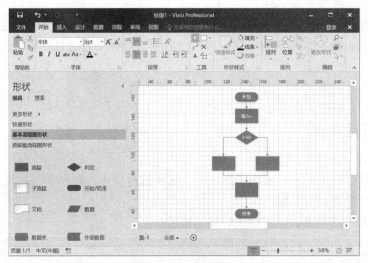

图7.11 完善流程图

【课后阅读】

白盒测试不可能实现"穷尽测试"

所谓"穷尽测试"是指把所有可能的条件、可能的状况全部测试到，这几乎是不可能完成的。下面的例子可以帮助解释缘由，白盒测试问什么无法实现穷尽测试。图7.12所示的为一个程序的控制流程，其中每个圆圈代表一段源程序（或称语句块），图中的曲线代表执行次数不超过20次的循环，循环体共有5条通路。这样，所有可能执行的路径有5^20条，近似为10^14条可能的路径。如果完成一个路径的测试需要1毫秒，那么整个测试过程需要3170年。如此长的测试时间显然是无法接受的，所以"穷尽测试"是不可能的。

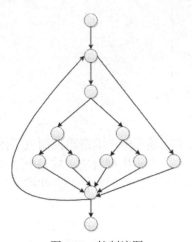

图7.12 控制流图

任务 7.2 基本路径测试

【任务描述】

基本路径测试是白盒测试中被广泛采用的测试方法之一。在程序控制流图的基础上,基本路径测试通过分析控制结构,找出可执行的测试路径集合,从而设计出相应的测试用例和测试流程。

【知识储备】

一、基本路径测试

基本路径测试方法包括以下4个步骤:
(1)根据程序代码画出程序的控制流图,详细描述程序控制结构与逻辑结构;
(2)计算程序路径复杂度;
(3)导出基本路径集,确定程序的独立路径;
(4)根据独立路径,设计相应的测试用例。

二、控制流图

程序流程图(又称框图)是我们最熟悉的,也是最容易理解的一种程序控制结构的图形表示方式。在程序流程图上常常标明了处理要求或者条件,但是,这些标注在做路径分析时是不重要的。为了更加突出控制流的结构,需要对程序流程图(如图7.13)做一些简化。这种简化了的程序流程图称作控制流图(如图7.14)。

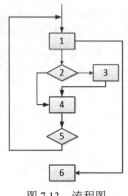

图 7.13 流程图

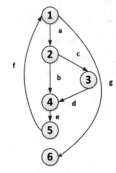

图 7.14 控制流图

控制流图又称程序图,用来描述程序中的逻辑控制流。控制流图由节点、边及域组成。节点表示一个或多个过程语句;边表示执行轨迹;域是由边和节点围成的区间。

在控制流图中只有两种图形符号,它们包括节点和控制流线。

(1)节点:以标有编号的圆圈表示。它代表了程序流程图中矩形框表示的处理、菱形表示的两个到多个出口判断以及两条到多条流线相交的汇合点。

(2)控制流线:以箭头线表示。它与程序流程图中的箭头线是一致的,表明了程序的执行轨迹。控制流线通常会赋予名字,如图中所标的a、b、c等。

三、程序环路复杂度

程序环路复杂度又称圈复杂度，是一种为程序逻辑复杂性提供定量测试的软件度量参数。将该度量用于计算程序的基本独立路径数目。为确保所有语句至少执行一次的测试数量的上界。

（1）利用边和节点计算圈复杂度

圈复杂度计算公式为：$V(G) = E - N + 2$，E是控制流图中边的数量，N是控制流图中节点的数量。通俗地说，圈复杂度就是判断单元间结构是否复杂、是否容易测试的标准。一般来说，如果圈复杂度大的程序，说明其代码可能质量低且难于测试和维护。经验表明，圈复杂度越高，程序存在Bug的可能性也越高。

（2）利用判定节点数计算圈复杂度

利用"判定条件"的数量来计算圈复杂度，圈复杂度实际上是判定节点数再加上1，对应的圈复杂度计算公式为：$V(G) = P+1$，其中，P是流图中判定节点的数目。

（3）利用控制流图的区域数计算圈复杂度

此时，圈复杂度$V(G) = R$，其中R是区域数。区域包括由边和节点围起来的封闭区域和1个未被封闭的区域。

如图7.14，在这个图中，边数$E = 7$，节点数$N = 6$，判断节点数$P = 2$，区域数$R = 3$。

使用方法（1）：

$V(G) = E - N + 2 = 7 - 6 + 2 = 3$。

使用方法（2）：

$V(G) = P + 1 = 2 + 1 = 3$。

使用方法（3）：

$V(G) = R = 3$

【案例1】

计算环路复杂度

程序源代码如下：

```
1    int proc(int record)
2    { int ph;
3       while (record>100)
4    {
5     scanf("%d",&ph);
6    if (ph<0){
7       ph = ph+4;
8       printf("%d",ph); }
9    else   if (ph>100)
10      printf("error");
11else
12       printf("%d",ph-record);
```

```
13record--;
14}
15    printf("good bye");
16    }
```

任务：对该程序进行如下操作。
（1）画出控制流图；
（2）计算环路复杂度 $V(G)$；
（3）列出路径。
解：
（1）画出控制流图如图 7.15 所示。

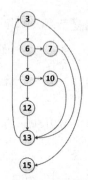

图 7.15 控制流图

（2）计算环路复杂度 $V(G)$

分析发现：边 $E=10$，节点 $N=8$，所以 $V(G)=E-N+2=10-8+2=4$。也可以通过判定节点计算 $V(G)$，判定节点 P 有 3、6、9 节点，$V(G)=P+1=3+1=4$。

这个控制流图中的被封闭的区域有区域 1：3 6 9 12 13，区域 2：6 7 9 10 13 和区域 3：9 10 12 13，共 3 个封闭区域再加上一个未封闭区域，所以区域数 $R=3+1=4$。

（3）确定基本路径。

由于环路复杂度为 4，于是确定 4 条基本路径：

路径 1：3-15

路径 2：3-6-7-13-3-15

路径 3：3-6-9-10-13-3-15

路径 4：3-6-9-12-13-3-15

【案例 2】

基本路径测试

程序流程图（图 7.16）描述了判断闰年的程序，tab 为变量标记，1 为闰年，0 为平年。判断任意年份是否为闰年，需要满足以下条件中的任意一个：

（1）该年份能被 4 整除但不能被 100 整除；

（2）该年份能被 400 整除。

任务：对该程序流程图设计基本路径覆盖测试用例。

（1）画出控制流图；
（2）计算环路复杂度 $V(G)$；
（3）列出路径；
（4）导出测试用例。

解：

（1）画出控制流图如图 7.17 所示。

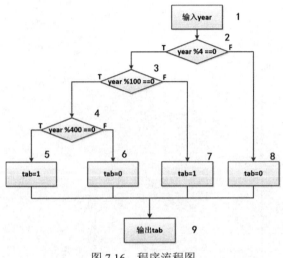

图 7.16　程序流程图

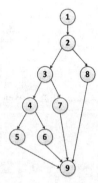

图 7.17　控制流图

（2）计算环路复杂度 $V(G)$

分析发现：边 $E=11$，节点 $N=9$，所以 $V(G)=E-N+2=11-9+2=4$。或者可以通过判定节点计算 $V(G)$，判定节点 P 有 2、3、4 节点，$V(G)=P+1=3+1=4$。

（3）确定基本路径。

由于环路复杂度为 4，于是确定 4 条基本路径：

路径 1：1-2-8-9

路径 2：1-2-3-7-9

路径 3：1-2-3-4-5-9

路径 4：1-2-3-4-6-9

（4）导出测试用例

路径 1 输入数据：year = 2000，预期效果：tab = 1；

路径 2 输入数据：year = 1900，预期效果：tab = 0；

路径 3 输入数据：year = 1004，预期效果：tab = 1；

路径 4 输入数据：year = 1001，预期效果：tab = 0。

【任务实施】

图书借阅管理的借书功能测试

图 7.18 所示的程序流程图描述了图书借阅管理中的借书功能。其中，读者编号及图书编号不能为空，否则会提示输入读者编号及图书编号；输入读者编号及图书编号后，检查读者编号及图书编号是否有错；如果读者编号及图书编号均正确，再检查有没有超过最大借

书量。

任务：对该程序流程图设计基本路径覆盖测试用例。

（1）画出控制流图；

（2）计算环路复杂度$V(G)$；

（3）列出路径；

（4）导出测试用例。

解：

（1）画出控制流图如图7.19所示。

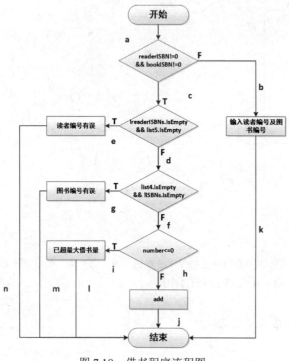

图 7.18　借书程序流程图

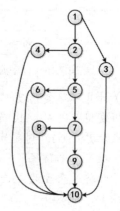

图 7.19　借书控制流图

（2）计算环路复杂度$V(G)$

分析发现：边$E=11$，节点$N=9$，所以$V(G)=E-N+2=13-10+2=4$。或者可以通过判定节点计算$V(G)$，判定节点P有1、2、5、7节点，$V(G)=P+1=4+1=5$。

（3）确定基本路径。

由于环路复杂度为5，于是确定5条基本路径：

路径1：1-3-10

路径2：1-2-5-7-9-10

路径3：1-2-4-10

路径4：1-2-5-6-10

路径5：1-2-5-7-8-10

（4）导出测试用例

路径1输入数据：读者编号：X202000002，图书编号：空；预期效果：输入读者编号及图书编号；

路径2输入数据：读者编号：X202000002，图书编号：Sj000001；预期效果：添加借书信息；

路径3输入数据：读者编号：X2022000002，图书编号：Sj000002；预期效果：读者编号有误；

路径4输入数据：读者编号：X202000002，图书编号：Sj004；预期效果：图书编号有误。

路径5输入数据：读者编号：X202000002，图书编号：Sj000005；预期效果：超过最大借书量。

【任务拓展】

根据程序流程图判断三角形的种类，程序流程图如图7.20所示，参数a，b，c分别为三角形的三边。

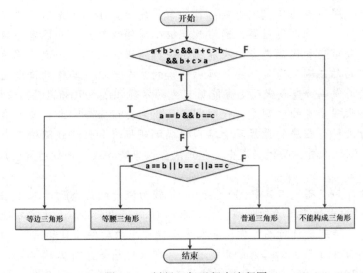

图 7.20　判断三角形程序流程图

对该程序流程图进行基本路径覆盖设计测试用例。

（1）画出控制流图；

（2）计算环路复杂度$V(G)$；

（3）列出路径；

（4）导出测试用例。

【任务提示】：

根据图7.20提供的程序流程图画出控制流图，再计算环路复杂度，列出路径，导出测试用例。

【知识链接】

静态白盒测试

静态测试是指测试项目中非计算执行的部分，比如查看文档、查看程序代码等。静态白盒测试就是静态分析，它的目的是，找出源程序中是否存在错误或"潜在的危险"。静态分析是在不执行软件的条件下有条理地仔细查看软件设计、软件体系结构和软件代码,从而找出软件缺陷的过程,所以也称为结构化分析。

静态分析的手段就是程序代码检查,其依据的是每个公司颁布的编码规范等技术要求与行业技术标准,可以通过事先制定好的检查表进行。静态分析的优点是,能尽早发现软件缺陷,找出动态测试难以发现的软件缺陷,在开发过程初期让测试小组集中精力进行软件设计的评审非常有价值;另外它也为动态测试人员设施方案的设计和实施提供了思路。

静态分析可以由人工进行静态测试,也可以由软件工具自动进行静态测试。人工静态测试常用的方法有桌面检查、代码审查以及代码走查。检查的内容包括模块规范性测试、模块逻辑性测试、模块接口测试等。

桌面检查是一种古老的人工查找错误的方法。一般由程序开发者阅读自己所编写的程序代码,这种方法效率不高,但有机会发现或找出程序代码中明显的疏漏或笔误。

代码审查和代码走查是由若干名程序员与测试员组成一个小组,集体阅读并检查程序的过程。无论是代码审查还是代码走查,目的都是发现错误而不是纠正错误。使用代码审查和代码走查测试,一旦发现错误,通常就能够知道错误的性质和位置,从而降低了调试的成本;使用代码审查和代码走查一次能揭示一批错误,而不是一次只揭示一个错误。而基于计算机执行的动态测试通常只能暴露出错误的某个表征,具体的错误还需要具体地查找。经验表明,使用代码审查或代码走查能够优先的发现30%～70%的逻辑设计和编码错误。

代码审查和代码走查的区别是,代码审查是正式会议审查方式,要求准备好需求描述文档、程序设计文档、程序的源代码清单、代码编码标准和代码缺陷检查表,参加人员为项目组成员包括测试人员;而代码走查是非正式会议审查方式,一般通读设计和编码,参加人员开发人员为主。

在可用的软件静态测试工具中,Logiscope 是较为流行的静态测试工具。Logiscope 是法国 Telelogic 公司推出的专用于软件质量保证和软件测试的产品。其主要功能是,对软件做质量分析和测试,特别是针对高可靠性和高安全性要求的软件项目和工程。Logiscope 有三项独立的功能,以 3 个独立的工具的形式出现,即软件质量分析工具——Audit;代码规范性检测工具——Rulechecker;测试覆盖率统计工具——TestChecker;它们之间在功能上没有什么联系,彼此较为独立。Audit 和 Rulechecker 提供了对软件进行静态分析的功能,TestChecker 提供了测试覆盖率统计的功能。

【课后阅读】

单元测试框架

单元测试是对单个的软件单元或者一组相关的软件单元所进行的测试,属于代码级的测试。单元测试是软件测试的基础,其主要目的是,验证应用程序是否能够很好地工作,并尽早地发现错误。单元测试的对象是软件设计的最小单位——模块或函数,单元测试的依据是详细设计描述。

单元测试主要采用白盒测试方法,辅以黑盒测试方法。白盒测试方法应用于代码检查、单元程序检验之中,而黑盒测试方法则应用于模块、组件等大单元的功能测试之中。

单元测试框架很多,几乎每一种编程语言都至少有一个,功能或特点各不相同。如:C++的 CppUnit, .NET 的 NUnit, Java 的 JUnit, Python 的 UnitTest。

单元测试框架有三个主要部分:

（1）配置对象，根据需要新建和配置被测试对象。
（2）操控对象，调用被测方法。
（3）判断结果，通过断言判断结果是否符合预期。

项目实训 7——在线购物系统白盒测试

一、实训目的
（1）熟悉白盒测试的基本方法和基本策略。
（2）学会软件测试用例的设计。

二、实训环境或工具
（1）操作系统平台：Microsoft Windows 10。
（2）软件工具：Microsoft Word 2016。

三、实训内容与要求
（1）准备参考资料和国家有关软件开发的标准文档。
（2）根据提供的课题需求和条件，按照软件开发国家标准测试用例设计格式，写出"在线购物系统"白盒测试用例。

四、实训结果
以项目小组为单位，形成一份规范的在线购物系统白盒测试用例。

五、实训总结
进行个人总结：通过本项目的实训学习，我掌握了哪些知识，有哪些收获和注意事项，等等。

六、成绩评定
实训成绩分A、B、C、D、E五个等级。

项目小结

本项目主要了介绍白盒测试技术，重点讲解了基本路径测试方法。白盒测试方法要求全面了解程序内部逻辑结构并对所有逻辑路径进行测试。本项目以图书管理系统为例，讲解了如何使用白盒测试方法进行测试。

岗位职责——初级软件测试工程师

（1）能根据产品原型、UI设计准确地发现并提交Bug，独立完成里程碑测试；
（2）针对发现的Bug，能及时有效地和相关负责人进行沟通，督促其完成修改进行回归性测试；
（3）能独立解决工作中遇到的问题，有自己的主观逻辑思想，能对Bug做出明确判断；

（4）能严格按照规范流程进行测试工作，并能严格要求自己；
（5）能够主动和同事进行有效沟通，解决当前问题，推动项目进展。

软件测试工程师常见面试题

1. 为什么进行软件测试？

答：没经过测试的软件无法保证质量，好比ISO质量认证一样。测试中发现问题，即时提交开发改进，在软件发布时保证软件质量。

2. 什么样的测试用例才是合格的？

答：能覆盖到所有测试点。

3. 测试结束标准

答：（1）缺陷数目达到或超过项目质量管理目标的要求，测试暂停返回开发；
　　（2）项目出现重大估算和进度偏差，需要暂停或者终止；
　　（3）新的需求变更大，需修改测试计划和测试用例之后再进行；
　　（4）开发暂停，测试也暂停，备份暂停时的数据；
　　（5）所有功能、性能测试用例 100%进行。

4. 测试的生命周期是什么？

答：测试的生命周期为：
　　（1）需求测试计划制定和评审；
　　（2）测试用例编写；
　　（3）测试用例执行；
　　（4）Bug 管理；
　　（5）测试报告输出。

5. alpha测试和beta测试的区别？

答：alpha测试是在用户组织模拟软件系统的运行环境下的一种验收测试。Beta测试由软件的最终用户小组成员在一个或多个用户场所进行的测试。alpha测试和beta测试的区别在于：主要是测试场所不同，alpha是指把用户请到开发方的场所来测试，beta测试是指在一个或多个用户的场所进行测试；alpha测试的环境是受开发方控制的，用户的数量相对较少，时间比较集中，beta测试环境不受开发方控制，用户数量相对多，时间不集中。

习 题 7

【基础启动】

一、单选题

1. 软件测试方法中的静态测试方法之一为_____。
    A. 计算机辅助静态分析　　　　　　　B. 黑盒法
    C. 路径覆盖　　　　　　　　　　　　D. 边界值分析
2. 在下列测试技术中，_____属于白盒测试技术。

A. 等价划分　　　B. 边界值分析　　　C. 错误推测　　　D. 逻辑覆盖

3. 使用白盒测试时，确立测试数据应依据_____和指定的覆盖标准。

A. 程序的内部逻辑　B. 程序的复杂程度　C. 使用说明书　D. 程序的功能

4. 白盒测试中常用的方法是_____方法。

A. 路径测试　　　B. 等价类　　　C. 因果图　　　D. 概括测试

5. 语句覆盖、判断覆盖、条件覆盖和路径覆盖都是白盒测试法设计测试用例的覆盖准则，在这些覆盖准则中最弱的准则是_____。

A. 语句覆盖　　　B. 条件覆盖　　　C. 路径覆盖　　　D. 判断覆盖

6. 语句覆盖、判断覆盖、条件覆盖和路径覆盖都是白盒测试法设计测试用例的覆盖准则，在这些覆盖准则中最强的准则是_____。

A. 语句覆盖　　　B. 条件覆盖　　　C. 路径覆盖　　　D. 判断覆盖

7. 以程序的内部结构为基础的测试用例技术属于_____。

A. 灰盒测试　　　B. 数据测试　　　C. 黑盒测试　　　D. 白盒测试

8. 软件测试通常可分为白盒测试和黑盒测试。白盒测试是根据程序的_____来设计测试用例，黑盒测试是根据软件的规格说明来设计测试用例。

A. 功能　　　B. 性能　　　C. 内部逻辑　　　D. 内部数据

9. 为了提高测试的效率，下列关于选择测试数据的说法最准确的是_____。

A. 随机选取测试数据，达到测试覆盖率要求

B. 优先选择用户使用频率高或发现错误的可能性大的数据作为测试数据

C. 尽量少的选择测试数据。

D. 取一切可能的输入数据作为测试数据，达到全部覆盖的要求

10. 下列描述错误的是_____。

A. 软件发布后如果发现质量问题，那是软件测试人员的错

B. 穷尽测试实际上在一般情况下是不可行的

C. 软件测试自动化不是万能的

D. 测试能由非开发人员进行，调试必须由开发人员进行

二、问答题

1. 什么是白盒测试？
2. 白盒测试主要采用的技术有哪些？

【能力提升】

三、设计题

1. 使用白盒测试方法，设计好测试用例，之后给出预期结果，再使用测试用例进行测试运行，最后对比结果。如果预期结果与实际结果相同，则测试通过；不同则表示测试失败，需要修改代码或测试用例。

Java 代码如下：

```java
import java.io.*;
class Sjx{
static private double a,b,c;
static public void main(String[] args){
try{
```

```
InputStream in=System.in;
InputStreamReader inRead=new InputStreamReader(in);
BufferedReader read=new BufferedReader(inRead);
System.out.println("输入三边值,每个值输入后回车");
a=Double.valueOf(read.readLine());
b=Double.valueOf(read.readLine());
c=Double.valueOf(read.readLine());
}catch(IOException e){
System.out.println("出现异常!");
System.exit(0);
}
System.out.println(confirm(a,b,c));
}
public static int confirm(double a,double b,double c){
    if((a + b > c) && (b + c > a) && (a + c > b)) { //判断为三角形
    if((a == b) && (b ==c))  //判断为等边三角形
    return 3;
    if((a == b) || (b == c) || (a == c))  //判断为等腰三角形
    return 2;
    else  //判断为普通三角形
    return 1;
    }
    else {  //为非三角形
    return 0;
}
}
}
```

2. 根据给出的代码,完成下面的任务:

(1)画出控制流图;

(2)计算环路复杂度;

(3)列出路径;

(4)导出测试用例。

源代码如下:

```
void abc(int iNum,int iType)
1  {
2     int x=0;
3     int y=0;
4     while(iNum>0)
```

```
5   {
6    if(iType = = 0)
7        {x = y+2;break;}
8    else
9        if(iType = = 1)
10            x = y+10;
11       else
12            x = y+20;`
13  }
14 }
```

项目 8　黑盒测试技术

如果已知软件产品的功能,但并不了解其内部结构和程序代码,仍可以对它的每项功能进行测试,看是否都达到了预期的要求,这种测试方法就是黑盒测试。黑盒测试是从用户的角度,从输入数据与输出数据的对应关系出发,对软件产品进行的功能性测试。

【课程思政】

精益求精

工匠精神是职业道德、职业能力、职业品质的综合体现,是道德标准、价值追求、刻苦努力和坚持坚守的表现形式。工匠精神的核心是,不仅仅把工作当作赚钱或养家糊口的工具,而是保持对职业敬畏、对工作执着、对产品负责的态度,注重细节,不断追求完美和高标准,给用户最好的体验。将一丝不苟、精益求精的工匠精神融入每一个环节,做出打动人心的一流产品。许多优秀的软件产品,正是软件工程师们刻苦钻研、不怕困难、不断取得突破得来,这种踏实勤奋的钻研精神,有很大的学习意义,通过对前人工匠精神的介绍,可以增强大家的民族自豪感,激发青年人的爱国主义情怀,形成为祖国科技发展努力学习的动力。

学校组织学生参加了历年的全国职业院校技能大赛,有许多同学获得了相关的奖项。这些获奖的同学们,都有一个共同的特点,就是刻苦学习、认真思考、关联分析,他们许多人放弃了假期休息,在校封闭训练。例如,参加软件测试技能大赛的同学们,反复进行项目计划编写、测试用例设计、程序漏洞查找、项目总结报告书写等练习,并且对这些工作反复检查,讨论和研究如何设计出全面合理的测试用例。他们就是我们身边的践行工匠精神的榜样,他们用实际行动说明,无论在测试比赛、训练,还是在日常学习中,都需要工匠精神。我们也坚信在今后的工作中,同样能以工匠精神对待自己的职业,不断提升心性,培养自身的专业技能,无论处于什么岗位都能做到,对工作精益求精,去践行工匠精神。

【学习目标】

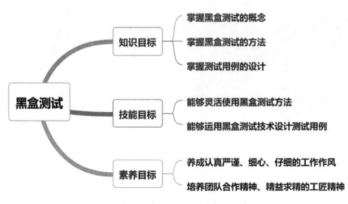

图 8.1　黑盒测试技术学习目标

项目 8　黑盒测试技术

任务 8.1　等价类划分法

【任务描述】

利用等价类划分的方法，划分出有效等价类、无效等价类；根据等价类，设计测试用例，给出预期结果；上机测试后，比对实际结果与预期结果，判断本次测试是否通过。

【知识储备】

一、黑盒测试概念

黑盒测试又称为功能测试、数据驱动测试或基于需求规格说明书的测试。该类测试注重于测试软件的功能性需求。黑盒测试并不关心软件（或程序）的结构及其实现细节，后续介绍时我们不再刻意区分软件或程序（通常意义下，软件代表整体，而程序则代表软件的细节或组成部分），而统一用"程序"代之。

黑盒测试是将被测试程序看成一个黑盒子，不考虑程序内部的结构和处理过程，而只考虑程序的输入与输出之间的关系，只按照规格说明书的规定来检查程序是否符合它的功能要求，如图 8.2 所示。

图 8.2　黑盒测试

黑盒测试是在程序接口的层次进行的测试，黑盒测试检查的主要方面有：

（1）程序的功能是否正确或完善；

（2）数据的输入能否被正确地接收，输出结果是否正确；

（3）程序是否能保证外部信息（如数据文件）的完整性等。

二、常用黑盒测试方法

1. 等价类划分法

等价类划分法是一种实用的测试技术。使用等价类划分法设计测试用例时，不需要考虑程序的内部逻辑结构，而主要依据程序的功能说明。

同白盒测试一样，从黑盒测试的角度，"穷尽测试"同样是不可能实现的，也是不必要的，我们可以从所有可能的输入数据中选择一个子集来进行测试。

2. 边界值分析法

边界值分析法是一种黑盒测试方法，是对等价类分析方法的一种补充。

大量的软件测试实践表明，故障往往出现在定义域或值域的边界上，出现在其内部的比例相对较低。为测试边界附近的功能而专门设计测试用例，通常都会取得很好的测试效果。因此，边界值分析法是一种很实用的黑盒测试方法，它具有很强的发现故障的能力。

3. 错误推测法

错误推测法是指，基于经验和直觉推测程序中所有可能存在的错误，从而有针对性地设计测试用例，这种测试方法在一些特殊的场合能起到事半功倍的效果。

三、等价类划分法

等价类是指输入域的某个互不相交的子集，所有等价类的并集可作为整个输入域。用等价类划法进行测试的实施步骤如下：

1. 划分等价类

（1）有效等价类

检验程序的规格说明是否实现了预先规定的功能或性能。

（2）无效等价类

检查软件的功能或性能是否有不符合规格说明的地方。

2. 常用的等价类划分原则

等价类的划分在很大程度上依靠的是测试人员的经验，下面给出3条基本原则：

（1）如果输入条件规定了取值范围，可定义一个有效等价类和两个无效等价类。

例1：输入值是学生成绩，范围是0～100

有效等价类：①0≤成绩≤100

无效等价类（非正常值）：①成绩<0；②成绩>100

（2）如果规定了输入数据的个数，则类似地可以划分出一个有效等价类和两个无效等价类。

例2：一个学生每学期只能选修1～5门课

有效等价类：①选修1～5门课

无效等价类：①未选任何1门课；② 选修超过5门课

（3）如规定了输入数据的一组值，并且程序对不同输入值均做了处理，则每个允许的输入值是一个有效等价类，并有一个无效等价类（所有不允许的输入值的集合）。

例3：输入条件说明学历可为：初中、高中、大专、本科、研究生五种之一。

有效等价类：①初中、②高中、③大专、④本科、⑤研究生

无效等价类：⑥其他学历，例如，小学或"无学历"

3. 做出等价类表

在确立了等价类之后，可按表8.1的形式列出所有划分出的等价类表：

表 8.1 等价类表

输入条件	有效等价类	无效等价类
（具体内容）	（具体内容）	（具体内容）

同样，也可按照输出条件，将输出域划分为若干个等价类。

4. 设计测试用例

划分出等价类后，根据以下原则设计测试用例：

（1）为每个等价类进行编号。

（2）设计一个新的测试用例，使它能包含尽可能多的尚未被覆盖的有效等价类。重复这一过程，直到所有的有效等价类都被覆盖。

（3）设计一个新的测试用例，使它包含一个尚未被覆盖的无效等价类。重复这一过程，直到所有的无效等价类都被覆盖。

【案例1】

测试成绩的等级

通过上述所学的相关知识，解决和完成黑盒测试任务。

对用户输入的分数进行评级，其中90～100分为优秀，80～89分为良好，70～79分为中等，60～69分为及格，60分以下为不及格。输入分数要求必须是正整数或0。使用等价类划分方法进行测试，成绩等级划分测试界面如图8.3所示。

图8.3 成绩等级测试界面

步骤1：划分等价类，为每个等价类编号，见表8.2等价类划分。

表8.2 等价类划分

输入条件	有效等价类	无效等价类
成绩	① 0～59	⑥ 空
	② 60～69	⑦ 负数
	③ 70～79	⑧ 大于100的数
	④ 80～89	⑨ 非整数
	⑤ 90～100	⑩ 有非数字字符

步骤2：设计测试用例，以便覆盖所有的有效等价类。

测试数据期望结果覆盖的有效等价类：

    1.0   有效覆盖①

    2.60   有效覆盖②

    3.79   有效覆盖③

4.89　　　　　　　　有效覆盖④
5.90　　　　　　　　有效覆盖⑤

步骤3：为每一个无效等价类设计一个测试用例。
测试数据期望结果覆盖的无效等价类：
（1）输入数据为空　　　　无效覆盖⑥
（2）-1　　　　　　　　　无效覆盖⑦
（3）101　　　　　　　　无效覆盖⑧
（4）45.8　　　　　　　　无效覆盖⑨
（5）a1　　　　　　　　　无效覆盖⑩

步骤4：给出预期结果与实际结果比对，给出测试结果，见表8.3测试结果。

表8.3　测试结果

测试用例编号	覆盖的等价类编号	测试用例	预期结果	实际结果	是否通过
1	①	0	不及格	不及格	通过
2	②	60	及格	及格	通过
3	③	79	中等	中等	通过
4	④	89	良好	良好	通过
5	⑤	90	优秀	优秀	通过
6	⑥	空	无效	无效	通过
7	⑦	-1	无效	无效	通过
8	⑧	101	无效	无效	通过
9	⑨	45.8	无效	无效	通过
10	⑩	a1	无效	无效	通过

【案例2】

日期检查功能测试用例设计

对于要进行测试的学籍管理模块，要求用户输入以年月表示的日期。假设日期限定在1990年1月—2099年12月范围内，并规定日期由6位数字字符组成，前4位表示年，后2位表示月。现用等价类划分法设计测试用例，来测试程序的"日期检查功能"。

1. 划分等价类，为每个等价类编号，见表8.4日期检查功能等价类划分。

表8.4　日期检查功能等价类划分

条　件	有效等价类	无效等价类
日期类型及长度	①6位数字字符	②有非数字字符
		③少于6位数字字符
		④多于6位数字字符
年份范围	⑤在1990～2099之间	⑥小于1990
		⑦大于2099
月份范围	⑧在1～12之间	⑨等于0
		⑩大于12

2. 设计测试用例，见表8.5所示。

表 8.5　日期检查功能测试用例

测试用例编号	等价类编号	测试用例	预期结果
1	①⑤⑧	200211	有效输入
2	②	2022hi	无效输入
3	③	20036	无效输入
4	④	2001006	无效输入
5	⑥	198912	无效输入
6	⑦	210001	无效输入
7	⑨	200100	无效输入
8	⑩	200113	无效输入

【任务实施】

图书管理系统用户登录功能测试

图书管理系统用户登录框（如图8.4所示），使用等价类划分法设计针对用户登录的测试用例。

其中用户名的规则如下：
（1）用户名长度为：4～10位（包括4位和10位）；
（2）用户名由字母组成；
（3）不能为空、空格或含有特殊字符。

密码的规则如下：
（1）密码长度为：5～12位（含5位和12位）；
（2）密码由字母和数字组成；
（3）不能为空、空格或含有特殊字符。

登录界面如下。

图 8.4　用户登录界面

步骤1：划分等价类，为每个等价类编号，见表8.6等价类划分。

表 8.6　图书管理系统用户登录等价类划分表

序号	条件	有效等价类	无效等价类
1	用户名	①4～10位字母	③不匹配的用户名
			④用户名长度小于4
			⑤用户名长度大于10
			⑥用户名含有特殊字符
			⑦用户名为空
			⑧用户名含有空格
2	密码	②5～12位，包含字母和数字	⑨密码长度小于5位
			⑩密码长度大于12位
			⑪密码中只有数字或只有字母
			⑫密码中含有空格
			⑬密码为空
			⑭与用户名不匹配的密码

步骤2：设计测试用例，以便覆盖所有的有效等价类。
用户名及密码要同时满足要求才能登录成功，测试数据期望结果覆盖的有效等价类：
用户名：admin，密码：ad123456有效覆盖①②
步骤3：为每一个无效等价类设计一个测试用例。
测试数据期望结果覆盖的无效等价类：
（1）用户名：damin，　　　　密码：ad123456　　　　有效覆盖③②
（2）用户名：dam，　　　　　密码：ad123456　　　　有效覆盖④②
（3）用户名：daminadmin，　　密码：ad123456　　　　有效覆盖⑤②
（4）用户名：damin@，　　　　密码：ad123456　　　　有效覆盖⑥②
（5）用户名：空，　　　　　　密码：ad123456　　　　有效覆盖⑦②
（6）用户名：adm in，　　　　密码：ad123456　　　　有效覆盖⑧②
（7）用户名：admin，　　　　密码：ad12　　　　　　　有效覆盖①⑨
（8）用户名：admin，　　　　密码：ad12345678901　　有效覆盖①⑩
（9）用户名：admin，　　　　密码：123456　　　　　　有效覆盖①⑪
（10）用户名：admin，　　　 密码：ad 123456　　　　有效覆盖①⑫
（11）用户名：admin，　　　 密码：空　　　　　　　　有效覆盖①⑬
（12）用户名：admin，　　　 密码：a123456　　　　　有效覆盖①⑭
步骤4：给出预期结果与实际结果比对，给出测试结果，见表8.7测试结果。

表 8.7　图书管理系统用户登录测试结果

测试用例编号	覆盖的等价类编号	测试用例	预期结果	实际结果	是否通过
1	①②	用户名：admin 密码：ad123456	登录成功	登录成功	通过
2	③②	用户名：damin 密码：ad123456	用户名错误提示	用户名错误提示	通过
3	④②	用户名：dam 密码：ad123456	用户名不符合要求	用户名不符合要求	通过
4	⑤②	用户名：daminadmin 密码：ad123456	用户名不符合要求	用户名不符合要求	通过
5	⑥②	用户名：damin@ 密码：ad123456	用户名不符合要求	用户名不符合要求	通过
6	⑦②	用户名：空 密码：ad123456	用户名不能为空	用户名不能为空	通过
7	⑧②	用户名：adm in 密码：ad123456	用户名不能有空格	用户名不能有空格	通过
8	①⑨	用户名：admin 密码：ad12	密码不符合要求	密码不符合要求	通过
9	①⑩	用户名：admin 密码：ad12345678901	密码不符合要求	密码不符合要求	通过
10	①⑪	用户名：admin 密码：123456	密码不符合要求	密码不符合要求	通过
11	①⑫	用户名：admin 密码：ad 123456	密码中不能有空格	密码中不能有空格	通过
12	①⑬	用户名：admin 密码：空	密码不能为空	密码不能为空	通过
13	①⑭	用户名：admin 密码：a123456	密码错误提示	密码错误提示	通过

【任务拓展】

QQ 用户登录框测试

使用等价类划分法设计针对QQ号登录的测试用例，QQ登录界面如图8.5所示。

提示：测试前必须知道QQ号登录有效的条件。

（1）QQ号的有效号码段。

（2）密码设置有效的条件。

图 8.5　QQ 测试界面

【知识链接】

黑盒测试不可能实现穷尽测试

假设有一个很简单的小程序，输入量只有两个：A 和 B，输出量只有一个：C。如果计算机的字长为 32 位，A 和 B 的数据类型都只是整数类型。利用黑盒测试方法进行测试时，将 A 和 B 的可能取值进行排列组合，输入数据的可能性有：$2^{32} \times 2^{32} = 2^{64}$ 种。假设这个程序执行一次需要 1 毫秒，要完成所有可能数值的测试，计算机需要连续工作 5 亿年。显然，这是不可能的，而且，设计测试用例时，不仅要有合法的输入，而且还应该有不合法的输入，在这个例子中，输入还应该包括实数、字符串等，这样，输入数据的可能性就更多了。所以说，穷尽测试是不可能实现的。

如果你打算测试一个计算器程序的功能，界面如图 8.6 所示。你认为需要进行多少次输入？

图 8.6 计算器测试界面

【课后阅读】

扁鹊的医术

魏文王问名医扁鹊说：你们家兄弟三人，都精于医术，到底哪一位医术最高呢？扁鹊答：长兄最好，仲兄次之，我最差。文王再问：那为什么你最出名呢？扁鹊答：我长兄是治病于病情发作之前。由于一般人不知道他能事先祛除病因，所以他的名气无法传出去，只有我们家的人才知道。我仲兄是治病于病情初起之时，一般人以为他只能治轻微的小病，所以他的名气只限于本乡里。而我扁鹊治病，用针刺、施猛药，救人于危重之时，所以人们以为我的医术高明，名气因此响遍全国。

这故事给我们什么启发？在程序测试中如何处理呢？

程序测试要尽早测试并连续进行测试。尽早测试，尽早发现和解决问题，可以极大地降低成本，保证程序的正常使用。

任务 8.2 边界值分析法

【任务描述】

大量的实践表明，程序故障往往出现在定义域或值域的边界上，而不是在其内部。为检测边界附近的处理专门设计测试用例，通常都会取得很好的测试效果。

【知识储备】

一、边界值分析法

1. 基本原理

边界值分析是一种黑盒测试方法，是对等价类分析方法的一种补充。边界值分析法是一种很实用的黑盒测试用例方法，它具有很强的发现故障的能力。

边界条件是一些特殊情况，程序在处理大量中间数值时都正确，但在边界处容易出现错误。

例如，当循环条件本应当判断"<"时，却错写成了"<="，出现"="的情况时就可能不会发现错误。

又如：在三角形问题中，三角形的三条边 a、b、c 只有满足 $a+b>c$、$a+c>b$ 及 $b+c>a$ 时才能构成三角形。错把任何一个">"写成"≥"，那就无法构成三角形了。

边界条件可能与边界有关的数据类型有：数值、速度、字符、地址、位置、尺寸、数量等。考虑这些数据类型的下述特征：第一个/最后一个，最小值/最大值，开始/完成，超过/在内，空/满，最短/最长，最慢/最快，最早/最迟，最高/最低，相邻/最远等。

常见的边界值有：

- 对16bit带符号的整数而言，-32768和32767是边界值；
- 报表的第一行和最后一行；
- 数组元素的第一个和最后一个；
- 循环的第0次、第1次和倒数第2次、最后1次。

应特别注意，边界值和等价类密切相关，输入等价类和输出等价类的边界需要重点测试。在等价类的划分过程中产生了许多等价类边界。边界是最容易出错的地方，所以，从等价类中选取测试数据时应该关注边界值。在等价类划分基础上进行边界值分析测试的基本思想是，选取"正好等于""刚刚大于"或"刚刚小于"等价类边界的值作为测试数据，而不是选取等价类中的典型值或任意值作为测试数据。

2. 次边界值条件

在多数情况下，边界值条件是基于应用程序的功能设计而需要考虑的因素，可以从应用程序的说明或常识中得到，这也是最终用户可以很容易发现问题的。

然而，在测试用例设计过程中，某些边界值条件是不需要呈现给用户的，或者说用户是很难注意到的，但同时确实属于检验范畴内的边界条件，称为"内部边界值条件"或"次边界值条件"。

在程序中，字符也是很重要的元素，其中ASCII和UniCode是两种常见的计算机内部的编码方式，在字符的边界值测试时，就需要用到ASCII值（或UniCode值）。表8.8中列出了部分字符的ASCII值。

表 8.8 ASCII 字符表

字符	ASCII 值	字符	ASCII 值	字符	ASCII 值	字符	ASCII 值
Null	0	2	50	B	66	a	97
Space	32	9	57	Y	89	b	98
/	47	:	58	Z	90	y	121
0	48	@	64	[	91	z	122
1	49	A	65	'	96	{	123

二、边界值分析法测试用例设计方法

1. 基本边界值分析法

这里讨论一个有两个变量 $x1$ 和 $x2$ 的函数 P。

假设输入变量 $x1$ 和 $x2$ 在下列范围内取值：$a \leq x1 \leq b$，$c \leq x2 \leq d$。

基本边界值分析利用输入变量的最小值（min），稍大于最小值（min+），域内任意值（nom），稍小于最大值（max-），最大值（max）来设计测试用例。即通过使所有变量取正常值，只使一个变量分别取最小值、略高于最小值、略低于最大值和最大值。

如：函数 $P = f(x1, x2)$ 输入变量的取值范围分别为：$x1 \in [a,b]$，$x2 \in [c,d]$。设计的测试用例数如图 8.7 所示。

对于上面的函数 P，有 $x1$、$x2$ 两个变量会产生 9 个测试用例。

结论：对于一个 n 变量的程序，边界值分析测试会产生 $4n+1$ 个测试用例。

2. 健壮性边界值测试

健壮性边界值测试是边界值分析的一种扩展，变量除可取 min，min+，nom，max-，max 五个边界值外，还要考虑采用一个略超过最大值（max+）以及一个略小于最小值（min-）的取值，看看超过极限值时系统会出现什么情况。

如：函数 $P = f(x1, x2)$ 输入变量的取值范围分别为：$x1 \in [a, b]$，$x2 \in [c, d]$。设计的健壮性边界值测试用例数如图 8.8 所示。

对于上面的函数 P，有 $x1$、$x2$ 两个变量会产生 13 个测试用例。

结论：对于一个 n 变量的程序，健壮性边界值测试将产生 $6n+1$ 个测试用例。

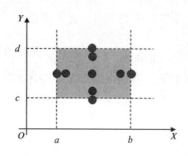

图 8.7 基本边界值分析法测试用例数

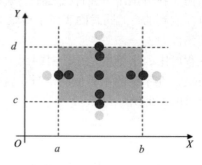

图 8.8 健壮性测试用例数

【案例1】

基本边界值分析法

用基本边界值分析法设计测试用例,判断三角形问题。

输入三个不超过 100 的正整数,这三个值分别代表三角形三条边的长度值,请判断这三个数构成的三角形是等边三角形,等腰三角形还是不等边三角形并将结果打印出来。

【分析】:判断三角形问题中有三个输入变量,分别为第一条边 a、第二条边 b 及第三条边 c,对于一个3个变量的程序,基本边界值分析测试会产生 $4n+1$ 个测试用例,也就是 13 个测试用例。输入三个不超过 100 的整数,选择三条边长度分别为 1,2,50,99,100 等几个边界点。

三角形问题的基本边界值分析测试用例设计如下表 8.9。

表 8.9 三角形问题的基本边界值分析测试用例

测试用例	a	b	c	预期输出
Test1	50	50	1	等腰三角形
Test2	50	50	2	等腰三角形
Test3	50	50	50	等边三角形
Test4	50	50	99	等腰三角形
Test5	50	50	100	非三角形
Test6	50	1	50	等腰三角形
Test7	50	2	50	等腰三角形
Test8	50	99	50	等腰三角形
Test9	50	100	50	非三角形
Test10	1	50	50	等腰三角形
Test11	2	50	50	等腰三角形
Test12	99	50	50	等腰三角形
Test13	100	50	50	非三角形

【案例2】

健壮性边界值测试

计算长方体的体积,使用健壮性边界值测试方法设计测试用例。

某程序要求输入三个整数 x、y、z,分别作为长方体的长、宽、高,x、y、z 取值范围在 5~15 之间,请用健壮性边界值方法设计测试用例,计算长方体的体积。

【分析】:长方体的长为 x、宽为 y、高为 z,健壮性边界值测试将产生 $6n+1$ 个测试用例,也就是 19 个测试用例。长、宽、高的取值范围在 5~15 之间,满足条件的预期输出就是长方体的体积,长方体的体积公式等于长*宽*高。

计算长方体的体积的健壮性边界值分析测试用例设计如下表 8.10。

表8.10 计算长方体的体积的健壮性边界值分析测试用例

测试用例	x	y	z	预期输出
T1	4	10	10	x 值超出范围
T2	5	10	10	500
T3	6	10	10	600
T4	10	10	10	1000
T5	14	10	10	1400
T6	15	10	10	1500
T7	16	10	10	x 值超出范围
T8	10	4	10	y 值超出范围
T9	10	5	10	500
T10	10	6	10	600
T11	10	14	10	1400
T12	10	15	10	1500
T13	10	16	10	y 值超出范围
T14	10	10	4	z 值超出范围
T15	10	10	5	500
T16	10	10	6	600
T17	10	10	14	1400
T18	10	10	15	1500
T19	10	10	16	z 值超出范围

【任务实施】

图书借阅边界值测试

测试图书管理系统中读者可借图书数量，软件需求规定，学生的最大借书量为5本，教师最大借书量为10本。图书借阅界面如图8.9所示，使用边界值分析法设计测试用例。

图8.9 图书借阅界面

步骤1：分别设计学生及教师最大借书量的情况，学生选择编号为X202000001进行测试，教师选择编号为T202000001进行测试，学生借书数量的边界值分析法测试用例设计如下表8.11所示。

项目 8　黑盒测试技术

表 8.11　边界值分析法测试用例

测试用例编号	读者编号	最大借书量	书籍编号	预期输出
B1	X201900001	5	Sj000001	借书成功
B2	X201900001	3	Sj000003	借书成功
B3	X201900001	1	Sj000005	借书成功
B4	X201900001	0	Sj000006	超过最大借书量！
B5	T201900001	10	Sj000001	借书成功
B6	T201900001	5	Sj000005	借书成功
B7	T201900001	1	Sj000010	借书成功
B8	T201900001	0	Sj000011	超过最大借书量！

步骤2：根据测试用例进行实际测试，得出测试结果，见表8.12。

表 8.12　边界值分析法测试结果

测试用例编号	读者编号	最大借书量	书籍编号	预期输出	实际结果	是否通过
B1	X201900001	5	Sj000001	借书成功	借书成功	通过
B2	X201900001	3	Sj000003	借书成功	借书成功	通过
B3	X201900001	1	Sj000005	借书成功	借书成功	通过
B4	X201900001	0	Sj000006	超过最大借书量！	超过最大借书量！	通过
B5	T201900001	10	Sj000001	借书成功	借书成功	通过
B6	T201900001	5	Sj000005	借书成功	借书成功	通过
B7	T201900001	1	Sj000010	借书成功	借书成功	通过
B8	T201900001	0	Sj000011	超过最大借书量！	超过最大借书量！	通过

【任务拓展】

购物返现条件测试

某超市推出会员购买商品优惠活动，会员返现查询界面如图8.10所示，促销活动的规则是：

（1）只有会员才能够参加本次促销活动；
（2）会员单次消费金额满1000元，即可享受10元返现；
（3）会员单次消费金额满2000元，即可享受20元返现；
（4）会员单次消费金额满3000元，即可享受30元返现；
（5）会员单次消费金额满5000元，即可享受50元返现；
（6）每次消费交易仅返现一次，不重复计算，1000元以下不返现。

使用边界值分析法进行测试用例设计。

【分析】：会员单次消费金额满1000元，即可享受10元返现；单次消费金额满2000元，即可享受20元返现；单次消费金额满3000元，即可享受30元返现；单次消费金额满5000元，即可享受50元返现；1000元以下不返现。

消费金额X与返现的条件如下：

X<1000　　　不返现
1000<= X<2000返现10元
2000<= X<3000返现20元
3000<= X<5000返现30元
X>= 5000　　返现50元

图8.10　会员返现查询系统界面

【知识链接】

错误推测法

在促销打折活动中，要求单次消费金额在200元到300元的时候，享受9折价格，那么当消费金额为280元的时候，经过9折的优惠后金额为252元，数值还是在优惠的范围内，是不是还会继续享受优惠呢？结论显然是不会的，但在这个思考过程就是一种错误推测法。

在测试时，如果用等价类划分法或边界值法测试，可能发现不了这个问题，只有靠测试人员的经验才能发现这种问题。软件项目需求中可能没有说明是否继续享受优惠，那么就需要产品设计人员依靠经验来处理了。

什么是错误推测法？错误推测法就是，测试人员根据经验或直觉推测程序中可能存在的各种错误，从而有针对性地检查这些可能错误的地方，并编写测试用例。例如，总结以前产品测试中曾经发现的典型错误等，即使用经验的积累状态进行测试。

【课后阅读】

错误推测法测试用例设计

在显示界面的电子邮件输入框中，要求输入有效的E-mail地址，那么其规则必须满足几个条件：含有@符号，@符号后面格式为"X.X"，E-mail地址不得带有特殊符号，例如""　＃　'　-　+　&"之中的任意一个。请用"错误推测法"分析程序可能出现的错误，并给出测试用例。

【分析】可能出现错误的地方：

（1）没有@符号；

（2）有多于一个@符号；

（3）@符号是在全角状态下输入的；

（4）有特殊的字符，如""　＃　'　-　+　&"之中的任何一个；

（5）输入了空格键；

（6）@符号后面格式不是"X.X"的形式。

设计的测试用例有：

（1）www.abc126.com

（2）www.abc126@@.com

（3）www.abc@163.com

（4）www.abc-#126@.com
（5）www.ab　c126@.com
（6）www.abc126@com

任务8.3　决　策　表　法

【任务描述】

在等价类设计法中，考虑了边界输入域，分析了可以在输入域中输入的不同类型的数据，但是对于输入域与输入域存在关联关系时的情况无法覆盖，因此需要一种能考虑输入域之间存在关联关系时的测试用例，决策表法能解决此类问题。

【知识储备】

一、决策表概念

决策表又称判定表，是一种呈表格状的工具，适用于描述处理判断条件较多，各条件相互组合、有多种决策方案的情况。决策表是黑盒测试方法中最为严格、最具有逻辑严谨性的测试方法。决策表是分析和表达多逻辑条件下执行不同操作的工具。

在一些数据处理问题当中，某些操作的实施依赖于多个逻辑条件的组合，即：针对不同逻辑条件组合，分别执行不同的操作。决策表很适合于处理这类问题。

决策表通常由以下4部分组成条件桩：列出问题的所有条件；条件项：针对条件桩的条件列出所有可能的取值；动作桩：针对问题列出可能采取的操作；动作项：在条件项的各组取值情况下，指出应采取的动作。

二、决策表测试步骤

（1）列出所有的条件桩和动作桩；

（2）确定规则的个数；

（3）填入条件项，填入动作项；

（4）简化，合并类似规则或相同动作，构建决策表；

（5）根据决策表，设计测试用例。

【案例】

汽车维修问题

汽车维修问题描述：对于已行驶了20万千米并且维修记录不全的汽车，或已行驶时间为10年以上的汽车，应给予优先维修；若行驶低于20万千米，并且维修记录不全，或行驶时间未满10年的汽车，应正常维修处理。根据汽车维修问题画出决策表。

步骤1：列出条件桩和动作桩，如表8.13所示。

表 8.13 条件桩和动作桩

桩型	内容
条件桩	行驶了 20 万千米?
	维修记录不全?
	已行驶 10 年?
动作桩	优先维修处理
	正常维修处理

步骤 2：确定规则的个数：有 3 个条件，每个条件有两个取值，故应有 $2^3 = 8$ 种规则。
步骤 3：构造决策表，如表 8.14 所示。

表 8.14 决策表

规则选项		1	2	3	4	5	6	7	8
条件桩	行驶了 20 万千米?	Y	Y	Y	Y	N	N	N	N
	维修记录不全?	Y	Y	N	N	Y	Y	N	N
	已行驶 10 年?	Y	N	Y	N	Y	N	Y	N
动作桩	优先维修处理	√	√	√		√		√	
	正常维修处理				√		√		√

步骤 4：化简，合并相似规则后得到表 8.15 所示。

表 8.15 化简后的决策表

规则选项		1	2	3	4	5
条件桩	行驶了 20 万千米?	Y	Y	Y	N	N
	维修记录不全?	Y	N	N	-	-
	已行驶 10 年?	-	Y	N	Y	N
动作桩	优先维修处理	√	√		√	
	正常维修处理			√		√

步骤 5：设计测试用例，如表 8.16 所示。

表 8.16 测试用例

测试用例编号	行驶千米数	维修记录	行驶年限	预期输出
1	20	记录不全	10 年	优先维修处理
2	20	记录全	10 年	优先维修处理
3	20	记录全	9 年	正常维修处理
4	10	记录不全	10 年	优先维修处理
5	10	记录不全	9 年	正常维修处理

【注意】：合并决策表是以牺牲测试的充分性，或使得业务逻辑混乱为代价的。在一般情况下，如果规则数 <= 8 条，则不建议合并。

【任务实施】

还书功能决策表测试

在图书管理系统中还书问题描述：按时归还、没有破损、没有丢失，进行还书操作时，还书直接成功；若没有按时还书，不论图书有没有破损或丢失，都要进行罚款；若按时归还，但是图书有破损或丢失，也要进行罚款处理。按照上述处理策略，做出还书问题的决策表。

步骤1：列出条件桩和动作桩，如表8.17所示。

表 8.17 条件桩和动作桩

条件桩	图书是否按时归还？
	图书破损？
	图书丢失？
动作桩	还书成功
	罚款

步骤2：确定规则的个数：有3个条件，每个条件有两个取值，故应有$2^3 = 8$种规则。

步骤3：构造决策表，如表8.18所示。

表 8.18 决策表

	规则选项	1	2	3	4	5	6	7	8
条件桩	图书是否按时归还？	Y	Y	Y	Y	N	N	N	N
	图书破损？	Y	Y	N	N	Y	Y	N	N
	图书丢失？	Y	N	Y	N	Y	N	Y	N
动作桩	还书成功				√				
	罚款	√	√	√		√	√	√	√

步骤4：设计测试用例，如表8.19所示。

表 8.19 测试用例

测试用例编号	按时归还	图书破损	图书丢失	预期输出
1	按时归还	图书破损	图书丢失	罚款
2	按时归还	图书破损	图书未丢失	罚款
3	按时归还	图书未破损	图书丢失	罚款
4	按时归还	图书未破损	图书未丢失	还书成功
5	未按时归还	图书破损	图书丢失	罚款
6	未按时归还	图书破损	图书未丢失	罚款
7	未按时归还	图书未破损	图书丢失	罚款
8	未按时归还	图书未破损	图书未丢失	罚款

【任务拓展】

三角形问题构造决策表

a、b、c三个值分别代表三角形三条边的长度,请判断这三个数构成的三角形是等边三角形、等腰三角形、不等边三角形还是非三角形。

步骤1:列出所有的条件桩和动作桩,如表8.20所示。

表8.20 条件桩和动作桩

条件桩	动作桩
C1:a、b、c 构成三角形? C2:$a = b$? C3:$a = c$? C4:$b = c$?	A1:非三角形 A2:不等边三角形 A3:等腰三角形 A4:等边三角形 A5:不可能

步骤2:确定规则的个数。三角形问题的决策表有4个条件,每个条件可以取两个值,故应有$2^4 = 16$种规则。

步骤3:构造决策表,若a,b,c不能构成三角形,就可以不去考虑三条边的边长是否相等,即可以把其他三个条件设为不关心条目。决策表如表8.21所示。

表8.21 三角形决策表

	规则 选项	1	2	3	4	5	6	7	8	9
条件桩	a、b、c 构成三角形	Y	Y	Y	Y	Y	Y	Y	Y	N
	a = b?	Y	Y	Y	Y	N	N	N	N	-
	a = c?	Y	Y	N	N	Y	Y	N	N	-
	b = c?	Y	N	Y	N	Y	N	Y	N	-
动作桩	非三角形									√
	不等边三角形								√	
	等腰三角形				√		√	√		
	等边三角形	√								
	不可能		√	√		√				

【知识链接】

因果图法

因果图又称鱼骨图,在程序测试用例设计过程中,用于描述被测对象的输入与输入、输入与输出、输出与输出之间的约束关系。

因果图的绘制过程可以理解为测试用例设计者针对因果关系事物进行建模的过程。根据需求,绘制因果图,然后得到判定表,再进行用例设计。通常理解,因果图为判定表的前置过程，当被测对象因果关系较为简单时，可直接使用决策表设计用例即可；对于复杂关系，可使用因果图与决策表结合的方法设计用例。

针对需求规格，将原因（Cause）及影响（Effect）对应关系共分为3组：输入与输出之间的关系、输入之间或输出之间的依赖关系（约束），如图8.11所示。

关系1：输入与输出间的关系主要有恒等、非、与、或4种。

（1）恒等：若输入条件发生，则一定会产生对应的输出，若输入条件不发生，则一定不会产生对应的输出。

（2）非：与恒等关系恰好相反，若输入条件发生，则不会发生对应的输出。

（3）与：在多个输入条件中，只有所有输入条件发生时，才会产生对应输出。

（4）或：在多个输入条件中，只要有一个发生，就会产生对应输出。既可以单个输入条件发生，也可以多个输入条件同时发生。

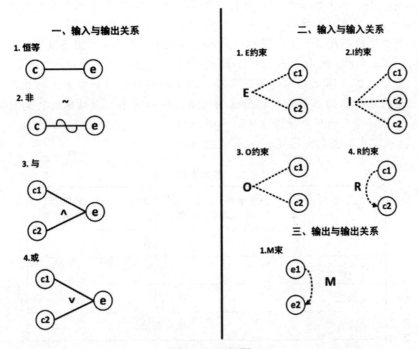

图8.11　因果图

关系2：输入与输入之间同样存在异、或、唯一、要求4种关系。

（1）异（E约束）：所有输入条件中至多一个输入条件发生，可以一个条件都不成立。

（2）或（I约束）：所有输入条件中至少一个输入条件发生，当然也可以多个条件共同发生。

（3）唯一（O约束）：所有输入中有且只有一个输入条件发生。

（4）要求（R约束）：所有输入中只要有一个输入条件发生，则其他输入也会发生。

关系3：输出与输出（结果）之间的关系：强制（M约束）。

强制（M约束）：输出结果e1发生，则e2不会发生，强制为0。

【课后阅读】

场景法

场景是什么？场景通常是指戏剧、电影中的场面，也称情景。例如：朋友相见的场景或劳动场景。在软件测试领域，场景法就是模拟用户操作软件时的场景，主要用于测试多个功能之间的组合使用情况。

现在的软件几乎都是用事件触发来控制流程的，像 GUI 软件、游戏等。事件触发时的情景形成了场景，而同一事件不同的触发顺序和处理结果就形成了事件流。这种在软件设计方面的思想可以引入到软件测试中，可以生动地描绘出事件触发时的情景，有利于设计测试用例，同时也使测试用例更容易理解和执行。

在测试一个软件的时候，在场景法中，测试流程是软件功能按照正确的事件流实现的一条正确流程，那么我们把这个称为该软件的基本流。基本流也叫有效流或正确流，模拟用户正确的业务操作流程。目的是，验证软件的业务流程和主要功能。

备选流也叫无效流或错误流，模拟用户错误的业务操作流程，用备选流加以标注。备选流可以是从基本流来的，或由备选流中引出的。引入备选流是为了验证软件的错误处理能力。

例如：许多人曾在网上书店购买过书籍，购买过程为：用户登录到网站后，进行书籍的选择，选好自己心仪的书籍后，把所选的图书放进购物车，在结账时，需要确保用户已经登录账号，只有登录的用户才能生成订单并结账付款，选购的过程结束。

步骤1：确定基本流和备选流，如表8.22所示。

表8.22 基本流和备选流

基本流	1. 用户登录网站；2. 选择书籍；3. 放入购物车；4. 结账时，确保已登录账号；5. 付款并生成订单
备选流1	账号不存在
备选流2	账号错误
备选流3	密码错误
备选流4	无选购书籍

步骤2：确定场景，如表8.23所示。

表8.23 确定场景

场景/条件	确定基本流	或选用备选流
场景1：购物成功	基本流	
场景2：账号不存在	基本流	备选流1
场景3：账号错误	基本流	备选流2
场景4：密码错误	基本流	备选流3
场景5：无选购书籍	基本流	备选流4

步骤3：设计测试用例，如表8.24所示。

表 8.24 测试用例

ID	场景/条件	账号	密码	选购书籍	预期结果
1	场景1：购物成功	xu	123456	《软件测试》	成功购物
2	场景3：账号不存在	wu	n/a	n/a	提示账号不存在
3	场景3：账号错误	zhou	123456	n/a	提示账号错误，重新输入账户
4	场景4：密码错误	xu	123$%^	n/a	提示密码错误，重新输入密码
5	场景5：无选购书籍	xu	123456	空	提示选购书籍

项目实训8——在线购物系统黑盒测试

一、实训目的

（1）熟悉黑盒测试的基本方法和基本策略。
（2）学会软件测试用例的设计。

二、实训环境或工具

（1）操作系统平台：Microsoft Windows 10。
（2）软件工具：Microsoft Word 2016。

三、实训内容与要求

（1）准备参考资料，阅读国家有关软件开发标准方面的文档。
（2）根据提供的课题需求和条件，按照软件测试用例的格式，写出在线购物系统用户登录黑盒测试用例。

四、实训结果

以项目小组为单位，形成一份黑盒测试用例设计书。

五、实训总结

进行个人总结：通过本项目的实训学习，我掌握了哪些知识，有哪些收获和注意事项，等等。

六、成绩评定

实训成绩分A、B、C、D、E五个等级。

项目小结

本项目主要介绍黑盒测试技术，常用的黑盒测试方法有等价类划分法、边界值分析法、错误推测法、决策表法、因果图法、场景法等等。黑盒测试主要针对软件（或程序）的外部结构，不考虑内部逻辑结构，主要针对软件界面和软件功能进行测试。本项目以图书管理系统为例，讲解了如何使用黑盒测试方法进行测试。

岗位职责——中级软件测试工程师

（1）熟练掌握测试工具和测试方法，能独立完成软件的整体测试，并写出评估报告；

（2）针对项目有自己的见解，能够参与软件的整体方案讨论，给出合理建议；

（3）能整理出逻辑思维漏洞、常见的软件缺陷（Bug）类别，给予其他同事技术指导、帮助其完成测试工作；

（4）了解行业新的测试技术和测试工具，结合软件的实际情况将其应用到实际工作中，改善测试环境、提高测试效率；

（5）能根据测试进展，合理分配时间，安排好测试项目的具体进程。

软件测试工程师常见面试题

1. 软件测试类型有哪些？区别与联系？

答：常见的软件测试有功能测试、性能测试、界面测试。功能测试也叫黑盒测试，进行测试时，需要测试软件功能，不需要深入了解软件内部结构和处理过程。性能测试是通过自动化测试工具模拟多种正常、异常、峰值等条件，对系统各项性能指标测试。用户界面的好坏决定了用户对软件第一印象。优秀的用户界面带来轻松愉悦感受，失败的用户界面会使开发者产生"挫败感"，好像是"强大的功能付诸东流"了。功能测试、性能测试、界面测试的区别是，功能测试关注软件功能，每个功能可能存在的问题。性能测试软件多用户并发的稳定性和强壮性。界面测试则更关注用户的实际体验和产品的易用性。

2. 黑盒测试与白盒测试主要测试的内容是什么？

答：黑盒测试是已知软件的功能和设计要求，重点测试每个功能是否符合要求。白盒测试是已知内部结构及工作过程，测试每种内部操作是否符合要求。

3. 黑盒测试与白盒测试测试用例关键在哪里？

答：黑盒测试用较少的测试用例覆盖模块输出和输入接口，用最少的测试用例在合理时间内发现最多的问题。白盒测试用较少的测试用例覆盖尽可能多的内部逻辑及执行路径。

4. 如何去测试指定的软件？

答：可以从质量模型、测试工具、测试方法、测试流程、探索式测试，解决软件宏观问题，之后再微观分解测试用例设计。

5. 怎么进行软件的兼容性测试？

答：检查软件在不同软件、硬件平台是否可以能正常运行。主要查看在不同的硬件环境、不同操作系统、不同的浏览器、不同的数据库系统和不同版本软件等复杂环境下，软件是否能正常运行。

项目 8　黑盒测试技术

习　题　8

【基础启动】

一、单选题

1. 在下列测试技术中，_____不属于黑盒测试技术。
   A. 等价划分　　　　B. 边界值分析　　　　C. 错误推测　　　　D. 逻辑覆盖

2. 用黑盒技术设计测试用例的方法之一为_____。
   A. 因果图　　　　　B. 逻辑覆盖　　　　　C. 循环覆盖　　　　D. 基本路径测试

3. 在边界值分析中，下列数据通常不会用来做数据测试的是_____。
   A. 正好等于边界的值　　　　　　　　　B. 等价类中的等价值
   C. 刚刚大于边界的值　　　　　　　　　D. 刚刚小于边界的值

4. 在某大学学籍管理系统中，假设学生年龄的允许数值范围为 16～40 岁，根据黑盒测试中的等价类划分技术，下面划分正确的是_____。
   A. 可划分为 2 个有效等价类，2 个无效等价类
   B. 可划分为 1 个有效等价类，2 个无效等价类
   C. 可划分为 2 个有效等价类，1 个无效等价类
   D. 可划分为 1 个有效等价类，1 个无效等价类

5. 下列方法中，不属于黑盒测试的是_____。
   A. 基本路径测试法　　　　　　　　　　B. 等价类测试法
   C. 边界值分析法　　　　　　　　　　　D. 基于场景的测试方法

6. 若有一个计算类型的程序，它的输入量只有一个 X，其范围是 [-1.0, 1.0]，现从输入的角度考虑一组测试用例：-1.001，-1.0，1.0，1.001。设计这组测试用例的方法是_____。
   A. 条件覆盖法　　　B. 等价分类法　　　　C. 边界值分析法　　D. 错误推测法

7. _____是一种黑盒测试方法，它是把程序的输入域划分成若干部分，然后从每个部分中选取少数代表性数据当作测试用例。
   A. 等价类划分法　　　　　　　　　　　B. 边界值分析法
   C. 因果图法　　　　　　　　　　　　　D. 场景法

8. 用等价类法设计测试用例的时候，_____。
   A. 测试内容相同
   B. 如果等价类中的一个测试能够捕获一个缺陷，那么选择该等价类中的其他测试也能捕获缺陷
   C. 如果等价类中的一个测试不能捕获缺陷，那么选择该等价类中的其他测试也不能捕获缺陷
   D. 细化等价类划分是没有意义的，不影响对测试用例的设计

9. 下列软件属性中，软件产品首要满足的应该是_____。
   A. 功能需求　　　　B. 性能需求　　　　　C. 可扩展性和灵活性　　D. 容错纠错能力

10. 黑盒测试是一种重要的测试方法，又称为数据驱动的测试，其测试数据来源于_____。
    A. 软件规格说明　　　　　　　　　　　B. 软件设计说明
    C. 概要设计说明　　　　　　　　　　　D. 详细设计说明

二、问答题
1. 什么是黑盒测试？
2. 黑盒测试主要采用的技术有哪些？

【能力提升】

三、设计题

某货运站收费标准如下：
- 若收件地点在本省（江西），则快件 6 元/千克；
- 若收件地点在邻近省市（广东、上海、江苏、浙江），在 25 千克以内（含 25 千克），快件 8 元/千克；超过 25 千克时，则快件 10 元/千克；
- 若收件地点在其他省市（邻近省市和港澳台除外），在 25 千克以内（含 25 千克），快件 12 元/千克；而超过 25 千克时，则快件 15 元/千克。

要求使用决策表法进行软件测试。

项目 9　单元测试

单元测试是对软件的构成单元进行的测试,其目的是,检验软件基本组成单位的正确性。单元测试在软件测试过程中属于较低层级的测试活动,软件的独立单元将在与软件的其他部分相隔离的情况下进行测试。单元测试可以减少代码中的设计错误,提升代码的质量。如果不进行单元测试,后续的系统测试很难发现具体单元中的细节性错误。如果这些细节性错误被隐藏在交付的软件中,那么交付的软件产品质量难以得到很好的保证。

【课程思政】

规矩与方圆

俗话说"无规矩不成方圆",在现实生活中,不管我们做什么事都讲究规则(即规矩),软件开发与测试也一样,无论在哪家软件公司,无论从事什么软件开发或测试工作都必须要遵循公司的章程和规定,对于软件开发工作,必须要遵守软件开发的规则、软件测试的规则和软件行业的规则;我们只有遵循这些规则,才能完成高质量的软件产品,才能是公司具有可持续的核心竞争优势。

【学习目标】

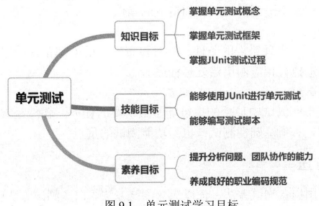

图 9.1　单元测试学习目标

任务 9.1　单元测试框架

【任务描述】

单元是整个软件的构成基础,像硬件系统中的零部件一样,只有每个零部件的质量有保障,整个硬件系统的质量才有保障。单元的质量既是整个软件的质量保障要素,也是整个软件质量保障的基础。因此,进行单元测试非常有必要。单元测试的效果会直接影响软件的后期测试,之后在很大程度上影响到软件产品的质量。

【知识储备】

一、单元测试

1、单元测试概念

单元测试是指对软件中的最小可测试单元进行检查和验证。对于单元测试中单元的含义，一般来说，要根据实际情况去判定其准确含义，"单元"可以是一个函数、方法、类，可以是图形界面的一个窗口，还可以是软件的某个功能模块或者子系统。总的来说，单元就是人为规定的最小的被测功能模块，单元测试的依据也是经过详细设计的。

2、单元测试的任务

单元测试一般从以下5个方面对模块进行测试。

（1）模块接口测试

对模块接口进行测试时，主要检查下述4点：参数的个数、属性和次序是否一致；全局变量的定义和用法在各个模块中是否一致；是否修改了只读型参数；是否处理了输入/输出错误。

（2）局部数据测试

模块的局部数据结构是易产生错误之处。测试时要重点关注局部数据说明、初始化、默认值等方面是否有错误。

（3）路径测试

由于通常不可能进行"穷尽测试"，因此，在单元测试期间，优先选择最有代表性、最可能发现错误的执行路径进行测试，是十分关键的。应该设计测试方案用来发现由于错误的计算、不正确的比较或不适当的控制流而造成的错误。

（4）错误处理测试

好的设计应该能预见出现错误的条件，并且设置适当的处理错误的路径，以便在真的出现错误时，能正确地执行相应的出错处理程序。

（5）边界条件测试

边界条件测试是单元测试中最后的也可能是最重要的任务。软件经常在边界上失效或出错，边界条件测试是一项基础性测试，也是功能测试的重点。

二、单元测试方法

单元测试主要采用白盒测试方法，辅以黑盒测试方法。白盒测试方法应用于代码评审、单元程序检验之中；而黑盒测试方法则应用于模块、组件等较大单元的功能测试之中。

单元测试常用的方法有：人工静态分析、自动静态分析、人工动态测试、自动动态测试。

人工静态分析是指通过人工查看代码来查找错误，一般是程序员交叉查看对方的代码，从而发现有特征错误和无特征错误，其作用主要是保证代码逻辑的正确性。

自动静态分析是指使用工具扫描代码，根据某些预先设定的错误特征，发现并报告代码中的可能错误，自动静态分析一般只能发现语法特征错误。

人工动态测试是指人工设定程序的输入和预期的正确输出，执行程序，并判断实际输出是否符合预期，如果不符合预期，自动报告错误。这里所说的"人工"，仅指测试用例的输入和预期输出是人工设定的，其他工作可以由人工完成，也可以借助工具完成。人工动态测试可以发现有特征错误或无特征错误,例如,前面所说的加法函数,只要人工建立一个测试用例,输入两个1,并判断输出是否等于2,运行测试,就可以发现代码中含有错误。

自动动态测试是指使用工具自动生成测试用例并执行被测试软件,通过捕捉某些行为特征(如产生异常或程序崩溃等)来发现并报告错误,自动动态测试只能发现行为特征错误,对无特征错误完全无能为力,例如,前面所说的加法函数,代码可以说是最简单的,错误也是最简单的,但是自动动态测试仍然无法发现,因为测试工具不可能自动了解代码的功能。

【案例】

驱动模块和桩模块

单元本身无法构成一个可独立运行的程序,需要为单元测试开发驱动模块和桩模块,如图9.2所示,从而完成单元测试。

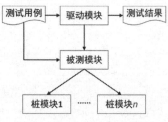

图9.2 驱动模块与桩模块

驱动模块是模拟被测试模块的上一级模块,这个上级模块,主要用于接收测试数据、启动被测模块并输出结果,相当于被测模块的主程序。

桩模块是模拟被测单元所调用的模块,而不是软件产品的组成的部分。桩模块用来代替所测的子模块,它不能为空,但也不需要把子模块的所有功能都实现。

要测试以下程序段的正确性,需要构造被测单元的驱动模块。

```
int abs(int n){
    return n>=0?n:(-n);
}
```

测试程序段,需要创建一个类,将被测方法放入同一个类文件TestAbs.Java中,并在main()方法中调用。

```
public class TestAbs{
    public static int abs(int n){
        return n>=0?n:(-n);
    }
    public static void main(String[] args){
        int a=-1;
        int result=abs(a);
        System.out.println(a+"的绝对值为:"+result);
    }
}
```

【任务实施】

编写图书信息查询驱动模块

图书信息查询待测试源代码如下:

```java
public static List selectBookInfo(String ISBN) {
    List list=new ArrayList();
    String sql = "select * from tb_bookInfo where ISBN='"+ISBN+"'";
    ResultSet rs = Dao.executeQuery(sql);
    try {
     while (rs.next()) {
        BookInfo bookinfo=new BookInfo();
        bookinfo.setISBN(rs.getString("ISBN"));
        bookinfo.setTypeid(rs.getString("typeid"));
        bookinfo.setBookname(rs.getString("bookname"));
        bookinfo.setWriter(rs.getString("writer"));
        bookinfo.setTranslator(rs.getString("translator"));
        bookinfo.setPublisher(rs.getString("publisher"));
        bookinfo.setDate(rs.getDate("date"));
        bookinfo.setPrice(rs.getDouble("price"));
        list.add(bookinfo);
     }
    } catch (Exception e) {
     e.printStackTrace();
    }
    Dao.close();
    return list;
}
```

测试程序段,创建TestQuery类,将被测方法放入同一个类文件TestQuery.Java中,并在main()方法中调用。代码如下:

```java
public class TestQuery {
   public static  void main(String[] args){
String id;
    id="9787568248888";
List<String> list1 = new ArrayList<String>();
list1=selectBookInfo(id);
    for(int i =0;i<list.size();i++){
System.out.println(list.get(i));
      }
   }
}
```

【任务拓展】

编写判断三角形的测试程序

根据下面的判断三角形的方法，编写测试程序。

```
int triangle (double a,double b,double c){
  if((a + b > c) && (b + c > a) && (a + c > b))  {   //判断为三角形
   if((a == b) && (b ==c))              //判断为等边三角形
    return 3;
   if((a == b) || (b == c) || (a == c))    //判断为等腰三角形
    return 2;
   else//判断为普通三角形
    eturn 1;
   }
   else  {    //为非三角形
    return 0;
   }
}
```

测试程序段，创建TestTriangle类，将被测方法放入同一个类文件TestTriangle.Java中，并在main（）方法中调用。

```
public class TestTriangle {
  private static double a,b,c;
  public static  void main(String[] args){
   try{
   InputStream in = System.in;
   InputStreamReader inRead = new InputStreamReader(in);
   BufferedReader read = new BufferedReader(inRead);
   System.out.println("输入三边值,每个值输入后回车");
   a = Double.valueOf(read.readLine());
   b = Double.valueOf(read.readLine());
   c = Double.valueOf(read.readLine());
   }catch(IOException e){
    System.out.println("出现异常!");
    System.exit(0);
   }
   System.out.println(triangle (a,b,c));
   }
   public static int triangle (double a,double b,double c){
```

```
    if((a + b > c) && (b + c > a) && (a + c > b)) {   //判断为三角形
     if((a == b) && (b ==c))       //判断为等边三角形
        return 3;
     if((a == b) || (b == c) || (a == c))  //判断为等腰三角形
        return 2;
     else    //判断为普通三角形
        return 1;
     }
     else {    //为非三角形
     return 0;
     }
    }
```

【知识链接】

Mock 测试

Mock 测试就是，在测试过程中，对于某些不容易构造或者不容易获取的对象，创建一个虚拟的对象，以便完成测试。

Mock 是为了解决不同的单元之间由于耦合而难于开发、测试的问题。Mock 既能出现在单元测试中，也会出现在集成测试、系统测试过程中。Mock 最大的功能是，帮助把单元测试的耦合分解开，如果某段代码对另外的类或接口有依赖，它能够模拟这些依赖，并帮助验证所调用的依赖的行为。

目前，在 Java 中主要的 Mock 测试工具有 JMock, MockCreator, Mockrunner, EasyMock, MockMaker 等，在微软的.NET 环境中主要是 Nmock, .NetMock 等。

【课后阅读】

单元测试由谁来测试

单元测试包含"测试"两个字，很多人认为单元测试应该由"测试人员"来完成，实际上，单元测试到底是由开发人员来完成还是由测试人员来做，业界一直存有争议，这要根据现场的实际情况来决定。

最理想的状态是，单元测试由程序代码的编写者来做，程序的编写者最了解代码的目的、特点和实现上的局限性，单元测试在测试效率上和覆盖率上都比较高。当然由开发人员来进行单元测试也有一定的缺点，许多开发人员不太重视或不愿意参与测试工作，被迫参与单元测试时，可能只是写一个简单的测试用例来对付，这样的单元测试作用有限。

如果单元测试由测试人员来测试，有一定的测试优势，因为测试人员有比较好的测试思想、方法和经验，可以更好地保证用例的覆盖。而且通过写单元测试能更好地了解具体代码结构、流程，对于后续的测试也有帮助。但是，测试人员的编程能力相对比较弱，并且测试人员对程序代码没有开发人员熟悉，效率会比较低。

任务 9.2　JUnit 单元测试

【任务描述】

使用单元测试工具可以提高单元测试的自动化程度。目前，流行的编程语言大都有多种单元测试框架及工具可供选择，且大都支持测试驱动开发（TDD）。本任务以Java语言为例子，介绍JUnit单元测试框架的使用。

【知识储备】

一、单元测试框架

当前，市场上有超过150种单元测试框架，几乎每一种编程语言都至少有一个。这些单元测试框架统称为xUnit框架，其中首字母x表示编程语言，如：C++的单元测试框架称为CppUnit，Java的单元测试框架称为JUnit，.NET的单元测试框架称为NUnit，等等。

单元测试框架主要有三个部分：

（1）配置对象，根据需要新建和配置被测试对象。

（2）操控对象，调用被测方法。

（3）判断结果，通过断言判断结果是否符合预期。

单元测试框架为开发人员提供一个类库，其中包含可以继承的基类和接口；其代码中的特性用于标识要执行的测试；它还提供了断言类，包含可用于验证代码的断言方法。

单元测试框架还提供了测试运行器（命令行或GUI工具），它可以识别代码中的测试；自动执行测试；执行过程中显示状态。

二、JUnit 简介

Java是面向对象的编程语言，容易想到的测试方法是，编写一个程序来实例化要测试的类，调用其中的方法，通过比较其实际输出及期望的输出来测试类是否满足设计要求。JUnit就是基于这种方法的一个测试框架，多数Java的开发环境都已经集成了JUnit作为单元测试的工具。

通常，使用JUnit 4.X进行单元测试，JUnit 4.X引入了Annotation来执行编写的测试代码，现在已不再强制要求测试类必须继承自TestCase父类，而且测试代码的方法也不必以test开头了，只要以@Test元数据来描述即可。常用的元数据有以下7个：

（1）@Before：与JUnit以前版本中的setUp()方法功能一样，在每个测试方法之前执行；

（2）@After：与JUnit以前版本中的tearDown()方法功能一样，在每个测试方法之后执行；

（3）@BeforeClass：在方法执行之前执行；

（4）@AfterClass：在方法执行之后执行；

（5）@Test(timeout = xxx)：设置当前测试方法在一定时间内运行完，否则返回错误；

（6）@Test(expected = Exception.class)：设置被测试的方法是否有异常抛出。抛出异常类型为：Exception.class；

（7）@Ignore：注释掉一个测试方法或一个类，被注释的方法或类不再被执行。

注意，@Before和@After标示的方法只能各有一个。这个相当于取代了JUnit以前版本中的setUp和tearDown方法。

三、JUnit 断言

JUnit提供了一些辅助函数，用于帮助开发人员确定某些被测试函数是否工作正常。通常，把所有这些函数统称为断言，断言是单元测试最基本的组成部分。

assert类中的断言以及部分实现，每个函数的实现方法都为assert类中定义的方法。

常用的断言方法如表所9.1所示：

表 9.1 常用的断言方法

断言方法	描 述
assertEquals(a,b)	测试 a 是否等于 b
assertNull(a)	测试 a 是否为 null，a 是一个对象或者 null
assertNotNull(a)	测试 a 是否非空，a 是一个对象或者 null
assertSame(a,b)	测试 a 和 b 是否都引用同一个对象
assertNotSame(a,b)	测试 a 和 b 是否没有都引用同一个对象
assertTrue(a)	测试 a 是否为 True，a 是一个布尔（Boolean）值
assertFalse(a)	测试 a 是否为 False，a 是一个布尔（Boolean）值

【案例1】

Cat 类单元测试

创建一个Cat类，进行单元测试。

```java
public class Cat {
    public static String getName(){
        return "hello kitty ";
    }
}
```

选择Cat类，右键单击"新建"，选择"新建JUnit4测试(4)"单选钮，创建JUnit 4测试用例，如图9.3所示。

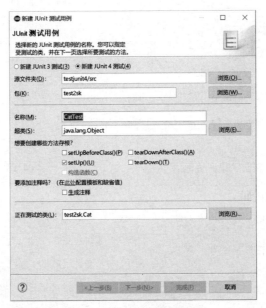

图 9.3 创建 Cat 类测试用例

测试参考代码如下：

```
import static org.junit.Assert.*;
import org.junit.Before;
import org.junit.Test;
public class CatTest {
String exp;
@Before
public void setUp() throws Exception {
   exp = "hello";
  }
  @Test
  public void test() {
   assertEquals(exp,Cat.getName());
  }
}
```

测试结果如图9.4所示。

测试失败，期望值与测试的结果不同，比较结果如图9.5所示。

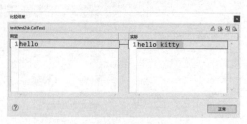

图 9.4 Cat 类测试结果,失败　　　　　图 9.5 比较结果

修改后的测试参考代码:

```java
import static org.junit.Assert.*;
import org.junit.Before;
import org.junit.Test;
public class CatTest {
String exp;
@Before
public void setUp() throws Exception {
   exp="hello kitty";
  }
  @Test
  public void test() {
  assertEquals(exp,Cat.getName());
  }
}
```

测试结果如图9.6所示。

图 9.6 Cat 类测试结果,成功

【案例 2】

简化的计算器单元测试

用Java,创建一个简化的计算器,对其实例源代码进行单元测试。

```java
public class Calculator {
  public int add(int a, int b) {
   return a + b;
  }
  public int subtract(int a, int b) {
   return a - b;
  }
  public int multiply(int a, int b) {
   return a * b;
  }
  public int divide(int a, int b) {
   return a / b;
  }
}
```

简化的计算器，包含了4种方法，必须分别创建测试方法，JUnit测试参考代码如下：

```java
import static org.junit.Assert.*;
import org.junit.Before;
import org.junit.Test;
public class CalculatorTest {
  int x,y;
  @Before
  public void setUp() throws Exception {
x=6;
y=2;
  }
  @Test
  public void testAdd() {
   int exp=x+y;
   Calculator Cal=new Calculator();
   assertEquals(exp,Cal.add(6,2));
  }
  @Test
  public void testSubtract() {
   int exp=x-y;
   Calculator Cal=new Calculator();
   assertEquals(exp,Cal.subtract(6,2));
  }
  @Test
  public void testMultiply() {
```

```
    int exp=x*y;
    Calculator Cal=new Calculator();
    assertEquals(exp,Cal.multiply(6,2));
}
@Test
public void testDivide() {
    int exp=x/y;
    Calculator Cal=new Calculator();
    assertEquals(exp,Cal.divide(6,2));
}
}
```

测试结果如图9.7所示。

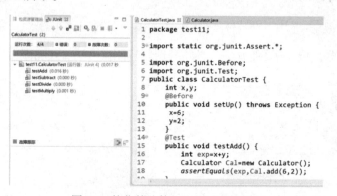

图 9.7　简化的计算器 JUnit 测试结果

【任务实施】

使用 JUnit 对图书信息单元进行单元测试

图书信息单元待测试的源代码如下。

```
public class Dao {
public static List selectBookInfo() {
    List list=new ArrayList();
    String sql = "select * from tb_bookInfo";
    ResultSet rs = Dao.executeQuery(sql);
    try {
        while (rs.next()) {
            BookInfo bookinfo=new BookInfo();
            bookinfo.setISBN(rs.getString("ISBN"));
            bookinfo.setTypeid(rs.getString("typeid"));
            bookinfo.setBookname(rs.getString("bookname"));
            bookinfo.setWriter(rs.getString("writer"));
```

```
            bookinfo.setTranslator(rs.getString("translator"));
            bookinfo.setPublisher(rs.getString("publisher"));
            bookinfo.setDate(rs.getDate("date"));
            bookinfo.setPrice(rs.getDouble("price"));
            list.add(bookinfo);
        }
    } catch (Exception e) {
     e.printStackTrace();
    }
    Dao.close();
    return list;
  }
}
```

步骤1：新建JUnit测试用例，如图9.8所示

图 9.8　创建 JUnit4 测试用例

步骤2：编写测试代码：

```
public class DaoTest {
    String isbn;
    String bookname;
    String publisher;
    @Before
    public void setUp() throws Exception {
     isbn = "9787568248888";
     bookname = "软件测试";
     publisher = "人民出版社";
```

```
}
@Test
public void test() {
  List<BookInfo> list = Dao.selectBookInfo();
  assertEquals(isbn, list.get(0).getISBN());
  assertEquals(bookname, list.get(0).getBookname());
  assertEquals(publisher, list.get(0).getPublisher());
}
}
```

测试结果如图9.9所示。

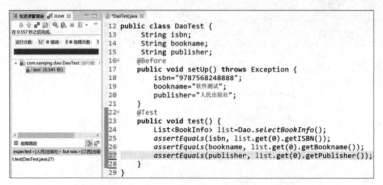

图9.9　测试失败

测试失败，期望值与实际值不同。

修改测试数据，测试成功，结果如图9.10所示。

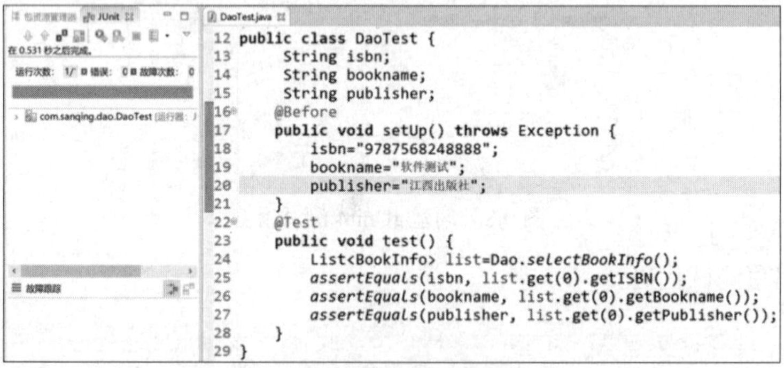

图9.10　测试成功

【任务拓展】

为 MaxMinTool 类创建一个 JUnit 测试类

MaxMinTool类源代码如下：

```
public class MaxMinTool {
public static int getMax(int[] arr) {
```

```
int max = Integer.MIN_VALUE;
for(int i = 0;  i < arr.length;  i++) {
if(arr[i] > max)
max = arr[i];
}
return max;
}
public static int getMin(int[] arr) {
int min = Integer.MAX_VALUE;
for(int i = 0;  i < arr.length;  i++) {
if(arr[i] < min)
min = arr[i];
}
return min;
}
}
```

JUnit测试参考代码如下：

```
import static org.junit.Assert.*;
import org.junit.Before;
import org.junit.Test;
public class MaxMinToolTest {
int[] arr;
@Before
public void setUp() throws Exception {
    arr=new int[]{-8,-6,-1,0,1,6,9};
}
@Test
public void testMax() {
    assertEquals(9,MaxMinTool.getMax(arr));
}
@Test
public void testMin() {
    assertEquals(-8,MaxMinTool.getMin(arr));
}
}
```

【知识链接】

MSTest 单元测试

C#常用单元测试框架有NUnit和MSTest，MSTest框架是Visual Studio自带的测试框架，可以通过新建一个 Unit Test Project 工程，然后就是创建测试用例，进行测试。

C#项目进行单元测试的时候，测试项目中要包含测试类，测试类中要包含测试方法。测试方法名由三部分组成：方法名、测试场景及预期行为。方法名是被测试的方法；测试场景是能产生预期行为的条件；预期行为是在给定条件下，期望被测试方法产生的结果。

MSTest 创建单元测试，如图 9.11 所示。

图 9.11　MSTest 单元测试

【课后阅读】

测试框架介绍

测试框架是测试开发过程中提取特定领域测试方法共性部分形成的体系结构；测试框架在其基础上重用测试设计原则和测试经验，调整部分内容便可满足需求，可提高测试用例设计开发质量，降低成本，缩短时间。不同测试技术领域有不同的测试框架类型。

1. 单元测试框架：

（1）C/C++测试框架：C++Test、CppUnit 等。

（2）C#测试框架：　NUnit、MSTest 等。

（3）Java 测试框架：JUnit、JTest、MockRunner 等。

（4）Python 测试框架：unittest、nose、pytest 等。

（5）Android 测试框架：JUnit、Android JUnitRunner 等。

（6）XML 测试框架：XMLUnit 等。

2. Web 测试框架：

（1）Selenium：Web 应用程序测试的框架。

（2）Locust：可扩展的用户性能测试框架。

（3）Splinter：开源的 Web 应用测试工具。

项目实训 9——在线购物系统单元测试

一、实训目的
(1) 掌握单元测试框架。
(2) 掌握单元测试过程。

二、实训环境或工具
(1) 操作系统平台：Microsoft Windows 10。
(2) 软件工具：Microsoft Word 2016。

三、实训内容与要求
(1) 准备参考资料和阅读相关的文档进行单元划分。
(2) 各小组分配任务，进行单元测试。
(3) 根据提供的课题需求和条件，写出在线购物单元测试报告。

四、实训结果
以项目小组为单位，形成一份在线购物系统单元测试报告。

五、实训总结
进行个人总结：通过本项目的实训学习，我掌握了哪些知识，有哪些收获和注意事项，等等。

六、成绩评定
实训成绩分 A、B、C、D、E 五个等级。

项目小结

本项目主要介绍了单元测试的相关概念及单元测试工具的使用。单元测试是对软件中的最小可测试单元进行检查和验证。经验表明，单元测试能发现整个测试中30%～70%的缺陷（Bug），并且修改Bug的成本也很低。目前，有很多单元测试工具及框架可供选择，这有助于提高单元测试的自动化程度，本项目以图书管理系统为例，讲解如何进行单元测试。

岗位职责——高级软件测试工程师

(1) 参与过中型以上软件项目测试，对整体系统的测试方案有所了解；
(2) 能熟练、高效、准确的完成测试工作，并给出可行性分析报告；
(3) 能够根据各个测试项目的进展，制定出整个部门的详细工作方案，主导工作的进行；
(4) 能够对测试中出现的各种逻辑思维漏洞、常见Bug进行分类汇总并找出解决方案，能对其他同事进行技术培训；
(5) 能够制定规范的软件测试流程，并监督实施。

软件测试工程师常见面试题

1. 软件测试项目从什么时候开始较好，为什么？

答：一般软件测试越早展开越好，一般是从需要阶段就要进行软件测试。软件测试不仅是测试功能，对于需求文档一类的也要进行测试。尽早地找出程序代码中的缺陷（Bug），会明显减少后续开发人员修改程序的次数，并且可以降低成本，如果整个软件已经开发得差不多了，却忽然发现一个致命错误，这时需要花费很多时间和人力进行修改，影响面很大。如果在一开始就发现，就可以避免这种情况。

2. 测试用例包括哪些？

答：测试用例包括用例编号、测试项描述、操作步骤、输入、预期结果、实际结果、测试人、测试时间、备注。

3. 单元测试内容包括什么？

答：单元测试内容包括模块接口测试、局部数据结构测试、路径测试错误处理测试边界条件测试。其中模块接口测试是单元测试的基础。

4. 什么是STAR法则？

答：S是Situation，项目属于什么类型，周期多长；T是Task，团队分工，你的角色；A是Action，具体实施，自己做了什么；R是Result，最后成果，你的收获。

5. 常用的测试工具有哪些？

答：性能测试工具有LoadRunner、JMeter；自动化测试工具有Selenium；测试管理工具有禅道或者Jira等。

习 题 9

【基础启动】

一、单选题

1. 白盒测试法一般使用于_____测试。

   A. 单元　　　　　　B. 系统　　　　　　C. 集成　　　　　　D. 确认

2. 在进行单元测试时，常用的方法是_____。

   A. 采用白盒测试，辅之以黑盒测试　　　B. 采用黑盒测试，辅之以白盒测试
   C. 只使用白盒测试　　　　　　　　　　D. 只使用黑盒测试

3. 单元测试中设计测试用例的依据是_____。

   A. 概要设计规格说明书　　　　　　　　B. 用户需求规格说明书
   C. 项目计划说明书　　　　　　　　　　D. 详细设计规格说明书

4. 根据软件需求规格说明书，在开发环境下对已经集成的软件系统进行的测试是_____。

   A. 系统测试　　　　B. 单元测试　　　　C. 集成测试　　　　D. 验收测试

5. 软件测试类型按开发阶段划分是_____。

   A. 需求测试—单元测试—集成测试—验证测试。
   B. 单元测试—集成测试—确认测试—系统测试—验收测试。

C. 单元测试—集成测试—验证测试—确认测试—验收测试。

D. 调试—单元测试—集成测试—用户测试。

二、问答题

1. 单元测试的基本任务？
2. 单元测试的步骤有哪些？

【能力提升】

三、论述题

在任何情况下，单元测试都是可能的吗？都是需要的吗？

四、设计题

为 Absolute 类创建一个 JUnit 测试类，该类源代码如下：

```
public class Absolute{
  public static int abs(int n){
    return n>=0?n:(-n);
  }
}
```

项目 10　性　能　测　试

性能测试是指，利用自动化测试工具，在正常状态、峰值状态及异常负载状态下，对软件项目的各项性能进行综合测试。负载测试和压力测试都属于性能测试，两者可以结合进行。通过负载测试，确定在各种工作负载条件下系统的性能，目标是测试当负载逐渐增加时，系统各项性能指标的变化情况。压力测试是通过确定一个系统的瓶颈或者不能接受的性能点，来获得系统能提供的最大服务能力级别的测试。性能测试在软件的质量保障中起着重要的作用，它包括的测试内容丰富多样。中国软件评测中心将性能测试概括为三个方面：其一，应用在客户端性能的测试；其二，应用在网络上性能的测试；其三，应用在服务器端性能的测试。通常，将上面三方面有效、合理地结合，可以达到对系统性能的全面的分析和测试。

【课程思政】

用户至上

"用户至上、诚信服务"是许多企业奉行的服务理念。"用户至上"强调把用户放在第一位，用户处于高于一切的位置；诚信服务则是为用户提供诚实、可信、可靠的服务。在软件行业，软件产品在通过验收测试交付给用户使用后，需要向用户提供修正软件问题或是满足用户需求的服务工作，作为软件产品的开发和服务机构，也要本着"用户至上、诚信服务"的原则，要与用户保持良好的沟通，尽职尽责地做好软件产品前期开发、中期测试和后期维护工作，以获得用户对软件产品的认可和喜爱。

【学习目标】

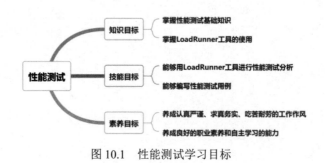

图 10.1　性能测试学习目标

任务 10.1　性能测试概述

【任务描述】

前面，图书管理系统功能测试已经基本完成，项目组准备对该项目的性能进行评估，评估前必须提前准备性能测试的有关资源，比如性能测试计划、测试工具等。

【知识储备】

一、性能测试

1. 性能的概念

提到软件性能测试的时候，有一点是很明确的，测试关注的重点是"软件性能"。那么，究竟什么是"软件性能"呢？

一般来说，性能是软件能力、稳定性和及时性的综合性指标，表明软件产品对上述指标的符合程度。这其中，性能的及时性是一种特殊的属性，可以用时间来进行度量。

软件性能的及时性用响应时间或者单位时间的吞吐量来度量。响应时间是对请求做出响应所需要的时间。对于单个事务，响应时间就是完成事务所需的时间；对于用户任务，响应时间体现为端到端的时间。比如，"用户单击OK按钮后，2秒内可收到结果"，这就是一个典型的对用户的任务响应时间的描述，具体到这个用户任务中，可能有多个具体的事务需要完成，每个事务都有其单独的响应时间。

对交互式的应用（例如典型的Web应用）来说，我们一般以用户感受到的响应时间来描述软件的性能，而对非交互式应用（嵌入式系统或是银行业务处理系统等）而言，响应时间是指软件对事件做出实质性的响应所需要的时间。

那么，什么是性能测试呢？性能测试是软件测试的一种，它的主要任务是，在一定的负荷压力下，测试软件的响应时间、吞吐量、稳定性、可扩展性等性能指标，并结合软件的架构和实现细节找出问题，确认问题并最终得到解决的过程。

性能测试目标是，验证当前系统能否支持现有用户的访问，弄清楚会有多少用户会在同一个时间段内访问被测试的系统，如果使用性能测试工具模拟出与系统的访问用户数相同的用户，并模拟用户的行为，那得到的测试结果就能够真实反映实际用户访问时系统性能的表现。

2. 不同群体眼中的性能

通常，对软件性能的关注是多个层面的：用户关注软件性能，管理员关注软件性能，产品的开发人员也关注软件性能，那么这些不同的关注者所关注的"性能"的具体内容是不是都完全相同呢？如果不同，其不同又在哪里？最后，作为软件性能测试工程师，软件本身的不同层面的性能也都需要关注，在关注这些的时候，又应该注意哪些内容呢？下面我们从3个不同层面来对软件性能进行阐述。

用户视角：软件性能就是软件对用户操作的响应时间，而且是用户最关注的性能指标。说得更明确一点，对用户来说，当用户单击一个按钮、发出一条指令或是在Web页面上单击一个链接，从用户单击开始到软件把本次操作的结果以其能察觉的方式展示出来，这个过程所消耗的时间就是用户对软件性能的直观的体验。

管理员视角：软件系统的性能首先表现在系统的响应时间上，这一点和用户视角是相似的。但管理员是一类特殊的用户，和一般用户相比，除会关注一般用户的体验之外，他还会关心和系统状态相关的信息。例如，管理员已经知道，当并发用户数为100时，A业务的响应时间为8秒，那么此时的软件系统状态如何呢？服务器CPU的使用率是不是已经达到了最大值？服务器是否还有可用的内存？其整体状态如何？我们为JVM（Java虚拟机）设置的可用内存是否足够？数据库的运行状况如何？是否需要进行一些调整？这些问题普通的用户并不关心,因为这不在他们的体验范围之内;但对管理员来说,要保证软件系统的稳定运行和保持良好性能,就必须关心这些问题。

另一方面,管理员还会想要知道软件系统具有多大的可扩展性,处理并发用户的能力如何;而且,管理员还会希望知道软件系统可能的最大容量是多少,软件系统可能的性能瓶颈在哪里,通过更换哪些设备或进行哪些扩展能够提高软件系统的整体性能,了解这些情况,管理员才能根据软件系统的用户状况制订管理计划,在软件系统出现计划之外的用户增长等紧急情况时,能够有相应的措施,迅速进行处理。此外,管理员可能还会关心软件系统在长时间的运行中是否足够稳定,是否能够不间断地提供服务等。

因此,从管理员视角来看,软件系统性能绝对不仅仅是应用的响应时间这么一个简单的问题。管理员关注的软件系统性能如下表10.1所示。

表 10.1 管理员关注的部分性能相关问题

管理员关心的问题	软件系统性能描述
服务器的资源使用状态是否合理?	资源利用率
应用服务器和数据库的资源使用是否合理?	资源利用率
系统是否能方便地实现扩展?	系统可扩展性
软件系统最多能支持多少用户的访问? 软件系统最大的业务处理量是多少?	系统容量
系统性能可能的瓶颈在哪里?	系统的限制性因素
更换哪些设备能够提高系统性能?	系统可维护和可扩展性
系统能否支持 7×24 小时的业务访问?	系统稳定性

开发人员视角:对软件系统性能的关注就更加深入了。开发人员首先会关注用户对软件系统的感受——响应时间,因为这是用户的直接体验。另外,开发人员也会关心软件系统的资源使用情况、稳定性、可维护性、可扩展性等管理员关心的事项,因为这些也是产品需要面向的用户(包括特殊的用户)。但对开发人员来说,最想知道的是"如何通过调整设计和代码实现,或是如何通过调整软件系统设置等方法提高软件的性能"或者"如何发现并解决软件设计和开发过程中产生的由于多用户访问引起的缺陷"……因此,开发人员关注的是使软件系统性能表现不佳的原因;关注是否因为大量用户访问而引起软件系统性能下降、甚至出现故障,也就是我们通常所说的"性能瓶颈"和系统中存在的缺陷。

举例来说,对于一个没有达到预期性能规划的软件系统,开发人员最想知道的是,这个糟糕的性能表现究竟是由于软件系统架构选择的不合理,还是由于软件代码实现的问题引起?是由于数据库设计的问题引起,还是由于软件系统的运行环境引发?

开发人员关注的部分性能相关问题如下表10.2所示。

表 10.2　开发人员关注的部分性能相关问题

开发人员关心的问题	问题所属层次
架构设计是否合理？	软件系统架构
数据库设计是否存在问题？	数据库设计
代码是否存在性能方面的问题？	软件系统代码
系统中是否有不合理的内存使用方式？	软件系统代码
系统中是否存在不合理的线程同步方式？	软件系统设计与代码
系统是否存在不合理的资源竞争？	软件系统设计与代码
系统默认参数设置是否合理？	软件系统配置

从测试人员视角来看，测试人员作为软件质量控制的重要角色，不仅仅是找出Bug，而且要对整个软件系统的质量负责，性能也属于质量的一部分。因此，在测试人员眼中的性能应该是全面的，考虑的事项也是全方位的，主要关注以下两各方面：

其一，测试人员需要全面考虑软件系统的性能，包括用户、开发人员、测试人员等各个视角下关注的性能。

其二，测试人员在做性能测试时，除了要关注表面的现象，如响应时间，还要要关注软件系统性能的本质，比如用户看不到的服务器资源的利用率，架构设计是否合理？代码是否合理等。

3. 性能测试主要完成的事项

性能测试要完成的事项主要包括如下6个部分。
（1）评定软件系统的可行性。
（2）评估软件系统的性能指标。
（3）比较多个不同软件系统或是不同软件系统配置时的性能特征。
（4）找出软件系统性能方面的问题，并确定造成问题的原因。
（5）做好软件系统的性能调优。
（6）找出软件系统吞吐量的不同等级。

4. 进行性能测试的原因

性能测试的目的主要有如下6点。
（1）用于识别系统瓶颈，为将来的测试建立一个基准；
（2）为系统性能调优提供支持；
（3）能够确定系统性能的目标和需求；
（4）能够收集其他性能相关的数据；
（5）能够帮助决策层做出关于软件系统总体质量的合理决定；
（6）性能测试结果和分析也能帮助我们估计当软件系统上线时需要配置多少硬件来支持相应的业务。

其他一些原因，也造成必须进行软件系统的性能测试，例如下述4各方面。
（1）评估系统是否可行。

（2）评估系统结构上的缺陷。
（3）评定软件性能方面的缺陷。
（4）改善性能调优的效率。

5. 性能测试与软件项目的关系

性能测试与软件项目管理的关系：性能测试做的成功与否，与测试方法和测试自身所关联的软件项目具有密切关系。若不理解软件项目背景，测试人员仅仅靠直觉来猜想哪些是重要的，这样很容易背离重要的测试点，浪费大量的时间和精力在非重要的部分，造成时间或资源的浪费，甚至导致软件项目的失败。

二、性能测试常用术语

1. 响应时间

响应时间是指，从用户发送一个请求到用户接收到服务器返回的响应数据或状态的时间。图10.2为一次互联网访问从发出请求到得到结果的完整路径：请求经过网络发送到Web服务器进行处理，例如要访问数据库，服务请求再转发到数据库服务器进行处理，数据库服务器将返回的数据送到Web服务器，Web服务器再把结果（数据）通过网络返回给客户端。上述过程的整体响应时间单位一般为毫秒级。

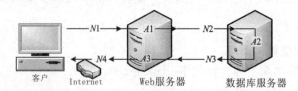

图 10.2　Web 请求响应时间的分解

从图中可以看出，响应时间（T）为"网络响应时间 + 应用程序处理时间+结果返回时间"，即：$T = (N1+N2+N3+N4)+ (A1+A2+A3)$。

2. 吞吐量

吞吐量是指单位时间内系统处理的客户端请求总量，用"请求数/秒"表示，但根据不同的项目，也可以使用"页面数/秒""访问总人数/天"或"页面访问量/天"等表示形式。

3. 并发数

在C/S或B/S结构的应用系统中，系统的性能主要由服务器决定，服务器在大量用户同时访问时，压力最大。并发是指从业务的角度模拟真实用户同时访问，分为严格并发和广义并发两种形式。并发数（又称并发用户数）是指，某一时刻同时向系统提交请求的用户数，提交的请求可能是同一个场景或功能，也可以是不同场景或功能。并发用户数决定于具体的业务场景，在确定并发用户数之前，必须先对用户的业务进行分解，分析出其中的典型业务场景（用户最常用、最关注的业务操作），然后基于场景获得其并发用户数。

此外，"在线用户数"是指某段时间内网络用户访问系统的数量，这些用户并不一定同时向系统提交请求，但他们同在系统所支持的环境下。"系统用户数"是指系统中已经注册的用户总数。这三种用户数的关系是：系统用户数 >= 在线用户数 >= 并发用户数。

平均并发用户数的计算：

$$C = n \times L / T$$

其中，C是平均的并发用户数，n是平均每天访问用户数，L是一天内用户从登录到退出的平均时间（Login Session），T是用户总访问时间（一天内多长时间有用户使用系统）。

4. 资源利用率

资源利用率是指，对不同系统资源的使用程度，通常以"当前使用资源量/本资源最大使用量"百分比值来表示。在计算项目资源利用率的情况下，通常需要考虑的以下的服务器资源：CPU、内存、磁盘IO、网络等利用率。资源利用率是分析系统性能指标进而改善性能的主要依据。

5. 事务

事务是性能脚本中的一个重要特性。要度量服务器的性能，需要定义事务，每个事务都包含事务开始和事务结束标记。事务时间用来衡量一段脚本执行所消耗的时间，即事务时间所反映的是一个操作过程的响应时间，比如一次登录、一次筛选条件查询，一次支付等响应时间。

6. 其他常用术语

（1）每秒事务数（Transactions Per Second，TPS）

每秒事务数是指每秒系统能够处理的交易或事务的数量，它是衡量系统处理能力的重要指标。TPS是LoadRunner中重要的性能参数指标。

（2）思考（暂停）时间

思考时间是指用户每个操作后的暂停时间，此时间内是不对服务器产生压力的。在做性能测试时，如果没有特殊的需求，一般要加思考（暂停）时间，其取值可根据需要设定。

（3）点击数

点击数是指每秒用户向Web服务器提交的HTTP请求数。这个指标是Web应用程序特有的一个指标，Web应用是"请求—响应"模式，用户发出一次申请，服务器就要处理一次，所以"点击"是Web应用能够处理的最小操作单位。如果把每次点击定义为一个交易，点击率和TPS就是一个概念。容易看出，点击率越高，对服务器的压力越大。点击率只是一个性能参考指标，重要的是分析点击时产生的影响。需要注意的是，这里的点击并非指鼠标的一次单击操作，因为在一次单击操作中，客户端可能向服务器发出多个HTTP请求。

（4）页面访问量（PV）

PV是Page View的缩写，即页面访问量。用户通过浏览器访问页面时，对应用服务器产生的每一次请求，便记一个PV。每日每个网站的总页面访问量是形容一个网站访问量规模的重要指标。

（5）独立访问用户数（UV）

UV是Unique Visitor的缩写，表示独立访问用户数，作为一个独立的用户，访问站点的页面均算作一个UV，访问网站其他页面时不重复计算。即同一页面，客户端多次点击只计算一次。这个数值统计有多少个独立用户访问本站点。

(6) 每秒查询率 (QPS)

QPS 是Query Per Second的缩写，表示每秒查询的次数。每秒查询率是针对一台特定的查询服务器而言的，它是在单位时间内所处理查询流量的衡量标准。例如，在互联网上，域名系统服务器的每秒查询率非常重要，它表示了域名服务器解析域名的总体能力。

(7) 成功率

成功率是指，在一次并发测试中，成功请求次数与总请求次数的比例，即：成功率=成功请求数/总请求数；它与失败率对应，失败率=失败请求数/总请求数。两者的和成为运行率，自然地，运行率 = 成功率 + 失败率 = 100%。

(8) IP访问量

IP是Internet Protocol的简称，原意是"网际互连协议"，IP协议是TCP/IP的基础协议。但在此处，它表示IP地址。在互联网上，每台机器被赋予一个IP地址，IP访问量是指，不同用户使用不同的IP地址访问站点的次数，同一用户使用同一个IP访问多次只计算一次。

三、性能测试模型

1. 基准测试

基准测试（Bench Marking）是一种测量和评估软件系统性能指标的操作。即在给软件系统施加较低压力时，查看软件系统的运行状况并记录性能指标及其相关数值，作为系统性能的基础参考。例如，在某个时候通过基准测试建立一组软件系统的性能数值（称为基准线），当软件系统或硬件环境发生变化后，再进行同样的测试，并与基准测试数值做比较，以确定哪些变化对系统的性能产生了影响。这是基准测试最常见的用途。其他用途包括测定某种负载水平下的性能极限、软件系统或硬件环境的变化、发现可能导致性能下降的事件等。

在进行并发测试前，应先进行一次基准测试以创建基准线。如果没有参照物，在某项特殊事件发生之后再进行基准测试，其作用十分有限。目前，建议在软件系统和硬件环境均正常时，以单用户连续进行10分钟的性能测试，将测试的结果作为"基准测试"数据，并保存，以备后期使用。

2. 性能测试

狭义的性能测试是指，以性能预期目标为前提，对系统不断施加压力，验证软件系统在资源可接受范围内，是否能达到性能预期。例如，以实际运行环境进行测试，求出最大的吞吐量与最佳响应时间，以保证产品上线的平稳、安全。狭义的性能测试是一种"正常"的测试，主要测试正常使用时系统是否满足要求，同时可能为了保留系统的扩展空间而进行的一些稍微超出"正常"范围的测试。广义的性能测试则是压力测试、负载测试、强度测试、并发（用户数）测试、大数据量测试、配置测试、可靠性测试等和性能相关的测试的统称。

(1) 压力测试

压力测试是指，在超过常规的安全负载情况下，对系统不断施加压力，通过确定一个系统的瓶颈位置或者不能承受压力的性能点，来获得系统能提供的"极限能力"测试。其关注的是系统在峰值负载或超出最大负载能力时的处理能力。

压力测试的目的是，发现在什么条件下系统的性能变得不可接受，并通过对应用程序施加越来越大的负载，发现应用程序性能下降的"拐点"。压力测试和负载测试有些类似，但是通常把负载测试描述成一种特定类型的压力测试——例如增加用户数量或延长压力时间以对应用程序进行压力测试。

（2）负载测试

负载测试是指，对系统不断地增加压力式增加一定压力条件下的持续时间，直到系统的某项或多项性能指标达到极限，例如某种资源已经达到饱和状态等。

（3）稳定性测试

稳定性测试是指，在特定的硬件、软件、网络环境下，给系统加载一定的业务压力，使系统运行一段较长的时间，以此检验系统是否稳定。一般稳定性测试时间为$N×12$小时。（$N=1,2,4,8,……$）

（4）并发测试

并发测试是指，测试M个用户同时访问同一个应用、同一个模块或者数据记录时是否存在死锁或者其他性能问题。（根据需要，M可能为几十、数百，数万，甚至更多。）

【案例】

计算并发用户数

根据上述所学知识，计算一下图书管理系统的并发用户数，假设该系统有 18000 个用户，平均每天大约有 2400 个用户访问该系统，对一个典型用户来说，一天只在 8~12 小时内使用该系统，且从登录到退出该系统的平均时间为 1 小时。

平均并发用户数 $C_A = 2400 × 1/8 = 300$。

并发峰值用户数 $C_H = C_A + 3 × sqrt(C_A) = 300 + 3 × sqrt(300) = 352$。

（注：并发峰值用户数采用"经验公式"计算。）

【任务实施】

图书管理系统性能测试指标

假设，图书管理系统项目模块功能开发工作完成，需要对系统进行性能评估，可以考虑以下述4个测试指标对该系统进行性能测试。

（1）业务指标：从业务人员的角度，例如：并发用户数、每秒事务数、成功率、响应时间。

（2）资源指标：从运维人员的角度，例如：CPU资源利用率、内存利用率、I/O速率、内核参数（信号量、打开文件数）等。

（3）应用指标：从开发人员的角度，例如：空闲线程数、数据库连接数、GC（Garbage Collection，内存回收）/FGC（Full Garbage Collection，完全内存回收）次数、函数耗时等。

（4）前端指标：从测试人员和开发人员的角度，例如：页面大小、页面元素以及页面加载时间、网络时间（DNS、连接时间、传输时间等）。

图书管理系统常用性能参考数值见表10.3。（数据仅供参考，不同业务、不同架构可能不同）

表10.3 常用参考数值

类别	指标	参考值
业务指标	事务成功率	一般参考值>95%，涉及交易付款类的>99.99%（尽量保证100%）
	并发用户/平均响应时间	页面：首屏页面2000并发用户数，平均响应时间2秒；接口：查询接口1000并发用户数，平均响应时间1秒
资源指标	CPU	(%us+%sy)<90% us：用户进程占用CPU百分比 sy：内核空间占用CPU百分比
	Load	平均每核CPU的Load <1
	带宽	网络带宽<90%
应用指标	JVM内存占用率	<80%
	FGC频率	半小时FGC <1次
前端指标	页面大小（KB）	1696
	页面大小（KB）（不可缓存项）	300
	页面元素个数	50
	页面响应时间（秒）	3

【任务拓展】

性能测试应用场景

性能测试应用场景（领域）主要有以下几种：能力验证、能力规划、性能调优、缺陷发现、性能基准比较，如下表10.4所示，各种场景的用途和特点。

表10.4 性能测试各种场景的用途和特点

	主要用途	典型场景	特点	常用性能测试方法
能力验证	关注在给定的软件与硬件条件下，系统能否具有预期的性能	在要求平均响应时间小于2秒的前提下，如何判断某软件系统是否能够支持每天50万用户的访问量？	1. 要求在已确定的环境下运行； 2. 需要根据典型场景设计测试方案和用例，包括操作序列和并发用户量，需要明确的性能目标	1. 负载测试； 2. 压力测试； 3. 稳定性能测试
规划能力	关注如何使系统具有我们要求的性能	某软件系统计划在一年内获客量达到XX万个用户，系统到时候是否能支持这么多用户量？如果不能需要如何调整系统的配置？	1. 它是一种探索性的测试； 2. 常用于了解系统性能和获得扩展性能的方法	1. 负载测试； 2. 压力测试； 3. 配置测试
性能调优	主要用于对系统性能进行调优	某系统上线运行一段时间后响应速度越来越慢，此时应该如何办？	每次只改变一个配置，切忌无休止的调优	1. 并发测试； 2. 压力测试； 3. 配置测试

(续表)

	主要用途	典型场景	特　　点	常用性能测试方法
缺陷发现	发现缺陷或问题重现、定位手段	某些缺陷只有在高负载的情况下才能暴露出来，如线程死锁、资源竞争异常或存在内存泄漏	作为软件系统测试的补充，用来发现并发问题，或是对软件系统已经出现的问题进行重现和定位	1. 并发测试； 2. 压力测试
性能基准比较	常用于敏捷开发中，敏捷开发的特点是小步快走、快速试错，迭代周期短，需求变化频繁；难以定义完善的性能测试目标，也没有时间在每个迭代开展详细的性能测试，可以通过建立性能基线，通过比较每次迭代中的性能表现变化，判断迭代是否达到了目标			

通常，在某个软件性能测试场景中，需要联合使用多种性能测试方法，进行多种形式的性能测试，如表10.5所示为性能测试应用领域与测试方法关联：

表 10.5　性能测试应用领域

	能力验证	规划能力	性能调优	缺陷发现	性能基准比较
基准测试	√		√		
负载测试	√	√	√		
压力测试	√	√	√	√	√
并发测试				√	√
稳定性测试	√				

【知识链接】

性能测试的重要性

随着技术的进步和社会的发展，用户对产品的要求也越来越高，以前可能重点关注的是产品的"有与无的问题"，现在则是追求高品质、高性能，对于软件产品，同样如此。软件产品开发商或大型软件大公司均强化了产品的性能测试，因为从这几年发生的事件来看，性能带来的问题和损失不容忽视，而性能测试的重要性也不言而喻。

2008 年的奥运会票务系统，由于瞬时间内涌入的订票人数远超预期，在奥运票务系统"开闸"短时间内便陷入"瘫痪"状态，当时对外公布的是奥运票务系统每小时能处理 15 万张门票的销售量，能承担每小时 100 万次以上的网上访问量，但 10 月 30 日系统"瘫痪"时每小时的网络访问量达到 800 万，1 小时售出的票也达到了 20 万张。由于对并发峰值用户数的预估不足，导致了系统的短时间瘫痪。吸取了这次赛事票务系统开发的经验教训，之后所有在中国举办的国际性赛事，再也没有出现过类似的"受瞬时巨大的并发峰值访问冲击"而产生故障的情况。

淘宝平台拥有强大的服务器集群，长期服务于数以亿计的用户和商家，平台上有近千万商家。淘宝网络平台综合技术能力在世界上占据领先地位，但在 2015 年的"双十一购物节""0 点启动"时，面对爆炸式突现的访问量，系统平台承接能力瞬时崩溃，亿万用户的屏幕长时间显示"服务器繁忙，请等待"信息，对热情高涨的用户和网络平台均显得非常尴尬。这次事件，催生了该公司"服务器集群动态装载、卸载"技术解决方案，该方案能够应对全世界罕见的"双十一购物节"启动瞬间的"爆发式的超高并发访问"，并且在流量下降后，系统硬件规模自动缩减，避免资源浪费。从那以后若干年，"双十一购物节"的访问量连年递增，但"尴尬场景"再未出现。

生活中有很多类似的例子，面向广大互联网用户的网站，每天都需要接收大量的访问请求，服务器压力很大，需要优秀的系统支持。市场在进步，软件开发技术和测试技术也在进步，当然其中对系统性能测试也是必不可少的。

【课后阅读】

从坐地铁模型来认识理解性能测试

我们用早上乘坐地铁的案例，加深理解软件项目性能测试的重要性。假设某地铁站进站只有3个刷卡机通道。人少的情况下，每名乘客都可以很快地刷卡进站，假设进站需要1秒。乘客耐心有限，如果等待超过5分钟，就会急躁、唠叨，甚至去换乘其他交通工具。按照上述的假设，分析如下的场景。

场景1：只有1名乘客进站时，这名乘客可以在1秒的时间内完成进站，且只利用了1个刷卡机通道，剩余2台空闲。

场景2：有2名乘客进站时，2名乘客仍都可以在1秒的时间内完成进站，且利用了2个刷卡机通道，剩余1台空闲。

场景3：有3名乘客进站时，3名乘客还能在1秒的时间内完成进站，且利用了3个刷卡机通道，资源得到充分利用。

但随着上班高峰时间逐渐临近，乘客也越来越多，新的场景也慢慢出现了。

场景4：A、B、C三名乘客进站，同时D、E、F乘客也要进站，因为A、B、C先到，所以D、E、F乘客需要排队，等A、B、C三名乘客进站完成后才行。那么，A、B、C乘客进站时间为1秒，而D、E、F乘客必须等待1秒，所以他们3位再进站的时间是2秒。

通过上面这个场景可以发现，每秒能使3名乘客进站，第1秒是A、B、C，第2秒是D、E、F，但是对于乘客D、E、F来说，"响应时间"延长了。

场景5：假设这次进站一次来了9名乘客，根据上面的场景，不难推断出，这9名乘客中有3名的"响应时间"为1秒，有3名的"响应时间"为2秒（等待1秒+进站1秒），还有3名的"响应时间"为3秒（等待2秒+进站1秒）。

场景6：假设这次进站一次来了10名乘客，根据上面的推算，必然存在1名乘客的"响应时间"为4秒，如果随着大量的人流涌入进站，可想而知就会达到乘客的"忍耐极限。"

场景7：如果地铁站与火车站相连，许多乘客都拿着大小不同的包裹，有的乘客拿的包太大导致卡在刷卡机通道（发生堵塞），这样每名乘客的进站时间就会又不一样了。

这样貌似很多地铁进站的刷卡机通道有加宽的和正常宽度的两种类型，那么拿大包裹的乘客可以通过加宽的刷卡机通道快速进站（增加带宽），这样就能避免场景7中的现象。

场景8：进站的乘客越来越多，3个刷卡机通道已经无法满足需求，于是为了减少人流的聚集，需要再多开几个刷卡机通道，增加进站的人流与速度（提升TPS、增大连接数）。

场景9：终于到了上班高峰时间了，乘客数量上升太快，现有的进站措施已经无法满足，越来越多的人开始抱怨、拥挤，情况越来越糟。单靠增加刷卡机通道已经不行了，此时的乘客就相当于网络"请求",乘客不是在地铁进站排队,就是在站台排队等车,已经造成严重的"堵塞",那么增加发车频率(加快应用程序和数据库的处理速度)、增加车厢数量(增加内存、增大I/O吞吐量)、增加线路(增加总线传输速率)、限流、分流等多种措施便应需而生。

任务 10.2　性能测试工具 LoadRunner

【任务描述】

图书管理系统性能测试计划已通过审核,接下来,项目组准备采用LoadRunner工具对该项目的性能进行评估。当有多个用户同时接管任务,测试系统的响应能力,确定系统瓶颈所在,用户要求响应时间是1个人接管的时间在5秒以内。

【知识储备】

一、LoadRunner 简介

LoadRunner是Mercury公司出品的一个性能测试工具,2006年Mercury被HP公司收购。LoadRunner是一种预测系统行为和性能的工业标准级负载测试工具。通过以模拟上千万用户实施并发负载及实时性能监测的方式来确认和查找问题,适用于多种架构。LoadRunner支持多种应用标准,拥有近50种虚拟用户类型,如Web、RTE、Tuxedo、SAP、Oracle、Sybase、Email、Winsock等。

LoadRunner能够对企业的软件架构进行测试。通过使用LoadRunner,企业能最大限度地缩短测试时间,优化系统性能并加速应用系统的发布周期。

LoadRunner具有下列优点:

(1)能自动精确分析测试结果,产生Word文档的测试报告,保证了测试结果的真实性。

(2)界面友好,易于使用,通过图形化的操作方式使用户能在最短的时间内掌握LoadRunner的使用。

(3)采用无代理方式的性能监控器,无须改动生产服务器,即可监控网络、操作系统、数据库和应用服务器等性能指标。

二、LoadRunner 12 软件简介

LoadRunner 12由Virtual User Generator、Controller、Analysis三部分组成。

1. Virtual User Generator(VuGen,虚拟用户生成器)

它模拟用户动作,是用来录制、生成、编辑、调试脚本所用的工具,其界面如图10.3所示。

图 10.3　Virtual User Generator 界面

2. Controller（测试控制器）

Controller 是用来设计，实现场景，执行场景，集成监控，实时监测的一个组件。是执行负载测试管理和监控的中心。在这里指定具体的性能测试方案，执行性能测试，收集测试数据，监控测试指标，界面如图10.4所示。

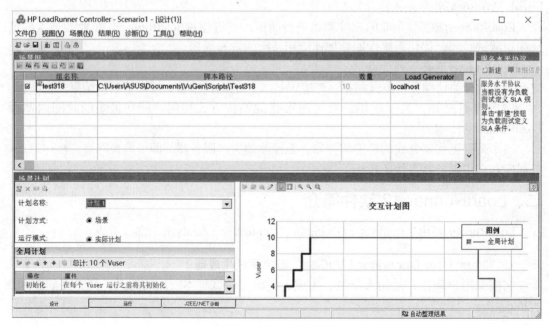

图 10.4　Controller 界面

3. Analysis（分析器）

通过图表，收集分析、整理测试结果，提供简单的概要报告、图表，并且提供必要的选项来帮助测试工程师来分析性能测试结果、定位性能瓶颈。具有集成数据统计分析功能，自动生成测试报告文档。界面如图10.5所示。

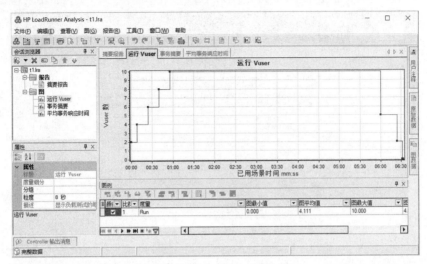

图 10.5　Analysis 界面

【案例】

使用 LoadRunner 12 测试 Web Tours 登录

一、登录 Web Tours 注册用户

LoadRunner 提供了一个示例程序：Web Tours 供练习。先启动 Web Tours 服务器，在 HP Software 菜单找到 Start HP Web Tours Server 启动程序，再在 HP Software 下面找到 HP Web Tours Application。

（1）打开 Web Tours，界面如图 10.6 所示。

图 10.6　Web Tours 界面

(2)注册用户,点击 sign up now 注册,打开图 10.7 所示窗口。

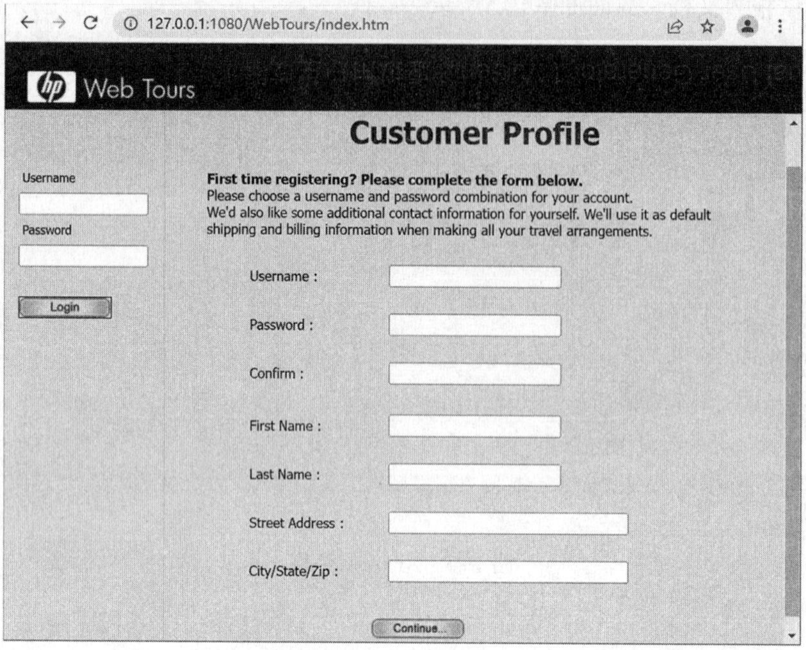

图 10.7 注册界面

二、使用 Virtual User Generator

(1)录制登录脚本,输入 URL 地址:http://127.0.0.1:1080/WebTours/index.htm。录制设置如图 10.8 所示。

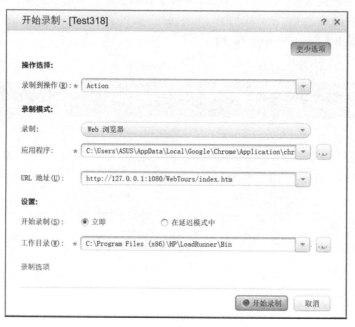

图 10.8 录制设置

（2）生成登录脚本，如图10.9所示。

图10.9　生成登录脚本

成功录制了登录脚本，在脚本回放中，我们手动将用户名改为了"test002"。性能测试的目的是为了模拟大量的并发操作，看系统能否正常处理。

三、使用 Controller

使用 Controller 执行性能测试，收集测试数据，监控测试指标。

（1）新建场景如图10.10所示。

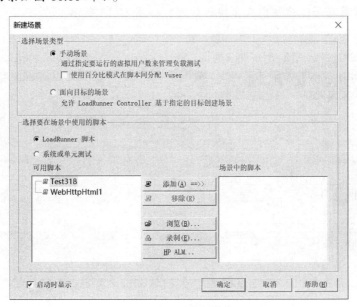

图10.10　新建场景

（2）添加 Vuser（Virtual User）数量，如图10.11所示。

图 10.11　添加 Vuser 数量

（3）修改全局计划，如图 10.12 所示。

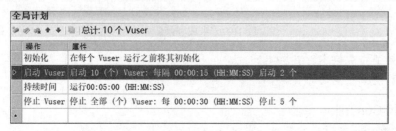

图 10.12　全局计划

（4）实时观看场景测试状态及系统性能图，如图 10.13 所示。

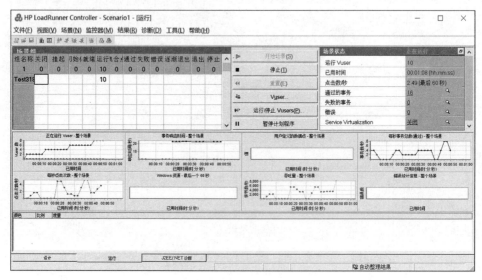

图 10.13　场景测试状态

四、使用 Analysis

将场景的运行结果放到分析器中,生成各类报表,分析测试结果与系统性能,如图10.14所示。

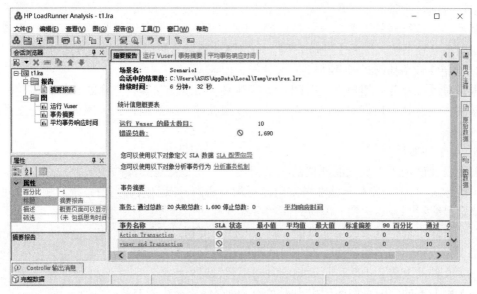

图 10.14　测试摘要报告

【任务实施】

性能测试流程

一、准备工作

1. 系统基础功能验证

性能测试在什么时候实施更为合适?选择时间点很重要!一般而言,只有在系统基础功能测试验证完成、系统趋于稳定的情况下,才会进行性能测试,否则性能测试是无意义的。

2. 测试团队组建

根据该项目的具体情况,组建一个多人的性能测试团队,然后需要一至几名系统开发人员,还有性能测试设计和分析人员、脚本开发和执行人员;在正式开始工作之前,应该对脚本开发和执行人员进行一些培训,或者应该由具有相关经验的人员担任。

3. 工具的选择

综合系统设计、工具成本、测试团队的技能来考虑,选择合适的测试工具,至少应该满足以下3点:

(1)支持对Web(这里以Web系统为例)系统的性能测试,支持http和https协议;

(2)工具运行在Windows平台上;

(3)支持对WebServer、数据库的性能计数器进行监控。

4. 预先的业务场景分析

为了对系统性能建立直观上的认识和分析,应对系统较重要和常用的业务场景模块进行分析，以对接下来的测试计划设计进行准备。

二、测试计划

测试计划阶段最重要的是：分析用户场景，确定系统性能目标。

1. 性能测试领域分析

根据对项目背景和业务的了解，确定本次性能测试要分析、了解的重点；是测试系统能否满足实际运行时的需要，还是目前的系统在哪些方面制约系统性能的发挥？或者，哪些系统因素导致系统无法跟上业务发展？确定测试领域，然后具体问题具体分析。

2. 用户场景剖析和业务建模

根据对系统业务、用户活跃时间、访问频率、场景交互等各方面的分析，整理一个业务场景表，当然其中最好对用户操作场景、步骤进行详细的描述，为测试脚本开发提供依据。

3. 确定性能目标

前面已经确定了本次性能测试的领域，接下来就是针对具体的领域关注点，确定性能目标（指标）；其中需要和其他业务部门进行沟通协商，以及结合当前系统的响应时间等数据，确定最终我们需要达到的响应时间和系统资源使用率等目标；比如：

（1）登录请求到登录成功的页面，响应时间不能超过2秒；

（2）报表审核提交的页面，响应时间不能超过5秒；

（3）文件的上传、下载，页面响应时间不超过8秒；

（4）服务器的CPU平均使用率小于70%，内存使用率小于75%；

（5）各个业务系统的响应时间和服务器资源使用情况在不同测试环境下，各指标随负载变化的情况等；

4. 制定测试计划的实施时间

预设本次性能测试各子模块的起止时间、产出、参与人员等等。

三、测试脚本设计与开发

在性能测试中，测试脚本设计与开发通常会占据很大的时间比。

1. 测试环境的设计

本次性能测试的目标是，验证系统在实际运行环境中的性能，还需要考虑到不同的硬件配置是否会是制约系统性能的重要因素！因此在测试环境中，需要部署多种不同的测试环境，在不同的硬件配置环境中检查应用系统的性能，并对不同配置下系统的测试结果进行分析，得出最优结果（最适合当前系统的配置）。

这里所说的配置大概是如下几类：

（1）数据库服务器

（2）应用服务器

（3）负载模拟器

（4）软件运行环境或软件平台

测试环境测试数据，可以根据系统的运行预期来确定，比如：需要测试的业务场景是怎样的？数据多久进行一次数据备份？该业务场景涉及哪些数据表？每次操作数据怎样写入，写入几条？需要多少的测试数据来使得测试环境的数据保持一致性？等等。

可以在首次测试数据生成时，将其导出到本地保存，在每次测试开始前导入数据，保持一致性。

2. 测试场景的设计

通过和业务部门沟通并总结以往用户操作习惯，确定用户操作习惯模式，以及不同的场景用户数量，操作次数，确定测试指标和性能监控指标等。

3. 测试用例的设计

确认测试场景设计后，在系统已有的操作描述基础上，进一步完善可脚本化的测试用例，用例部分内容如下：

用例编号：查询表单_XXX_X1（以业务场景命名，简洁易懂即可）

用例条件：用户已登录、具有相应权限等.

操作步骤：

（1）进入相应界面

（2）查询相关数据

（3）勾选要导出的数据项

（4）修改上传数据

注意：这里的操作步骤只是个例子，具体实施时以系统业务场景为准。

4. 脚本和辅助工具的开发及使用

按照用例描述，可利用工具进行录制测试脚本，然后在录制的脚本中进行修改；比如参数、关联、检查点等等，最后的结果使得测试脚本方便可用，能达到测试要求即可。

建议尽量自己写脚本来实现业务操作场景，这样对个人技能提升较大，概括为一句话："能写就绝不录制"。

四、测试执行与管理

在这个阶段，只需要按照之前已经设计好的业务场景、环境和测试用例脚本，部署测试环境，执行测试并记录结果即可。

1. 建立测试环境

按照之前已经设计好的测试环境，由运维或开发人员进行测试环境部署，检查，并仔细调整，同时保持测试环境的干净和稳定，不受外来因素影响。

2. 执行测试脚本

这一点比较简单，在已部署好的测试环境中，按照业务场景和编号，顺序执行我们已经设计好的测试脚本。

3. 测试结果记录

根据测试所用的工具不同，结果的记录也有不同的形式。现在大多的性能测试工具都提供比较完整的图形化的测试结果，当然，对于服务器的资源使用情况，可以利用一些计数器或第三方监控工具来对其进行记录，执行完测试后，对结果进行整理分析。

五、测试分析

1. 测试环境的系统性能分析

根据我们记录的测试结果（图表、曲线等），经过计算，与预定的性能指标进行对比，确定是否达到了我们需要的结果；如未达到，查看具体的瓶颈点，然后根据瓶颈点的具体数据，进行情况具体分析（影响性能的因素很多，这一点，可以根据经验和数据表现来判断分析）。

2. 硬件设备对系统性能表现的影响分析

由于之前设计了几个不同的测试环境，故可以根据不同测试环境的硬件资源使用状况图表进行分析，确定瓶颈是在数据库服务器、应用服务器抑或在其他方面，然后有进行优化操作。

3. 其他影响因素分析

影响系统性能的因素很多，可以从用户能感受到的场景分析，哪里比较慢，哪里速度尚可，可以根据"2—5—8原则"对其进行分析。

还可分析其他诸如网络带宽、操作动作、存储池、线程实现、服务器处理机制等一系列的影响因素。

4. 测试中发现的问题

在性能测试执行过程中，可能会发现某些功能上的不足或存在的缺陷，以及需要优化的地方，这也是执行多次测试的优点。

【任务拓展】

图书管理系统性能测试

本次性能测试的业务范围覆盖借书功能模块的各个接口：添加借书记录、删除借书记录、修改借书记录、查询借书记录。

主要获得或关注的性能指标有：平均响应时间、每秒事务数（TPS）、系统资源使用情况（在正常压力下，服务器的CPU占用率应低于90%）和事务成功率（大于95%）。

本次测试选用LoadRunner工具，具体步骤如下：

步骤1：使用Virtual User Generator开发脚本

（1）录制测试脚本；

（2）完善测试脚本；

（3）配置"Run-Time Settings"项；

（4）单机运行测试脚本；

（5）创建运行场景。

步骤2：运行测试脚本并记录相关数据，测试结果如表10.6所示。

表 10.6 测试结果

场景	并发数	平均响应时间（秒）	TPS	SQL Server（资源占用率，%）		
				CPU	Disk	内存
添加记录	1000	0.383	2597	25%	0.01%	28%
删除记录	1000	2.6	385	27%	0.01%	28%
修改记录	1000	0.562	1779	61%	0.01%	28%
查询记录	1000	0.472	2118	52%	0.01%	28%

3. 性能分析

添加记录、修改记录、查询记录三个业务场景，资源使用率正常，平均响应时间均小于0.5秒，质量为达标（1000个并发用户，平均响应时间低于1秒），删除记录业务场景的资源使用率正常，但平均响应时间过长，需要进一步分析。

【知识链接】

主流性能测试工具

手工进行性能测试存在诸多困难，自动化性能测试解决方案能够模拟成百上千用户与系统的交互，而无须过多的硬件需求；测量最终用户响应时间；监控负载系统组件。

1. LoadRunner

LoadRunner 是一种预测系统行为和性能的负载测试工具。可以模拟上千万并发用户负载状态并实时监测系统性能的方式来查找和确认问题。LoadRunner 能够对整个企业架构进行测试。通过使用 LoadRunner，企业能最大限度地缩短测试时间，优化性能和加速应用系统的发布周期。

2. QALoad

Compuware 公司的 QALoad 采用 C/S 式结构，是企业资源配置（ERP）和电子商务应用的自动化负载测试工具。QALoad 是 QA Center（性能版）的一部分，它通过可重复的、真实的测试能够准确度量应用的可扩展性和性能。

3. JMeter

JMeter 是由 Apache 公司开发和维护的一款开源的免费性能测试工具。JMeter 以 Java 语言作为底层支撑环境，它最初是为测试 Web 应用程序而设计的，但后来随着发展逐步扩展到了其他领域。现在 JMeter 可用于静态资源和动态资源的测试。例如，它可用于模拟服务器、服务器组、网络或对象上的重负载以测试其强度、分析不同负载情况下的整体性能。

4. OpenSTA

OpenSTA 是一个开放源代码的免费 Web 性能测试工具。它能录制功能非常强大的脚本过程，执行性能测试。例如虚拟多个不同的用户同时登录被测试网站。其还能对录制的测试脚本进行，按指定的语法进行编辑。在录制完测试脚本后，可以对测试脚本进行编辑，以便进行特定的性能指标分析。其丰富的图形化测试结果大大提高了测试报告的可阅读性。

5. MobileRunner

MobileRunner 是面向移动平台的自动化测试工具。支持同时直接连接多台移动设备，通过脚本录制和执行，实现移动设备和应用的自动化测试、设备兼容性测试、功能等测试工作。

【课后阅读】

性能测试工具 JMeter 和 LoadRunner 的比较

（1）JMeter 的架构跟 LoadRunner 原理一样，都是通过中间代理来监控和收集并发客户端发现的指令，把他们生成脚本，再发送到应用服务器，再监控服务器反馈的结果的一个过程。

（2）分布式中间代理功能在 JMeter 中也有，分布式代理（Agent）是指可设置多台代理在不同 PC 中，通过远程进行控制，即通过使用多台机器运行所谓的 Agent 来分担 LoadGenerator 自身的压力，并借此来获取更大的并发用户数，LoadRunner 也有此功能。

（3）JMeter 安装简单，只需要解压 JMeter 文件包到 C 盘上就可以使用了。

（4）JMeter 没有"IP 欺骗"功能，"IP 欺骗"是指，在一台 PC 上模拟多个 IP 地址来分配给并发用户。这个功能对于模拟较真实的用户环境来说，是比较有用的，LoadRunner 有此功能。

（5）JMeter 也提供了一个利用本地 Proxy Server（代理服务器）来录制生成测试脚本的功能，但是这个功能并不好用，测试对象的个别参数需要手工增加上去，还需安装 IE 浏览器代理。

（6）JMeter 的报表较少，对于要分析测试性能不足以作为依据。如要知道数据库服务器或应用程序服务器的 CPU，Memory 等参数，需在相关服务器上另外写脚本记录服务器的性能。

（7）JMeter 做性能测试，主要是通过增加线程组的数目，或者是设置循环次数来增加并发用户，而 LoadRunner 可以通过在场景中选择要设置什么样的场景，然后选择虚拟用户数。

（8）JMeter 可以通过逻辑控制器实现复杂的测试行为，相当于 LoadRunner 中的测试场景。

（9）JMeter 可以做 Web 程序的功能测试，利用 JMeter 中的样本，可以做灰盒测试，LoadRunner 主要用作性能测试。

（10）JMeter 是开源的，但是使用的人较少，网络上相关资料不够全面，需要自己去揣摩，而 LoadRunner 是商业软件，有技术支持，同时，网络上的资料相当多。

（11）JMeter 的脚本修改，主要依靠对 JMeter 中各个部件的熟悉程度，以及相关的一些协议的掌握情况，而不依赖于编程，而 LoadRunner 除复杂的场景设置外，还需要掌握一些修改脚本相关的能力。

项目实训 10——在线购物系统性能测试

一、实训目的
（1）了解 LoadRunner 性能测试工具的安装过程。
（2）了解 LoadRunner 性能测试工具的用途和简单的操作。
（3）掌握 LoadRunner 性能测试工具测试过程。
（4）能够使用 LoadRunner 性能测试工具进行简单的测试工作。

二、实训环境或工具
（1）操作系统平台：Microsoft Windows 10。
（2）软件工具：Microsoft Word 2016。
（3）测试工具：LoadRunner 12。

三、实训内容与要求
（1）安装 LoadRunner 12（或新版本）。
（2）参考资料和阅读有关软件测试标准方面的文档，编写在线购物系统性能测试有关文档。

四、实训结果
以项目小组为单位，完成在线购物系统性能测试，编写一份规范的在线购物系统性能测试文档。

（续页）

五、实训总结

进行个人总结：通过本项目的实训学习，我掌握了哪些知识，有哪些收获和注意事项，等等。

六、成绩评定

实训成绩分A、B、C、D、E五个等级。

项目小结

本项目主要介绍了性能测试有关的基本概念、性能指标、性能测试模型、性能测试计划编写，以及LoadRunner测试工具的工作原理、安装与部署、使用。了解性能测试有关的常用术语、测试模型；重点掌握性能测试计划方案编写、测试环境的调研和搭建；熟练使用LoadRunner测试工具进行性能测试。

岗位简介——性能测试工程师

【岗位职责】

（1）负责产品需求分析、制定性能测试方案、性能测试目标和测试策略；
（2）负责性能测试的测试脚本开发、参数化数据、业务数据、基础数据准备工作；
（3）负责监控部署；
（4）负责任务执行、结果搜集及瓶颈初步定位；
（5）协助编写测试报告。

【岗位要求】

（1）计算机相关专业毕业，本科以上学历，两年以上开发经验或性能测试经验；
（2）熟练掌握至少1门编程语言（Java、Python、Shell等）；
（3）熟悉至少1种数据库工具（Oracle、Sybase、MySQL、SQL Server等）；
（4）熟悉至少1种性能测试工具；
（5）喜欢钻研新技术、踏实敬业、有很好的团队意识和沟通协作能力。

性能测试工程师常见面试题

1. 请简单概述一下性能测试流程。

答：（1）分析性能需求。挑选用户使用最频繁的场景来测试。确定性能指标，比如：事务通过率为100%，TOP 99%是5秒，最大并发用户为1000人，CPU和内存的使用率在70%以下。

（2）制定性能测试计划，明确测试时间（通常在功能稳定后，如第一轮测试后进行）和测试环境和测试工具；

（3）编写测试用例；

（4）搭建测试环境，准备好测试数据；

（5）编写性能测试脚本；

（6）性能测试脚本调优（脚本增强）。设置检查点、参数化、关联、集合点、事务，调整思考时间，删除冗余脚本；

（7）设计测试场景，运行测试脚本，监控服务器；

（8）分析测试结果，收集相关的日志提单给开发；

（9）回归性能测试；

（10）编写测试报告。

2. 如何确定系统最大负载？

答：通过负载测试，不断增加用户数，随着用户数的增加，各项性能指标也会相应产生变化，当出现了性能拐点，比如，当用户数达到某个数量级时，响应时间突然变长，那么这个拐点处对应的用户数就是系统能承载的最大用户数。

3. 如何确定并发用户数？

答：（1）会先上线一段时间，根据收集到的用户访问数据进行预估；

（2）根据需求来确定（使用高峰时间段，注册用户数和平均响应时间等）。

4. 通常选哪些功能做性能测试？

答：选用了用户使用最频繁的功能来做测试，比如：登录、搜索、提交订单。

习 题 10

【基础启动】

一、判断题

1. 性能测试的过程中是需要基础数据的。（　）
2. 测试工具中设置并发用户数为100，等于说是每秒会有100个请求发送给服务器。（　）
3. 在LoadRunner中，吞吐量指标是以"事务数/秒"为单位来衡量系统的响应能力的。（　）
4. JMeter中的聚合报告中，结果中的"99%Line"的时间代表99%用户的响应时间。（　）

二、选择题

1. 在软件性能测试中，下列指标中哪个不是软件性能的指标____。
   A. 响应时间　　　　B. 吞吐量　　　　C. 资源利用率　　　　D. 并发进程数
2. 性能测试方法论中的"二八原则"是____。
   A. 指20%的业务量在80%的时间里完成
   B. 指80%的业务量在20%的时间里完成
   C. 指80%的业务量在80%的时间里完成
   D. 指20%的业务量在20%的时间里完成
3. 通过"疲劳强度测试"，最容易发现问题的问题是____。
   A. 并发用户数　　　B. 系统安全性　　　C. 存在内存泄漏　　　D. 功能错误
4. 下列关于软件性能测试的说法中，正确的是____。
   A. 性能测试的目的不是为了发现软件缺陷。

B. 压力测试与负载测试的目的都是为了探测软件在满足预定性能需求的情况下所能负担的最大压力。

C. 性能测试通常要对测试结果进行分析才能获得测试结论。

D. 在性能下降曲线上，最大建议用户数通常处于性能轻微下降区与性能急剧下降区的交界处。

5. 下列关于软件可靠性测试的说法中，错误的是____。

A. 发现软件缺陷是软件可靠性测试的主要目的。

B. 软件可靠性测试通常用于有可靠性要求的软件。

C. 在一次软件可靠性测试中，执行的测试用例必须完全符合所定义的软件运行剖面。

D. 可靠性测试通常要对测试结果进行分析才能获得测试结论。

6. 在表Persons中，选择FirstName等于Thomas而LastName等于Carter的所有记录，用SQL代码正确表示的选项为____。

A. SELECT * FROM Persons WHERE FirstName LIKE 'Thomas' AND LastName LIKE 'Carter'

B. SELECT FirstName='Thomas'，LastName='Carter' FROM Persons

C. SELECT * FROM Persons WHERE FirstName='Thomas' AND LastName='Carter'

D. SELECT * FROM Persons WHERE FirstName='Thomas' OR LastName='Carter'

7. 影响Web前端页面性能一般不包括下面____。

A. 服务器数据返回延迟   B. 网络传输速率

C. 磁盘空间不够   D. 页面渲染

8. 负载测试的目的是____。

A. 持续加压，找到性能瓶颈点   B. 持续加压，直到系统报错

C. 持续加压，直到服务器宕机   D. 持续加压，直到被公司开除

三、名词解释

1. 性能测试。
2. 负载测试。
3. 可靠性测试。

【能力提升】

四、简答题

1. 性能测试在什么环境执行？
2. 性能测试什么时间执行？
3. 如何识别系统瓶颈？

五、论述题

如果出现下属问题，怎么进行相应的性能测试？

问题一：响应时间不达标；

问题二：服务器的CPU性能指标显示异常；

问题三：数据库CPU指标异常；

问题四：存在内存泄漏情况；

问题五：程序在单用户场景下运行成功，多用户运行则失败，提示连接不上服务器。

项目 11　软件测试管理

在软件测试需要制订测试计划,测试计划对整个测试的过程管理起着至关重要的作用,测试计划要规划好人力、物力的投入力度。测试计划应包括测试的目的和范围、软硬件资源与人员的分配、测试进度安排、测试策略,对整个测试过程进行预估,并指导和管理整个测试的过程。

【课程思政】

团结的力量

"一个和尚挑水喝,两个和尚抬水喝,三个和尚没水喝。"这是一则流传广泛,意味深长的寓言故事。这个故事中三个和尚不团结、不互助,不愿承担责任,导致三个和尚都没水喝。直到发生一场火灾,才让三个和尚明白,只有团结互助,共同承担责任,大家才会都有水喝。故事也告诉我们,一个项目要想取得成功,首先,分工合作的意识是必不可少的。我们要使每个成员都具有团队合作精神,每个人都有确定的角色,且每个角色都是不可替代的。所以要充分体现"因生而宜、力所能及"的原则,对小组内部进行合理分工。要想成功地完成项目,团队人员一定要分工明确,各司其职,团结一致。

【学习目标】

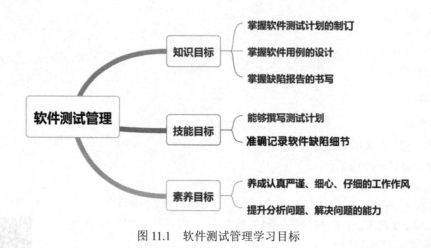

图 11.1　软件测试管理学习目标

任务 11.1　软件测试计划

【任务描述】

依据软件需求规格说明书及测试计划标准模板进行软件测试计划的制定,软件测试用例的设计及软件测试方案的编写。

【知识储备】

一、软件测试计划

软件测试计划是描述测试目的、范围、方法和软件测试重点的文档。它对于验证软件功能，检验软件的可接受程度，保障软件测试的顺利实施均具有重要的作用。详细的测试计划还可以帮助测试项目组之外的人了解为什么和怎样验证软件产品。

软件测试计划作为软件项目计划的一部分，在项目启动初期就应进行规划。现在软件质量日益受到重视，测试过程也从一个相对独立的步骤越来越紧密地嵌入软件生产全过程之中。因此，如何规划整个项目周期的测试工作；如何将测试工作上升到测试管理的高度都依赖于软件测试计划的制订。软件测试计划因此也成为软件测试工作得以展开的基础。

在《ANSI/IEEE软件测试文档标准829-1983》之中，对于测试计划的定义为："一个叙述了预定的测试活动的范围、途径、资源及进度安排的文档。它确认了测试项、被测特征、测试任务、人员安排，以及任何偶发事件的风险。"

二、测试计划标准模板

1. 引言
   1.1 编写目的
   阐明编写测试计划的目的，指明读者对象。
   1.2 项目背景
   说明项目的来源、委托单位及主管部门。
   1.3 定义
   列出测试计划中所用到的专门术语的定义和缩写词的原意。
   1.4 参考资料
   列出有关资料的作者、标题、编号、发表日期、出版单位或资料来源，可包括：
   - 项目的计划任务书、合同或批文；
   - 项目开发计划；
   - 需求规格说明书；
   - 概要设计说明书；
   - 详细设计说明书；
   - 用户操作手册；
   - 本测试计划中引用的其他资料、采用的软件开发标准或规范。
2. 任务概述
   2.1 目标
   2.2 运行环境
   2.3 需求概述
   2.4 条件与限制
3. 计划
   3.1 测试方案
   说明确定测试方法和选取测试用例的原则。

(续页)

    3.2 测试项目

    列出组装测试和确认测试中每一项测试的内容、名称、目标和进度

    3.3 测试准备

    3.4 测试机构及人员

    测试机构名称、负责人和职责

4. 测试项目说明

    按顺序逐个对测试项目做出说明。

    4.1 测试项目名称及测试内容

    4.2 测试用例

    4.2.1 输入

    输入的数据和输入命令。

    4.2.2 输出

    预期的输出数据。

    4.2.3 步骤及操作

    4.2.4 允许偏差

    给出实测结果与预期结果之间允许偏差的范围。

    4.3 进度

    4.4 条件

    给出测试对资源的特殊要求，如设备、软件、人员等。

    4.5 测试资料

    说明测试所需的资料。

5. 评价

    5.1 范围

    说明所完成的各项测试说明问题的范围及其局限性。

    5.2 准则

    说明评价测试结果的准则。

【案例】

图书管理系统测试设计方案

（1）设计功能测试，见表11.1。

表 11.1　功能测试

功能 A 描述	登录界面	
用例目的	测试管理员能否正常登录	
前提条件	用户已经注册，操作系统正常运行，以及各硬件配置恰当，管理员登录	
输入/动作	期望的输出/响应	实际输出/响应
用户名：admin 密码：admin	登录成功	登录成功

（续表）

用户名：admin 密码：ad	用户名或密码错误	用户名或密码错误
用户名：adm 密码：admin	用户名或密码错误	用户名或密码错误

（2）设计接口测试，见表11.2。

表11.2　接口测试

接口 A 外部接口	SQL 数据库接口	
输入/动作	期望的输出/响应	实际情况
输入《软件工程》，进行查询	访问成功，显示对应的信息	正确
输入《移动测试》，进行查询	访问失败，提示没有书籍	正确
输入《软件工程1》，进行查询	访问失败，提示没有书籍	正确

（3）设计图像用户界面测试，见表11.3。

表11.3　图像用户界面测试

界面检查项	测试人员的评价
窗口切换、移动、改变大小时是否正常？	正常
各种界面元素的文字是否正确？（如标题、提示等）	正常
各种界面元素的状态是否正确？（如有效、无效、选中等状态）	正确
各种界面元素能正确地支持键盘操作吗？	支持
各种界面元素能正确地支持鼠标操作吗？	支持
对话框中的默认焦点是否正确？	正确
数据项能是否能正确回显？	能
对于常用的功能，用户能否不必阅读手册就能入手使用？	能

（4）设计信息安全性测试，见表11.4。

表11.4　信息安全性测试

安全 A 修改密码		
输入/动作	期望的输出	实际情况
输入错误旧密码	密码不正确提示	密码不正确提示
新密码和确认新密码不一致	密码不一致提示	密码不一致提示
新密码中有空格	密码不能有空格提示	密码不能有空格提示
新密码为空	密码不能为空提示	密码不能为空提示
新密码为符合要求的最多字符	修改密码成功	修改密码成功
新密码为符合要求的最少字符	修改密码成功	修改密码成功
新密码为非允许字符	密码不符合要求提示	密码不符合要求提示

（5）兼容性测试，见表11.5。

表 11.5 兼容性测试

兼容性检查项	测试人员的评价
不同的操作系统测试显示是否正常？	正常
不同的图像分辨率显示是否正常？	正常
不同的系统字体大小下显示是否正常？	正常

【任务实施】

图书管理系统测试计划

1. 引言

1.1 编写目的

本说明书用于项目测试过程的测试指导和实施，对软件的质量进行评估。主要读者是项目管理者、软件开发人员、测试人员等。

1.2 定义

列出测试计划中所用到的专门术语的定义和缩写词的原意。

1.3 参考资料

[1] 张海藩，牟永敏. 软件工程导论[M]. 6版. 北京：清华大学出版社，2013

[2] 刘竹林，韩莉. 软件测试技术与应用[M]. 北京：北京师范大学出版社，2019

2. 任务概述

2.1 目标

测试该系统是否达到《图书管理系统需求规格说明书》的要求，对系统进行功能评价。

2.2 运行环境

操作系统平台：Microsoft Windows 10。

软件工具：Microsoft SQL Server 2016。

2.3 需求概述

针对开发的图书管理系统，按照规格需求说明书的要求进行测试，包括功能测试，接口测试，图像用户界面测试，信息安全测试，兼容性测试。

3. 计划

3.1 测试方案

1. 常用的测试方法

（1）黑盒测试：采用等价类划分及边界值测试。

（2）白盒测试：常用基本路径方法测试。

（3）单元测试：采用工具测试。

（4）集成测试：采用非增值式集成测试方法。

3.2 采用的测试工具

JUnit单元测试工具。

3.3 测试项目

测试1：系统登录测试。

测试2：读者信息管理测试。
测试3：图书信息管理测试。
测试4：系统管理测试。
测试5：图书借阅功能测试。
测试6：图书还书功能测试。
测试7：信息查询测试。

3.4 测试人员与职责

表11.6 测试人员与职责

角 色	测试人数	职 责
测试经理	1	制定测试计划，组织、监督和测试结果验收
测试工程师	4	根据需求编写测试用例，执行测试，书写缺陷报告

4. 测试项目说明

4.1 测试项目名称及测试内容

表11.7 测试项目名称及测试内容

测试项目	测试内容	描 述
测试1：系统登录测试	登录	管理员输入用户名、密码，登录系统
测试2：读者信息管理测试	读者信息	浏览读者信息，增加读者信息，删除读者信息，修改图书记录。
测试3：图书信息管理测试	图书信息	图书信息的浏览，增加图书记录，删除图书记录，修改图书记录
测试4：系统管理测试	系统管理	系统管理，创建用户，删除用户，修改用户，更改密码
测试5：图书借阅功能测试	借书	查找书籍进行借阅，关注最大借书量
测试6：图书还书功能测试	还书	归还所借书籍，记录还书信息，还书罚款事项处理
测试7：信息查询测试	查询	输入查询关键字，进行读者信息、图书信息、借阅信息查询

4.2 测试对象

1. 功能测试

表11.8 功能测试

功能A描述	登录界面	
用例目的	测试管理员能否正常登录	
前提条件	用户已经注册，操作系统正常运行，并且各硬件配置恰当，管理员已经登录	
输入/动作	期望的输出/响应	实际输出/响应
用户名：admin 密码：admin	登录成功	登录成功
用户名：admin 密码：ad	用户名或密码错误	用户名或密码错误
用户名：adm 密码：admin	用户名或密码错误	用户名或密码错误

2. 设计接口测试

表 11.9 接口测试

外部接口：输入/动作	SQL 数据库接口：期望的输出/响应
输入《软件工程》进行查询	访问成功，显示对应的信息
输入《移动测试》进行查询	访问失败，提示没有书籍
输入《软件工程1》进行查询	访问失败，提示没有书籍

3. UI界面测试

表 11.10 UI 界面测试

界面检查项
窗口切换、移动、改变大小功能正常吗？
各种界面元素的文字能正确显示吗？（如标题、提示等）
各种界面元素的状态正确吗？（如有效、无效、选中等状态）
各种界面元素是否正确地支持键盘操作？
各种界面元是否正确地支持鼠标操作？
对话框中的默认焦点正确吗？
数据项能正确回显吗？
对于常用的功能，用户能否不必阅读手册就能入手使用？

4. 信息安全性测试

表 11.11 信息安全性测试

安全 A 修改密码	
输入/动作	期望的输出
输入错误旧密码	密码不正确提示
新密码和确认新密码不一致	密码不一致提示
新密码中有空格	密码不能有空格提示
新密码为空	密码不能为空提示
新密码为符合要求的最多字符	修改密码成功
新密码为符合要求的最少字符	修改密码成功
新密码含有非允许字符	密码不符合要求提示

5. 兼容性测试

表 11.12 兼容性测试

兼容性检查项
不同的硬件条件下测试
不同的操作系统环境下测试
不同的显示分辨率环境的测试
不同的系统字体大小下显示

4.3 进度

表 11.13 进度安排

序号	任务描述	工作量	责任人
1	制定测试计划	3	测试经理，
2	分解测试需求	5	测试经理，测试工程师
3	设计测试用例	6	测试工程师
4	执行测试	5	测试工程师
5	缺陷报告	2	测试工程师
6	测试总结	2	测试经理

4.4 测试环境

操作系统平台：Microsoft Windows 10；

开发工具软件：Eclipse；

数据库管理软件：Microsoft SQL Server 2016；

软件工具：Microsoft Visio 2016、Microsoft Word 2016。

5. 评价

5.1 范围

说明所完成的各项测试说明问题的范围及其局限性。

5.2 准则

说明评价测试结果的准则。

【任务拓展】

测试用例设计

1. 登录成功的测试用例见表11.14。

表 11.14 登录成功的测试用例

测试用例编号	T1	用例名称	登录测试
模块名称	系统管理	测试目的	测试登录功能
测试方法	等价类划分法		
编制人员	曾欣	编制时间	2020 年 4 月 20 日
前提条件	软件安装完毕	特殊要求	无
测试用例	用户名：admin 密码：ad123456		
操作描述	（1）输入用户名：admin （2）输入密码：ad123456 （3）单击"登录"按钮		
预期结果	登录成功		
备注			

2. 登录不成功的测试用例见表11.15。

表 11.15　登录不成功的测试用例

测试用例编号	T2	用例名称	登录测试
模块名称	系统管理	测试目的	测试登录功能
测试方法	等价类划分法		
编制人员	曾欣	编制时间	2020 年 4 月 20 日
前提条件	软件安装完毕	特殊要求	无
测试用例	用户名：damin　密码：ad123456		
操作描述	（1）输入用户名：damin （2）输入密码：ad123456 （3）单击"登录"按钮		
预期结果	用户名错误提示		
备注			

【知识链接】

App 测试与 PC 端测试

不论是传统行业的 PC 端测试，还是新兴的移动应用 App 测试，其测试方法具有一些共性的部分，它们反映了软件测试的核心的和基本的任务和基本工作方式。

（1）其测试用例的设计方法具有相似性，例如，等价类划分法、边界值分析法、场景设计法等。

（2）采用同样的测试方法，多数采用黑盒测试，验证业务功能是否符合用户需求或软件设计规格说明书。

（3）采用同样的测试流程，测试计划、需求分析、用例设计、用例执行、缺陷跟踪与回归测试、输出测试报告。

（4）具有同样的测试关注点，同样注重软件界面的布局，注重风格是否简洁美观，注重整体风格是否一致；同样聚焦于软件性能是否达标，聚焦于软件系统的稳定性是否良好，聚焦于如何防止软件系统出现崩溃、卡顿等现象。

那么，App 测试与 PC 端测试又有写什么区别呢？

（1）测试实施的平台不同

PC 端项目都是在计算机上进行测试的，要么使用计算机上的网络浏览器（B/S 架构的项目），要么在计算机上安装客户端（C/S 架构的项目），测试的硬件平台都是计算机。

App 测试平台主要有 Android 或 iOS 两大移动系统平台，Android 测试需要在 Android 设备上安装 apk 测试包，iOS 测试需要安装 ipa 测试包。

（2）兼容性测试关注点不同

因为测试平台的不同，因此 App 与 PC 端的兼容性测试关注点也不一样

PC 端的兼容性主要考虑不同的浏览器（Internet Explorer/Edge、Firefox、Chrome）及其操作系统（Windows、Linux、Mac OS）平台。

App 的兼容性主要考虑不同的操作系统（Android、iOS）、不同的手机品牌和机型、不同的分辨率和屏幕尺寸、不同的通信网络系统（4G/5G）等。

（3）安全测试不同

进行 App 安全测试时，除了要考虑 PC 端软件测试所关注的数据安全性、用户接口安全性等，还需要关心软件权限安全性、通信数据安全性、个人隐私和敏感信息保护，App 安装与卸载的安全性……

（4）针对性专项测试

App 测试有一些针对 App 特点的专项测试，比如：安装测试、卸载测试、升级测试、弱网测试、耗电量测试、交互测试等。

【课后阅读】

测试用例评审

软件测试用例评审是指，由软件测试工作负责人主持召开"软件测试用例评审会议"，邀请参与软件项目设计、开发、测试和使用的相关人员，对测试人员设计的软件测试用例进行全面的评估。

软件测试用例评审是测试流程中非常重要的阶段，测试用例的评审不仅可以消除软件产品设计、产品开发、产品测试三方对软件需求文档理解的偏差，还可以保证测试质量同时也降低了缺陷（Bug）和故障的出现概率，减少开发测试成本。

测试用例评审内容包括：

（1）用例设计的结构是否清晰、合理，是否利于高效地覆盖全部需求。

（2）优先级安排是否合理。

（3）是否覆盖了测试需求上要求的所有功能点。

（4）用例是否具有很好可执行性。

（5）是否已经删除了冗余的测试用例。

（6）是否包含充分的模拟例外或非正常状态的测试用例。

（7）是否从用户角度，设计了用户使用场景和使用流程的测试用例。

（8）测试用例是否简洁，复用性强。

任务 11.2　软件缺陷管理

【任务描述】

撰写缺陷测试报告是软件测试人员的日常工作之一，软件缺陷报告中必须包含一些必备的信息，例如软件名称及主要功能、缺陷现象描述、发现人、测试环境、缺陷复现步骤、严重程度、优先级、指派的负责人、所属功能模块等。

【知识储备】

一、软件缺陷概念

软件缺陷（Bug）是指存在于软件（文档、数据、程序）之中的那些非预期的、偶发性的或不可接受的偏差或失误，从而导致软件产生的不稳定、不完美或出现质量问题。

按照一般的定义，只要符合下面描述中的一个，就是软件缺陷。如：软件未达到软件需求规格说明书中规定的功能；软件超出软件需求规格说明书中指明的范围；软件未达到软件需求规格说明书中指出的应达到的目标；软件运行出现偶发性的或无规律的错误；软件测试人员认为软件难于理解，不易使用，运行速度不如预期值，或者最终用户认为软件使用效果不好等。

二、软件缺陷表示方法

1. 软件缺陷的分类

（1）致命错误。例如，导致系统崩溃、数据丢失、数据毁坏、主要功能全部丧失等；

（2）严重错误。例如，功能模块或特性没有实现，主要功能部分丧失，次要功能全部丧失，或致命的错误声明；

（3）一般错误。例如，操作性错误、结果错误、遗漏功能、次要功能模块丧失、提示信息不够准确、用户界面美感不好或操作时间超长等；

（4）微小错误。例如，界面上显示的错别字、用户接口布局不佳、文字排版不整齐等，对功能无明显影响的差错，软件产品仍可使用。

2. 软件缺陷优先级

（1）最高优先级，指的是一些关键性错误，发现后必须立即修复。

（2）高优先级，在产品发布之前必须修复。

（3）中优先级，如果时间允许应该择机修复。

（4）低优先级，可能会修复，但是也能先发布软件待更新时修复。

3. 缺陷状态

一般测试管理系统中缺陷状态：激活、已解决、关闭3种状态。

【案例】

移动校园 App 缺陷报告

测试人	曾欣	报告日期	2021年12月3日	指定处理人	程功
缺陷编号	Test001	功能模块	订阅中心	版本号	1.0
严重程度	严重	优先级	高	缺陷状态	激活
测试平台	iPhone 11+IOS 13.3				
缺陷描述	文字大小不一				
测试步骤	1、访问移动校园App； 2、进入订阅中心界面； 3、检查页面元素显示				
期望结果	各元素显示正确				
实际结果	在订阅中心，更多服务：出现文字大小不一				

（续表）

附件	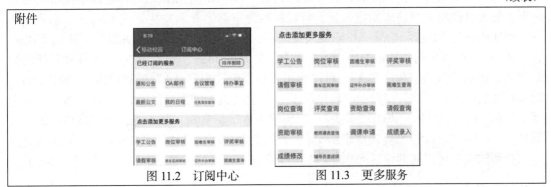

图 11.2 订阅中心　　　图 11.3 更多服务

【任务实施】

图书管理系统缺陷报告

测试人	曾欣	报告日期	2021年5月10日	指定处理人	程功
缺陷编号	T001	功能模块	系统维护	版本号	1.0
严重程度	严重	优先级	高	缺陷状态	激活
测试平台	\multicolumn{5}{c}{Windows10}
缺陷描述	\multicolumn{5}{c}{修改操作员密码，密码长度可以小于4位}
测试步骤	\multicolumn{5}{l}{1、登录图书管理系统； 2、进入系统维护界面； 3、更改密码； 4、录入1位长度的密码，修改密码成功}
期望结果	\multicolumn{5}{l}{修改操作员密码，密码长度大于等于4位}
实际结果	\multicolumn{5}{l}{修改操作员密码，密码长度可以小于4位}
附件	\multicolumn{5}{c}{图 11.4 修改密码　　　图 11.5 密码修改成功}

【任务拓展】

使用"禅道"软件进行缺陷管理

在软件产品被提交或更新至新版本后，便可利用"禅道"或类似软件来记录软件的缺陷（Bug）了。在"禅道"中创建Bug记录的时候，必填的字段是：软件版本，Bug标题，所属模块；所属项目，相关产品，需求可以忽略。创建Bug记录的时候，可以直接指派给某一个人员去处理。如果尚未确定人员，可以保留为空。

创建Bug记录并指派给某一位研发人员之后，后者可以进行确认，并设法解决这个Bug。在对Bug进行处理之前，需要先要找到需要自己处理的Bug。"禅道"软件供了各种各样的检索方式，比如指派给"程序员A"，可以列出所有需要"程序员A"处理的Bug。确认该Bug确实存在后，可以再将其指派给"程序员B"，并说明Bug类型、优先级、备注、抄送给某人等。当Bug修复解决后，点击"解决"，说明解决方案、日期、版本等，并可将其再推送给测试人员。当研发人员修复解决了Bug后，会把更新成功信息推送到Bug记录的创建者处。这时候测试人员可以来验证这个Bug是否已经修复。如果验证通过，则可以关闭该Bug了。

【知识链接】

软件缺陷的严重性和优先级

软件缺陷的严重性和优先级是两个重要因素，它影响软件缺陷的统计结果和修正缺陷的优先顺序，特别在软件测试的后期，将影响软件是否能够按期发布。

在软件测试中，软件缺陷的严重性的判断应该从软件最终用户的观点做出判断，即判断缺陷的严重性要为用户考虑，即考虑缺陷对用户使用造成的后果及其严重性。确定软件缺陷优先级，更多的是站在软件开发工程师的角度考虑问题，因为缺陷的检查和修复过程可能很短，也可能是一个是用时很长、很复杂的过程，而且开发人员更熟悉软件代码，能够比测试工程师更清楚修复缺陷的难易程度和风险大小。

一般地，严重性程度高的软件缺陷具有较高的优先级。严重性高说明缺陷对软件造成的质量危害性大，需要优先处理，而严重性低的缺陷可能只是软件不够完美，可以延后处理。但是，严重性和优先级并不总是一一对应的。有时候严重性高的软件缺陷，优先级不一定高，甚至不需要处理，而一些严重性低的缺陷却需要及时处理，这样的缺陷具有较高的优先级。例如，如果某个严重的软件缺陷只在非常极端的条件下产生，则没有必要马上解决。而界面中公司名称书写有错，虽然严重性低，但却是必须马上修正的，因为这会影响软件产品自身和公司的形象。

【课后阅读】

"Bug"的由来

Bug 一词在英文中原义是"臭虫"的意思，为什么现在我们会用它来指程序中存在的缺陷、漏洞呢？这里就来说说它的由来。

格蕾丝•赫柏，被国外人士誉为"计算机业有史以来最杰出女性"。她是第一个商用编程语言 COBOL 语言的设计者，并设计了世界上第一个编译程序，可以把 COBOL 源程序编译、连接后变为可被计算机的执行程序。也是她发现了世界上第一个 Bug。

在 1945 年的一天，赫柏对设置好 17000 个继电器式计算机进行编程后，技术人员正在控制整机运行时，机器突然停止了工作。于是他们爬上去找原因，发现这台巨大的计算机内部一组继电器的触点之间有一只飞蛾，可能是由于飞蛾受光和热的吸引，飞到了触点上，然后被电死。所以在报告中，赫柏用胶条贴上飞蛾，并用"Bug"来表示"一个在计算机程序里的错误"，"Bug"这个说法一直沿用到今天（中文有多种译法，最常用的译法是"缺陷"）。

与 Bug 相对应，人们将发现和寻找 Bug 的过程称作"Debug"（中文称作"调试"），即"捉虫子"或"杀虫子"的意思。

项目实训 11——在线购物系统缺陷管理

一、实训目的
（1）熟悉软件测试的基本方法和基本策略。
（2）熟悉软件缺陷报告的内容。
（3）熟悉软件缺陷报告的书写。

二、实训环境或工具
（1）操作系统平台：Microsoft Windows 10。
（2）软件工具：Microsoft Word 2016。

三、实训内容与要求
（1）准备参考资料和阅读相关的软件缺陷报告。
（2）根据提供的系统需求和条件，按照软件缺陷报告的格式，写出在线购物系统缺陷报告。

四、实训结果
以项目小组为单位，形成一份规范的在线购物系统缺陷报告。

五、实训总结
进行个人总结：通过本项目的实训学习，我掌握了哪些知识，有哪些收获和注意事项，等等。

六、成绩评定
实训成绩分 A、B、C、D、E 五个等级。

项目小结

本项目主要介绍软件测试管理的相关概念，以图书管理系统为例，讲解如何根据项目需求准确地设计测试用例，完成测试计划的制订，对 Bug 进行记录，撰写软件缺陷报告。在设计测试用例时，可以使用多种测试方法，将设计好的用例编写成文档，进行测试用例评审。测试用例评审也是非常重要的阶段，以过去的实践经验来看，测试用例评审除了能让测试人员考虑更加充分，还可以覆盖更多必要的场景。

岗位职责——软件测试工程专家

（1）拥有丰富的研发、测试经历，能带领团队进行大型项目测试；

（2）建立、健全软件质量测试、监控管理体系和内部管控系统；

（3）能根据公司的发展需求，追踪收集测试新技术，能通过系统培训，提高团队整体的软件测试相关工作的能力；

（4）对行业行情有深入研究，能根据公司现状、发展需求对测试部门进行前瞻性的职能规划，满足公司发展需求。

软件测试工程师常见面试题

1. 软件开发时，犯了低级错误怎么办？

答：软件开发首先要按照规范做好编码工作，出现低级错时不要埋怨、推脱或相互指责，可以诚心指出错误，并设法复现和找到错误，或请编写相关代码的程序员自行测试，快速找出错误，并尽快修复。

2. 软件缺陷报告应由哪些内容组成？

答：软件缺陷报告应包含如下内容：缺陷编号、缺陷标题、缺陷描述、缺陷的优先级、缺陷的重要程度、缺陷所述的模块、缺陷所属的版本、缺陷所属的开发人员、输入数据、输出结果、缺陷分析等。

3. 所有的软件缺陷都能修复吗？所有的软件缺陷都必须修复吗？

答：从理论上来说所有的缺陷都是可以修复的，但是并不是所有的缺陷都需要修复。一些对于软件没有影响的、不影响使用的缺陷我们可以不修复。因为修复些细小的缺陷需要花费很多时间。项目上面可能会因为时间问题而先忽略这些小缺陷。

4. 缺陷的修复工作的周期包括什么内容？

答：缺陷的修复工作的周期包括：发现Bug、新建Bug记录、提交Bug信息、确认Bug、分配Bug处理人员、修复Bug、验证Bug、关闭Bug。

习 题 11

【基础启动】

一、单选题

1. 以下那一种选项不属于软件缺陷_____。
    A. 软件没有实现产品规格说明所要求的功能
    B. 软件中出现了软件需求规格说明书中没有的功能
    C. 软件实现了软件产品规格说明书中没有的功能
    D. 软件基本实现了软件产品规格说明书所要求的功能，但因受性能限制而未考虑可移植性问题

2. 下面有关软件缺陷的说法中错误的是_____。
    A. 缺陷就是软件产品在开发中存在的错误

B. 缺陷就是软件维护过程中存在的错误、毛病等各种问题

C. 缺陷就是导致系统程序崩溃的错误

D. 缺陷就是系统所需要实现某种功能的失效或违背

3. 软件测试是采用_____执行软件的活动。
   A. 测试用例　　　B. 输入数据　　　C. 测试环境　　　D. 输入条件

4. 导致软件缺陷的最大原因是_____。
   A. 软件需求说明书设计问题　　　B. 软件设计方案引起
   C. 编码或程序设计有问题　　　　D. 软件维护工作未做好

5. 在下列描述中，关于一个软件缺陷状态完整变化的错误描述是_____。
   A. 打开—修复—关闭　　　　　　B. 打开—关闭
   C. 打开—保留　　　　　　　　　D. 激活—修复—重新打开

6. 在下述几个阶段中，哪个阶段去修复软件缺陷的代价最高？_____。
   A. 发布阶段　　　B. 需求阶段　　　C. 设计阶段　　　D. 编码阶段

7. 碰到无法重现的缺陷，测试人员应该采取的措施是_____。
   A. 暂时不管它，等待缺陷的复现
   B. 分析缺陷，找到缺陷产生的原因后，再提交给开发人员
   C. 对缺陷的现象进行详细记录，尽快将该缺陷提交给开发人员
   D. 报告给测试管理者，请管理者决定是否提交给开发人员

8. 关于软件缺陷，下列说法中错误的是_____。
   A. 程序错误属于软件缺陷
   B. 经过修改后的软件产品，其中存在的软件缺陷必然会越来越少
   C. 识别软件缺陷不应脱离用户需求
   D. 行业背景知识可以帮助我们有效的识别软件缺陷

9. 一个Web应用程序的版本升级后，测试人员分别在Internet Explorer 10和Edge、Chrome浏览器下实验，查看程序是否存在问题，这种测试属于_____。
   A. 安全测试　　　B. 兼容性测试　　　C. 易用测试　　　D. 安装测试

10. 下列关于缺陷分类的说法中错误的是_____。
    A. 按严重性来给缺陷进行分类，主要是从产品和用户的角度来考虑
    B. 优先级表示修复缺陷的迫切程度和应该何时修复
    C. 缺陷越严重，优先级越高
    D. 缺陷的优先级随着项目的发展会发生变化

11. 以下哪一种选项不属于软件缺陷_____。
    A. 软件没有实现软件产品规格说明书所要求的功能
    B. 软件中出现了软件产品规格说明书中没有的功能
    C. 软件实现了软件产品规格说明书的功能，并修改了说明书中的有缺陷的功能
    D. 软件实现了软件产品规格说明书所要求的功能，但未考虑升级和可移植性问题

12. 下列关于缺陷产生原因的叙述中，不属于技术问题的是_____。
    A. 软件文档错误，内容不正确或拼写错误　　　B. 系统结构不合理
    C. 软件文档出现语法错误　　　　　　　　　　D. 接口传递不匹配，导致模块集成出现问题

13. 下面有关软件缺陷的说法中，不属于软件缺陷的是_____。

A. 缺陷就是软件产品在开发中存在的错误
B. 缺陷就是软件维护过程中存在的错误、毛病等各种问题
C. 缺陷就是导致系统程序崩溃的错误
D. 缺陷就是系统所需要实现的某种功能的失效和违背

14. 功能或特性没有实现,主要功能部分丧失,次要功能完全丧失,或致命的错误声明,这属于软件缺陷级别中的_____。
    A. 致命的缺陷　　　B. 严重的缺陷　　　C. 一般的缺陷　　　D. 微小的缺陷
15. 软件缺陷的基本状态有_____。
    A. 激活状态　　　B. 已修正状态　　　C. 关闭或非激活状态　　　D. 以上全部
16. 软件缺陷产生的原因有_____。
    A. 技术问题　　　B. 团队工作　　　C. 软件本身　　　D. 以上全部
17. 下列引起软件缺陷的因素不属于技术问题的是_____。
    A. 内容不正确　　　B. 算法错误　　　C. 语法错误　　　D. 系统结构不合理
18. 计算机软件或程序中存在的某种破坏正常运行能力的问题.错误,或者隐藏的功能缺陷是属于_____。
    A. 缺陷　　　B. 故障　　　C. 失效　　　D. 缺点
19. 测试人员已经报告了缺陷的存在,但问题还没有解决;或者,经修改和验证后缺陷依然仍然存在,这些缺陷所处的状态是_____。
    A. 激活状态　　　B. 非激活状态　　　C. 已修正状态　　　D. 关闭状态
20. 下列不属于软件本身的原因而产生的缺陷是_____。
    A. 算法错误　　　B. 语法错误　　　C. 文档错误　　　D. 系统结构不合理
21. 从软件测试观点出发,软件缺陷由系统缺陷.加工缺陷.数据缺陷.代码缺陷和_____构成。
    A. 设计缺陷　　　B. 功能缺陷　　　C. 性能缺陷　　　D. 接口缺陷
22. 下列缺陷中,不属于加工缺陷的是_____。
    A. 算术与操作缺陷　　　B. 接口缺陷　　　C. 初始化缺陷　　　D. 静态逻辑缺陷

【能力提升】

二、论述题

在你自己经历的或听他人讲述的工作经历中,一条软件缺陷(Bug)记录都包含了哪些内容?如何提交高质量的软件缺陷记录?

参 考 文 献

[1] 张海藩，牟永敏. 软件工程导论[M]. 6 版. 北京：清华大学出版社，2013
[2] 丛书编委会. 软件工程与项目案例教程[M]. 北京：电子工业出版社，2011
[3] 杨晶洁. 现代软件工程应用技术[M]. 北京：北京理工大学出版社，2017
[4] 吴伶琳，王明珠. 软件测试技术任务驱动式教程[M]. 北京：北京理工大学出版社，2017
[5] 刘竹林，韩莉. 软件测试技术与应用[M]. 北京：北京师范大学出版社，2019
[6] 江楚. 零基础快速入行入职软件测试工程师[M]. 北京：人民邮电出版社，2020
[7] 明日科技，李钟尉，陈丹丹，等. Java 项目开发案例全程实录[M]. 2 版. 北京：清华大学出版社，2011
[8] 张传波. 火球——UML 大战需求分析[M]. 北京：中国水利水电出版社，2012
[9] 杨婷. 软件性能测试学习笔记之 LoadRunner 实战[M]. 北京：人民邮电出版社，2018
[10] 孙亚南，郝军. SQL Server 2016 从入门到实战 [M]. 北京：清华大学出版社，2018

反侵权盗版声明

电子工业出版社依法对本作品享有专有出版权。任何未经权利人书面许可，复制、销售或通过信息网络传播本作品的行为；歪曲、篡改、剽窃本作品的行为，均违反《中华人民共和国著作权法》，其行为人应承担相应的民事责任和行政责任，构成犯罪的，将被依法追究刑事责任。

为了维护市场秩序，保护权利人的合法权益，我社将依法查处和打击侵权盗版的单位和个人。欢迎社会各界人士积极举报侵权盗版行为，本社将奖励举报有功人员，并保证举报人的信息不被泄露。

举报电话：（010）88254396；（010）88258888

传　　真：（010）88254397

E-mail：dbqq@phei.com.cn

通信地址：北京市万寿路南口金家村288号华信大厦

电子工业出版社总编办公室

邮　　编：100036